對本書的讚譽

終於，有了一個原則性的替代方案，可以回答與系統運行有關的問題，例如「系統為什麼這麼慢？」這本書可說是工程師思考系統行為方式的重要轉折點。

— *Lorin Hochstein*，資深軟體工程師和 *O'Relly* 作者

這本書沒有迴避在一個組織中建立可觀測性文化可能面臨的挑戰，並提供了寶貴的指導方針，以一種持續性方式前進，這應該能讓可觀測性實踐者永保成功。

— *Cindy Sridharan*，基礎架構工程師

隨著你的系統越來越複雜和分散，單單監控實際上無法幫助你發現問題出在哪。你需要擁有解決之前沒有見過問題的能力，這就是可觀測性的作用。過去 5 年來，我從這群作者身上學到很多有關可觀測性的知識，我很高興他們現在寫了這本涵蓋引入和從可觀測性中受益的營運系統技術和文化方面的書。

— *Sarah Wells*，前金融時報技術總監和 *O'Reilly* 作者

這本好書非常適合想要讓他們的可觀測性工作更有成效的工程師或管理者。它在簡潔和全面之間取得了完美平衡；它透過定義可觀測性來奠定堅實的基礎，解釋如何用它來調試並保持你的服務可靠，引導你如何為它建立一個強有力的商業案例，最後提供評估你的努力以幫助未來改進的手段。

— *Mads Hartmann*，*Gitpod* 的 *SRE*（網站可靠性工程師）

可觀測性工程

達成卓越營運

Observability Engineering

Achieving Production Excellence

Charity Majors, Liz Fong-Jones, and George Miranda 著

呂健誠 譯

目錄

序言

在過去幾年中,「可觀測性」(observability)這個詞從系統工程社群的小眾邊緣,逐漸成為軟體工程社群的日常用語。隨著這個詞彙的重要性日益提升,它也不可避免地與另一個詞彙「監控」(monitoring)混用,並出現一定的相似之處。

接下來的情況就像預料中的那樣令人混淆:監控工具和供應商開始誤用相同的語言和詞彙,這些詞彙原本是用來區分可觀測性的哲學、技術,和融合技術與人文的系統模型基礎和監控之間差異的。這樣的混淆不太有幫助,也可以這樣說,這麼做可能會把「可觀測性」和「監控」混為一談,使人們更難以就它們之間的差異展開有意義、細緻的對話。

僅把監控和可觀測性之間的區別視為語義上的不同可謂愚蠢。可觀測性並不僅僅是一個可以透過購買的「可觀測性工具」(不管供應商怎麼說),或採用當前開放標準來實現的技術概念,更有甚者,「可觀測性」是一個融合技術和人文的系統概念。要成功實施可觀測性,並在軟體的開發、部署、除錯和維護方面得到適當的支持,也要建立起相同重要的文化,而這並不僅僅取決於擁有合適的工具。

在大多數,甚至可以說是所有的情況下,團隊需要同時利用監控和可觀測性,才能成功構建和操作其服務。然而,想要這樣成功實施,絕對需要從業人員先了解這兩者之間的哲學差異。

監控和可觀測性之間的區別在於系統行為的狀態空間,更重要的是,我們想從這狀態空間去探索出什麼層次的細節。這裡所謂的「狀態空間」,指的是系統在各個階段可能出現的所有未預期行為:從系統設計開始,到系統開發、測試、部署,再到系統開放給使用者使用,以及在生命週期中除錯等等。系統越複雜,其狀態空間就越複雜且多變。

可觀測性允許耐心而細緻地對狀態空間進行映射和探索。這種仔細的探索通常是為了更深入了解系統行為中的不可預測、長尾或多模態分布;監控則提供系統整體健康狀態的近似值。

因此,從蒐集資料到如何儲存資料,再到如何探索資料以求更了解系統行為,這些都與監控和可觀測性的目的有關。

在過去幾十年中,監控的概念影響了無數工具、系統、流程和實踐的發展,其中許多已成為業界事實標準。由於這些工具、系統、流程和實踐是專為監控目的而設計的,因此在此方面表現出色。然而,它們不能,也不應該重新命名或包裝成「可觀測性」工具或流程,只為了銷售給毫不知情的客戶。這樣做沒有明顯的好處,還可能為客戶帶來花費眾多時間、精力和金錢投入的風險。

此外,工具只是解決問題的一部分。構建或採用在其他公司已證實成功的可觀測性工具和實踐,並不一定能解決組織面臨的所有問題,因為成品無法講述工具和相應流程背後演變的故事,無法闡明其旨在解決的總體問題、產品中潛在的假設等等。

如果沒有為團隊建立一個有助於成功的文化框架,建立或購買適當的觀測工具無法成為萬靈丹。以監控為核心的觀念和文化,如儀表板、警報、靜態閾值,對於發揮可觀測性的全部潛力沒有什麼幫助。可觀測性工具可能有大量又非常精細的海量資料,是該工具整體可行性和實用性的最終裁判者,甚至可以說是可觀測性本身的裁判者;想要成功理解這些海量資料,需要一個基於假設驅動、迭代除錯的思維方式。

僅擁有最先進的工具並不能自動培養從業人員具備這種思維；此外，僅僅闡述監控和可觀測性之間模糊的哲學區別，也無法幫助實踐者培養這種思維，必須將這些理念提煉成具體的解決方案。例如，本書中有些章節對將日誌（logs）、指標（metrics）和追蹤（traces）視為「可觀測性的三大支柱」持懷疑態度。雖然這些懷疑有一定的道理，但事實上長期以來，日誌、指標和追蹤一直是真實世界運行系統時所擁有的唯一具體遙測示例，因此「三大支柱」的敘述仍然無可避免地會出現。

對於實踐者而言，最重要的是提供一個可行的藍圖，以解決他們所面臨的技術和文化問題，而不僅僅是提出抽象、虛幻的想法。本書成功地填補了可觀測性的哲學原則和實際應用之間的差距，提供了一個具體藍圖，雖然有些主觀，但也展示了如何將這些想法實踐的可能樣貌。

本書深入淺出地介紹將可觀測性理念轉化為實際行動的方法，並提供解決重要技術和文化問題的方案。不僅關注協議、標準或低層級的遙測訊號表示方式，本書還把可觀測性的三大支柱定義為結構化事件（或沒有前後關係的追蹤）、假設驗證的迭代（或以假設驅動來進行除錯），和「核心分析循環」。僅僅依賴遙測訊號本身或使用工具，並不能將可觀測性最大化系統，需要以第一原則重新構建可觀測性的基礎。本書探討了在組織中建立可觀測性文化時可能面臨的挑戰，並提供有價值的指導，確保實踐者從長期成功中獲益。

— *Cindy Sridharan*
基礎架構工程師
San Francisco
April 26, 2022

前言

感謝你閱讀這本主要介紹針對現代化軟體系統來設計可觀測性的書籍，我們的目的是幫助你在工程團隊中發展可觀測性的實踐。本書總結我們作為可觀測性實踐者，和為希望改進自己可觀測性實踐的使用者開發可觀測性工具的經驗。

作為軟體工程中可觀測性概念的倡導者，我們希望透過本書清晰地介紹現代化軟體系統中的「可觀測性」，而這個詞彙在軟體開發生態系統中已廣泛使用。本書目標是透過深入分析以下內容，幫助你區分真相和炒作：

- 可觀測性在軟體交付和運營中的含義
- 構建有助於實現可觀測性基本組件的方法
- 可觀測性對團隊動力的影響
- 擴充可觀測性系統時需要考慮的事項
- 在組織中建立可觀測性文化的實踐方法

誰適合閱讀本書？

本書主要聚焦於軟體工程師在實際環境中開發應用程式的設計和實作，因此對於負責開發應用程式的軟體工程師來說非常有用。不過，任何支援軟體在實際營運環境中運作的人員，都可以從本書的內容中獲益良多。

此外，對於軟體交付和營運團隊的經理來說，如果有興趣了解觀測實踐如何有益於他們的組織，特別是關注團隊動態、文化和規模的章節，本書對他們來說也能派上用場。

此外，任何協助團隊交付和操作營運環境軟體的人，例如產品經理、支援工程師和利益相關者等，或是對於這個新興名詞「可觀測性」（observability）感到好奇，並想知道為什麼大家都在討論它的人，也可以從本書中獲得幫助。

我們為什麼寫這本書？

「可觀測性」（observability）現在已經成為一個熱門的話題，但是不幸的是，總有人錯誤地把它當成「監控」（monitoring）或「系統遙測」（system telemetry）的同義詞。實際上，「可觀測性」是軟體系統的一個特性。此外，只有當團隊採用支持其持續發展的新實踐時，才能有效地利用它。因此，將可觀測性引入你的系統不僅是技術上的挑戰，還是一個文化上的挑戰。

我們對於可觀測性這個議題十分關注，並且希望能大力推廣，因此創立了一家公司，唯一目的就是將可觀測性的優勢帶給所有管理軟體產品的團隊。我們也在推動一個新的可觀測性工具類別，其他供應商也紛紛效仿。

雖然我們都在 Honeycomb[1] 工作，但目的不是要向你推銷我們的工具；相反的，撰寫這本書旨在解釋適應原始可觀測性概念管理現代化軟體系統的方法和原因。你可以使用不同的工具和方式來實現可觀測性，但我們也相信自己有資格撰寫一本有關可觀測性實踐指南的書籍，以推進軟體行業，並詳細說明常見的挑戰和有效的解決方案。無論你選擇什麼工具，你都可以應用本書中的概念，以實踐使用可觀測性構建生產軟體系統的功能。

本書旨在讓你了解，當團隊使用可觀測性來管理其生產軟體系統時，會涉及到各種考慮因素、能力和挑戰。有時，我們可能會提供 Honeycomb 的做法以說明解決共同挑戰的方法，這並不是要推銷 Honeycomb，而是將抽象概念轉化為實際情境，目標仍然是在向你展示如何在其他環境中應用相同原則，不論工具為何。

1　*https://honeycomb.io*

透過本書，你能學到的是……

你將學到「可觀測性」的定義，如何識別可觀測系統，以及「可觀測性」最適合用於管理現代化軟體系統的原因。你將了解「可觀測性」與「監控」之間的區別，以及不同情境下需要使用不同方法的理由。此外，我們也會探討為什麼行業趨勢推動了對「可觀測性」的需求，以及它如何適應新興的領域，例如雲端原生（cloud native）生態系統。

接下來，我們將深入探討可觀測性的基礎知識，確認結構化事件是可觀測系統構成要素的原因，以及如何將這些事件串連成追蹤。事件由軟體內置的遙測產生，你將學習有關開源倡議，例如 OpenTelemetry，它可以幫助開始檢測過程。此外，你還將了解在可觀測系統中用於定位問題源的基於資料的調查流程，以及它與傳統監控中基於直覺的調查流程有何不同。最後，你還將了解可觀測性與監控的區別，以及如何在實踐中結合這兩個概念。

在介紹這些基本的技術概念之後，你將了解到使用可觀測性的社會科技。在營運環境中，管理軟體產品是一種團隊活動。你將學習如何使用可觀測性來加強團隊動力。你還將學習可觀測性如何融入商業流程中，影響軟體供應鏈，並揭示潛在的風險。你也將學習如何實踐這些技術和社會概念，例如使用服務級別目標進行更有效的警報，並深入技術細節，了解為什麼使用可觀測性資料可以使警報更具可行動性和可調試性。

然後，你將學習到推出可觀測性解決方案時面臨的固有挑戰，這部分將從你決定購買還是建立可觀測性解決方案時應考慮的因素開始。可觀測性解決方案的一個必要屬性是，在持續排查期間能夠快速提供答案，因此，我們將向你展示如何處理管理大數據集時高效儲存和檢索的固有挑戰。你還將學習何時引入像事件採樣這樣的解決方案，以及如何判斷其利弊，找到適合你需求的正確方法。此外，你還將學習如何使用遙測流水線來管理大量資料。

最後，本書將探討採用可觀測性文化的組織方法。除了向團隊推廣可觀測性，你還將學習在整個組織中推廣可觀測性實踐的實用辦法，也將學習如何識別和與關鍵利益相關者合作，以技術方法贏得支持，並為採用可觀測性實踐做出商業案例。

本書開始撰寫至今已將近三年了，這麼長的時間讓我們有機會深入研究可觀測性領域，因為它一直在快速變化，實踐也在不斷進步，相信本書出版時，將是最新、最全面的可觀測性實踐狀態。希望你也能和我們一樣，在閱讀的過程中發現有趣的內容。

本書編排慣例

本書使用以下印刷慣例：

斜體字

表示第一次提到的術語、網址、電子郵件地址、檔案名稱及其副檔名。中文以楷體表示。

定寬字（Constant width）

用於一小段的程式碼，或嵌在本文中的程式關鍵字、函式名稱、資料庫名稱、資料庫結構及環境變數等。

 代表一般性說明。

使用範例程式

本書的補充內容，包括程式碼範例，練習等可由 *https://oreil.ly/7IcWz* 取得。

如果你對程式碼範例有問題，歡迎與我們聯絡：bookquestions@oreilly.com。

本書是要幫助讀者來完成工作。讀者可以隨意在自己的程式或文件中使用本書的程式碼，但若是要重製程式碼的重要部分，則需要聯絡我們以取得授權許可。舉例來說，設計一個程式，其中使用數段來自本書的程式碼並不需要許可；但是販賣或散布 O'Reilly 書中的範例則需要許可。例如引用本書並引述範例碼來回答問題，並不需要許可；但是把本書中的大量程式碼納入自己的產品文件則需要許可。

雖然不需要，但如果你註明出處我們會很感謝。註明出處時，通常包括書名、作者、出版商、ISBN。例如：「Observability Engineering, by Charity Majors, Liz Fong-Jones, and George Miranda (O'Reilly). Copyright 2022 Hound Technology Inc., 978-1-492-07644-5.」

如果覺得自己使用程式範例的程度超出上述的許可範圍，歡迎與我們聯絡：permissions@oreilly.com。

致謝

如果沒有 Honeycomb 高層贊助者的支持，本書無法發行。特別感謝 Christine Yen、Deirdre Mahon 和 Jo Ann Sanders。同樣地，特別感謝在家裡支持我們的伴侶：Rebekah Howard、Elly Fong-Jones 和 Dino Miranda，如果不是他們容忍我們不規則的工作時間、失去的週末、失眠夜晚和暴躁脾氣，這本書也不可能完成。沒有這所有人的支持，我們可能仍在努力找時間致力發展和整合這本書中表達的許多觀點。

我們特別想感謝那些分享各自不同觀點和專業知識，而讓這本書內容更為豐富的貢獻者。第 16 章的〈高效資料儲存〉，多虧 Honeycomb 的 Retriever 引擎作者，也是案例研究基礎的 Ian Wilkes，和負責審核對外部文獻技術準確性的 Joan Smith。第 14 章〈可觀測性和軟體供應鏈〉由 Frank Chen 撰寫，而第 18 章〈使用流水線進行遙測管理〉則由 Suman Karumuri 和 Ryan Katkov 撰寫，感謝他們分享在 Slack 管理人規模應用程式時，從可觀測性中學到的知識和經驗。也要特別感謝 Rachel (pie) Perkins 對本書前幾章的貢獻，並感謝多年來一直在 Honeycomb 幫助我們探索可觀測性可能達到水準的所有工作人員。

最後，非常感謝眾多外部審稿人士：Sarah Wells、Abby Bangser、Mads Hartmann、Jess Males、Robert Quinlivan、John Feminella、Cindy Sridharan、Ben Sigelman 和 Daniel Spoonhower。在寫作過程中，我們不斷修訂觀點，融入更全面性的看法，並重新審視概念，以確保能反映出可觀測性世界中包容性的最先進狀態。儘管我們這些本書作者都在 Honeycomb 工作，但一直以來，我們的目標都是撰寫一本客觀及具包容性的書籍，詳細介紹可觀測性在實踐的運作方式，而不論選擇的特定工具。感謝審稿人讓我們不負初心，並引導我們的敘事更具影響力及全面性。

第一部分

邁向可觀測性之路

這章節將定義本書中反覆提到的概念,讓讀者學習何謂可觀測性,辨識可觀測系統的方法;以及基於可觀測性的除錯技術,比基於監控的除錯技術更適用於現代化軟體系統管理的原因。

第 1 章探討「Observability」一詞的起源,介紹如何將這個概念應用於軟體系統,並提供一些具體問題,讓讀者得以判斷他們是否擁有一個可觀測的系統。

第 2 章介紹工程師以傳統監控方法進行故障排除和問題定位的做法,並和基於可觀測性的系統所使用的方法比較。本章的描述方式比較理論性,但第二部分會具體呈現技術和工作流程的實現。

第 3 章是由合著者 Charity Majors 撰寫的案例研究,從她的角度講述。本章將第一、二章的概念帶入實際案例研究中,說明轉向可觀測性的時機以及絕對必要性。

第 4 章說明產業趨勢促進對可觀測性需求的原因,以及它如何適應新興領域,例如雲端原生生態系統。

什麼是可觀測性？

在軟體開發產業中，「可觀測性」主題引起許多人的興趣，並經常出現在熱門新主題的清單中。但是，但當熱門話題受到關注時，也就往往容易誤解，需要更深入了解相關細節。本章將探討「可觀測性」一詞的數學起源，並檢視軟體開發從業人員適應它的方式，以描述實際營運軟體系統的特性。

我們還將探討將可觀測性適應到實際營運軟體系統中的必要性原因。傳統的軟體應用程式內部狀態的除錯方法，是針對相對簡單的舊系統而設計的，但隨著系統架構、基礎架構平台和用戶期望的不斷演進，用於理解這些組件的工具並未改變。大體上，許多工程團隊今天仍然在使用幾十年前開發的監控工具和除錯方法，即使他們管理的系統已複雜許多。當傳統工具和除錯方法無法快速找到深藏不露的問題時，可觀測性工具便應運而生。

這一章會幫你了解「可觀測性」的意思、如何判斷一個軟體系統是否具有可觀測性，可觀測性的必要性原因，以及當其他方法都沒辦法的時候，如何用可觀測性方式來找出問題。

可觀測性的數學定義

「可觀測性」（Observability）這個詞最初是由工程師 Rudolf E. Kálmán 於 1960 年提出，自此之後，它在不同領域內就有了許多不同的含義。在談論現代化軟體系統之前，讓我們先了解一下不同領域內對這個概念的應用。

Kálmán 在 1960 年的論文介紹可觀測性的特質，用以描述數學控制系統中的概念[1]。在控制理論[2]中，可觀測性的定義為，從系統的外部輸出中推斷其內部狀態[3]的能力。

按照這個定義，可觀測性和可控制性是數學上的相對概念，與傳感器、線性代數方程和形式方法密切相關。這種傳統的可觀測性定義主要適用於機械工程師，和管理具有特定目標狀態的物理系統人員。

但如果你正在尋找以數學和工程過程為導向的教科書，那你來錯地方了。這些書籍確實存在，任何機械工程師或控制系統工程師都會告訴你，而且會充滿熱情且詳細地講述可觀測性在傳統系統工程術語中具有的正式含義。然而，當這個概念運用至更為靈活的軟體系統時，它開啟了一種截然不同的方式，讓你與你開發的程式碼互動和理解。

將可觀測性應用於軟體系統

Kálmán 的可觀測性定義可以應用於現代化軟體系統。不過，應用可觀測性的概念時必須考慮軟體工程領域的特定因素。為了使軟體應用具有可觀測性，必須能夠完成以下事項：

- 理解應用程式的內部運作方式

- 理解應用程式可能出現的任何系統狀態，甚至是前所未見過且無法預測的新狀態

- 只需透過觀察和使用外部工具，就能了解內部運作和系統狀態

- 理解內部狀態，而不需要編寫任何新的自定義程式碼來處理它；因為這意味著需要知道才能解釋

1　Rudolf E. K.lm.n, "On the General Theory of Control Systems" (*https://oreil.ly/u7BM4*), *IFAC Proceedings Volumes* 1, no. 1 (August 1960): 491–502.

2　*https://w.wiki/4wHw*

3　*https://w.wiki/55Pc*

以下問題可作為判斷上述條件是否成立的標準：

- 你能夠不斷地回答有關你的應用程式內部運作的開放式問題，以解釋任何異常情況，而不會遇到調查死胡同的情況嗎？即問題可能在某些東西中，但你無法進一步分解以確認

- 你能夠了解你的軟體的任何特定用戶，在任何給定時間正在經歷的情況嗎？

- 你是否能夠迅速查看你關心的系統性能的任何橫截面，從整體視圖到可能導致緩慢的單個確切用戶請求以及其中間的任何層次？

- 你是否可以比較任意的用戶請求組，通過識別所有遇到應用程式中異常行為的用戶所共享的屬性，來找出可疑的行為模式？

- 在找到某個特定用戶請求中的可疑屬性後，你是否可以在所有用戶請求中搜索，以識別類似的行為模式來證實或排除你的懷疑？

- 你能否確定哪個系統用戶產生的負載最大，因此大幅降低應用程式性能？以及第 2、3 甚至是第 100 個產生最大負載的用戶？

- 你能否確定哪些用戶的負載最大且最近開始影響性能？

- 如果第 142 個速度最慢的用戶抱怨性能速度，你是否可以隔離他們的請求，以了解為什麼特定用戶的速度如此之慢？

- 如果用戶抱怨發生超時，但你的圖表顯示 99th、99.9th、甚至 99.99th 百分位的請求速度很快，你是否可以找到隱藏的超時？

- 你是否可以在不需要先預測將來某天可能會被詢問這類問題（需要提前設置特定監控來匯總必要資料）的情況下，回答類似前面的問題？

- 即使你從未遇到或調試過此類特定問題，你是否仍然可以回答關於應用系統的這些問題？

- 你是否可以快速獲取前面那些問題的答案，以便你反覆提出一個又一個的新問題，直到找到問題的正確來源，而過程中不會中斷思路，通常意味著在幾秒鐘內而非幾分鐘內獲得答案？

- 即使以前從未發生過這種特定問題，你是否仍然可以回答前面那些問題？

- 你在除錯或調試後的結果，是否經常讓你感到驚訝，因為揭示了新的、令人困惑的和奇怪的發現，還是你通常只找到預期可能發現的問題？

- 無論問題有多複雜、深埋或隱藏在你的技術堆疊中，你是否能在很短的時間內，也就是幾分鐘之內找出並隔離系統中的任何故障？

對許多軟體工程組織而言，滿足上述所有標準是一個非常高的要求。如果你能達到這個標準，毫無疑問，你就能明白為什麼可觀測性已經成為軟體工程團隊熱門話題。

簡單來說，我們定義的「可觀測性」，就是一個評估你是否能理解和解釋系統可能出現的千奇百怪狀態標準。在一個臨時的反覆調查中，你必須能夠在系統狀態資料的所有維度以及維度組合中，相對地去調試那些千奇百怪狀態，而不需要事先定義或預測這些調試需求。如果你在不需要發布新程式碼的情況下，就能理解任何千奇百怪狀態，就表示你具有可觀測性。

我們認為，以這種方式將傳統的可觀測性概念應用於軟體系統是一種獨特的方法，其中包含了值得探討的額外細節。對於現代化軟體系統來說，可觀測性與資料類型或輸入資料無關，也與數學方程式無關。它關乎的是人們如何與複雜系統互動並試圖理解它們。因此，可觀測性需要認識到人與技術之間的互動，以理解這些複雜系統如何協同工作。

如果你接受這個定義，還有很多其他問題需要解答：

- 如何蒐集這些資料並將其整理以供檢查？

- 處理這些資料的技術要求是什麼？

- 需要哪些團隊能力才能從這些資料中受益？

在閱讀本書的過程中，我們將討論這些問題以及更多相關內容。現在，讓我們為在軟體領域應用可觀測性增加一些額外的背景知識。

將可觀測性應用於軟體系統與控制理論有很多共通之處。但可觀測性的實用性較高，而數學應用較少。部分原因是軟體工程是一個比其前身，已成熟的機械工程更新，發展也更迅速的學科。營運用的軟體系統通常不像數學理論那樣經過嚴謹證明，這種不夠嚴謹的狀況，某種程度上是因為這一行業在實際運行自己寫的軟體時遇過的各種問題和挑戰，讓我們「吃足苦頭」。

作為軟體工程師，我們試圖理解如何彌補理論和實踐之間的差距，尤其是當程式運行規模成長時。不用尋找一個新的術語、定義或功能來描述如何辦到這點；相反的，是因為迫於管理系統和團隊的現況，而不得不從像監控這樣不再具有效率的概念中重新發展。身在業內，我們需要超越當前的工具和術語差距，克服由於中斷和缺乏更主動解決方案而帶來的痛苦和折磨。

可觀測性是解決這一差距的解決方案。現今的系統很複雜，有很多技術和社會因素造成了混亂，因此需要社會和技術方面的解決方案以幫忙擺脫困境。可觀測性無法解決所有軟體工程問題，但它的確可以幫助你清楚地看到軟體的晦澀角落發生什麼事，否則你只能摸黑摸索，試圖找出問題。

假設你要在星期六早上為家人做一頓豐盛的早午餐，你計畫多道菜餚，包括複雜的起司奶酥蛋食譜，和考慮到每個人的過敏源與不喜歡食物的清單，加上時間緊迫，因為奶奶必須在中午前趕到機場。這本身就是一個不小的挑戰，然後你發現和我們一樣嚴重近視的你，現在找不到眼鏡。想要解決軟體工程中的實際和時間敏感問題時，可觀測性是一個非常好的起點。

關於軟體可觀測性的錯誤認知

在繼續之前，需要解決另一個關於「可觀測性」的定義，這是軟體即服務（SaaS）開發者工具供應商普遍宣傳的定義。這些供應商堅稱「可觀測性」沒有任何特殊含義，它僅僅是「遙測」的另一個同義詞，與「監控」無異。這個定義的支持者認為可觀測性不過就是了解軟體運作方式的另一個通用術語，你會聽到這個觀點的支持者，將可觀測性解釋為他們今日通用以販售給你的「三大支柱」：指標、日誌和追蹤[4]。

這個定義是否有問題？其實我們也難以下定論。或許這個詞彙是多餘的，畢竟，到底為什麼會需要另一個「遙測」的同義詞？或者可能會造成認知上的混亂，為什麼要將不同資料類型混合在一起，並照時間順序視覺化？不管怎樣，這個定義的邏輯缺陷在於，它的支持者有一個既得利益，他們想要推銷集中蒐集和儲存資料的工具和心態，並利用他們現有的指標、日誌和追蹤工具套件。這個定義的支持者讓他們的商業模式限制對未來可能性的想法。

4　有時會加入時間跨度來表示「變化的離散事件」。這可以被視為遙測的一個擴充面向或第四大支柱。

公平地說，我們這些本書作者也是可觀測性領域的供應商。但是，撰寫這本書不是為了推銷我們的工具，而是為了解釋將可觀測性的原始概念應用於管理現代化軟體系統的方式和理由。無論你選擇哪種工具，都可以應用本書中的概念來實踐具有可觀測性的營運軟體系統建設，不用藉由營銷將不同工具拼湊在一起，才能實現可觀測性；不需要使用某個特定工具，才能在軟體系統中實現可觀測性。相反的，我們認為可觀測性需要改變蒐集有效調試或除錯所需資料的方式。我們相信，這一行是時候改進用來管理現代化軟體系統的實踐了。

為什麼可觀測性現在很重要？

既然已經知道現代軟體系統中「可觀測性」的意義和限制，就來談談為什麼現在轉變到這種方法較為重要。簡單來說，使用傳統方法，即通過軟體指標和監控方式來了解系統正在做什麼的方法，已經遠遠不夠了。這種方法只是被動地回應問題，過去可能足以滿足產業需求，但現代化系統需要更好的方法論。

在過去的二、三十年中，硬體、系統操作者和機器之間的交互，受一組大多稱為「監控」的工具和慣例所規範，從事此領域的人員大多已經接受這一組工具和慣例，並將其視為理解虛擬空間和他們的程式碼之間的最佳方法。即使在很多情況下，這種方法固有的局限性讓他們在深夜感到困擾而無法入睡，他們仍然對它產生了信任感，甚至可能有些喜愛，因為那是他們所擁有的最佳工具。

使用傳統監控方法讓現在的軟體開發者無法完全了解他們的系統運作，必須不斷地盯著系統，試圖預測和避免所有可能的錯誤和故障，並設置效能門檻，根據自己的主觀判斷宣布它們為「好」或「壞」。他們還會部署一些代表自己檢查和重新檢查這些閾值的機器人，以機器人為中心，將自己的發現蒐集到儀表板中，然後組織成團隊、輪班和逐級上報；當這些機器人告訴他們表現不佳時，他們會發出警報。隨著時間的推移，這種方法就像是花園裡的園丁，需要不斷地修剪、微調和處理它們生長的噪音訊號。

這真的是最好的方式嗎？

數十年來，開發人員和運維人員一直都使用監控來了解系統。監控已經成為了理解系統的實際做法，以至於他們傾向於認為這是了解系統的唯一方法，而不僅僅是其中一種方法。監控變得非常普遍和常規，以至於人們可能不太注意到它的存在，因為它已經成為了日常生活中的一部分。處在這一行中，我們通常不會質疑應該做的事，而是做的*方法*。

監控實踐的基礎建立在許多未明確提及的系統假設之上，後面將會詳細介紹。但隨著系統不斷演進，它變得更加抽象和複雜，加上底層組件的重要性逐漸降低，讓這些假設變得越來越不成立。隨著開發人員和運維人員繼續採用更現代化的方法，來部署和運行軟體系統，例如 SaaS 依賴、容器編排平台或分散式系統等，這些假設中的漏洞也就越來越明顯。

有越來越多人發現，傳統的監控方法已經遇到很多限制，對於理解現代世界的複雜系統已經無效且不實用。過去所使用的監控指標和假設已經過時，需要使用新的方法來了解系統。要理解它們失敗的原因，可以從歷史和應用背景起源來分析。

為什麼指標和監控不夠用？

1988 年通過的簡單網絡管理協議（Simple Network Management Protocol, SNMPv1，如 RFC 1157 中定義），催生了監控的基礎：指標（metric），這是一個可以選擇性地加標籤的數字，方便分組和搜索，而且成本低廉。它們具有可預測的儲存空間占用，易於沿著規律的時間序列進行聚合。因此，指標成為此後遙測資料的基本單位，從遠程端點蒐集用於自動傳輸，到監控系統的資料都是。

許多複雜的設備都以指標為基礎構建：時序資料庫（TSDB）、統計分析、繪圖庫、炫麗的儀表板、值班輪換、運營團隊、升級策略，以及大量方法來消化和回應那些小型機器人軍團告訴你的訊息。

然而，使用指標和監控工具理解系統複雜性有限；一旦越過界限，變化就會突然出現。上個月還能好好運作的方法，現在說無效就無效，只能退回到使用低級命令，如 strace、tcpdump 和數百個 print 語句，回答有關系統表現的問題。

很難精確計預測什麼時候系統會達到臨界點。最終，系統可能會產生太多狀態，超過你團隊能夠用過去的經驗來分析故障的數量。這些獨特的狀態需要不斷理解，你的團隊已經不知道要創建多少個儀表板來顯示故障模式了。

監控和基於指標的工具，在設計時對你的架構和組織有一定的假設，這些假設在實踐中充當了複雜性的上限。通常情況下，這些假設在你超過它們之前都是隱藏的；而一旦超過，它們就會變成你理解系統問題的痛苦來源。這些假設可能包括：

- 你的應用程式是一個單體應用程式。
- 你運行一個有狀態的資料儲存系統（即資料庫）。
- 提供許多低層系統指標，例如常駐記憶體和 CPU 負載平均值。
- 應用程式運行在由你控制的容器、虛擬機器（VM）或實體機器上。
- 系統指標和檢測指標是調試程式碼的主要資訊來源。
- 你擁有一組相對穩定且長時間運行的服務節點、容器或主機，以長期監控。
- 工程師只會在問題發生後，才想到去檢查系統中的問題。
- 儀表板和遙測資料主要為運維工程師提供服務。
- 監控將「黑盒」應用程式視為與本地應用程式相同的方式檢查。
- 監控的重點是正常運行時間和故障預防。
- 相關性檢查僅涉及有限的維度或維度較少。

相較於現代化系統，傳統的監控方法存在多個缺點。現代化系統通常具有以下特點：

- 應用程式架構包含許多服務。
- 存在多樣化的持久性儲存，包括多種資料庫和儲存系統。
- 基礎設施非常靈活，可以彈性地增減。
- 需要管理許多分散且鬆散耦合（loose coupled）的服務，其中很多並不直接受控制。
- 工程師會主動檢查營運環境程式碼的變更情況，以便在微小問題對用戶產生影響之前及早發現。
- 儀表板無法理解複雜系統中發生的情況。

- 軟體工程師在實際營運環境中的部署有自己開發的程式碼，並激勵工程師主動為程式碼進行儀表板監控，並在部署新變更時檢查性能。

- 可靠性的重點是如何容忍持續不斷的劣化，並藉由使用像錯誤預算、服務質量和用戶體驗等構造，來增強對影響用戶的失敗的恢復力。

- 關連性檢查需要在幾乎無限數量的維度上進行。

最後一點非常重要，因為它描述了在現代化系統架構現實和相關知識的極限之間的差距。發現性能問題背後的基本關連性變得如此複雜，以至於沒有人類的大腦可以理解，甚至沒有任何模式可以包含所有的維度。

在可觀測性中，高維度和高基數資料是發現複雜系統架構中潛在問題的關鍵組件。

以指標和可觀測性除錯的區別

當系統變得複雜到超出我們的記憶能力與理解能力時，也就無法再用直覺和過去的經驗來解決問題了。

作為一名工程師，你可能習慣於以直覺來調試除錯。為了找到問題的根源，你可能會相信直覺，或者依靠對過去故障的瞬間回憶，來展開調查。然而，在這樣的複雜系統中，過去的技能可能已經不再適用。直覺方法只有在遇到的大部分問題，都是過去遇到的那幾個可預測內容變化時才能發揮作用[5]。

同樣地，基於指標的監控方法非常依賴於過去遇到的已知故障模式。監控有助於檢測當系統超過或低於之前認定為異常的可預測閾值時；但是，當你可能甚至不知道這種異常存在時，會發生什麼事？

過往，軟體工程師所面對的大多數問題，都是某種程度上可預測的故障模式的變體。也許你不知道你的服務會以這種方式失敗，但如果你對這個情況及其組件進行推敲，發現一個新的錯誤或故障模式並不會讓人措手不及。事實上，大多數軟體工程師很少遇到真正無法預測的邏輯跳躍，因為他們通常不必處理使這些跳躍結果變得普遍的複雜性；直到現在，大多數工程師所面臨的複雜性，仍集中在單體應用程式內。

5　更深入的分析請參閱 Pete Hodgson 的部落格文章〈Why Intuitive Troubleshooting Has Stopped Working for You〉（*https://oreil.ly/JXx0c*）。

> 每個應用程式都具有一定程度的不可簡化複雜性。唯一的問題是：誰會需要處理它？使用者、應用程式工程師還是平台開發工程師？
>
> — *Larry Tesler*

現今分散式系統的架構，常常以無人能預測、之前也無人經歷過的方式出現故障[6]。這種情況經常發生，以至於創造出一整套的語句，用以描述初涉分散式架構的工程師常常會做出的錯誤假設。現代分散式系統通常透過抽象的基礎設施平台提供給應用程式開發人員，但作為這些平台的用戶，應用程式工程師現在必須面對不可化簡的複雜性，因為這些複雜性直接落在他們的工作上。

以前，模組與函式之間的複雜互動，隱藏在單個物理機器的隨機存取記憶體中，但現在已表面化為主機之間的服務請求。這些新的複雜性需求跨越多個服務，在單一函式的過程中，多次穿越不可預測的網絡。當現代化架構開始將單體解構為微服務時，軟體工程師失去了使用傳統除錯器逐步追蹤他們的程式碼的能力。但與此同時，他們手上的工具尚未適應這種劇變。

簡而言之：我們將單體應用拆分，現在每個請求都必須在網絡上多次跳躍，每個軟體開發人員都需要更熟練地掌握系統和操作，才能完成日常工作。

這種劇變的例子包括容器化趨勢、容器編排平台的興起、轉向微服務架構、多語言的普遍存在、服務網格的引入、瞬態的自動擴展實例、無服務器計算、Lambd 函式和其他無數的 SaaS 應用。軟體工程師工具箱內的工具逐漸多樣化。將這些各種工具串聯成現代化系統架構，意味著在請求到達你可以控制的邊緣之後，它可能會經過 20 到 30 次跳轉（如果請求包括資料庫查詢，次數可能乘以 2）。

在現代雲端原生系統中，最具挑戰性的除錯排查不再是理解程式碼如何運行，而是找出系統性能瓶頸，或問題在系統的哪些節點上變得非常具有挑戰性。因為系統中的請求通常會在不同節點之間往返傳送，這些請求可能會在不同的節點之間產生迴圈，進而讓你很難透過儀表板或服務地圖，來判斷哪些節點或服務出現了瓶頸。當系統中的某個部分變慢時，整個系統都會變慢。更具挑戰性的是，由於雲端原生系統通常作為平台運作，程式碼可能位於該團隊甚至不受控制的系統部分中，這使得定位問題變得更加困難。

---

6 *https://w.wiki/56wa*

在現代化的架構中，透過指標除錯排查，需要連接數十個不相關的指標，這些指標在執行任何一個特定請求的過程中記錄下來，它們跨越任意數量的服務或機器，用來推斷可能發生的情況。這數十個線索的幫助程度完全取決於某人是否能夠預測到那個測量超過或低於閾值，這意味著此操作有助於創建以前未遇到的異常失敗模式。

相比之下，透過可觀測性除錯建立在一個非常不同的基礎上：深入了解在進行此操作時發生的事。使用可觀測性除錯，關乎於盡可能保存有關任何給定請求當前情境的上下文資訊，以便你可以重建觸發導致新型故障模式的錯誤環境和情況。監控是針對已知的未知事物，而可觀測性則針對未知的未知事物。

基數的作用

在資料庫的情境中，基數（*cardinality*）指的是一個集合中資料值的唯一性，低基數意味著該欄位在其集合中有很多重複值，高基數意味著該欄位包含了相當高比例完全不同的值。包含一個值的欄位將始終具有最低可能的基數；而包含唯一 ID 的欄位，將始終具有最高可能的基數。

例如，在一個包含一億個用戶紀錄的集合中，你可以假設任何通用唯一識別碼（UUID）都將具有最高可能的基數。另一個高基數的例子可能是公鑰簽名。名字和姓氏將具有較高的基數，但比 UUID 低，因為有些名字會重複。像性別這樣的欄位在 50 年前的模式下將具有低基數，但考慮到最近對性別的理解，也許已經不再是如此。如果你的所有用戶都是人類，像物種這樣的欄位將具有最低可能的基數。

基數對於可觀測性非常重要，因為高基數資訊幾乎都是在排查或了解系統資料的最有用資訊。考慮按照用戶 ID、購物車 ID、請求 ID 或其他眾多 ID，如實例、容器、主機名、編譯序號及跨度等排序的有用性。能夠根據唯一 ID 查詢是在任何給定資料堆中精確定位出單個資料的最佳方式。你可以將高基數值降採樣為低基數值，例如按前綴對姓氏分類，但你永遠無法做反向操作。

不幸的是，在任何合理的規模下，基於指標的工具系統只能處理低基數度的欄位。即使你只需要比較幾百個主機，在基於指標的系統中，你也無法使用主機名稱作為識別標籤，否則就會超過基數空間的限制。

這些固有的限制對資料的查詢方式意外產生了限制。當使用指標排查時，對於可能想要查詢的每個問題，你必須在發生錯誤之前，事先決定需要記錄在指標中的資訊。

這造成兩個重要的影響。首先，在調查過程中，如果你決定先提出其他問題以發現潛在問題的來源，那這些問題將無法在事後完成；你必須先設置可能回答該問題的指標，然後等待問題再次發生。其次，因為回答這些額外問題需要另一組指標，大多數基於指標的工具供應商將向你收取記錄該資料的費用，每當你決定以新的方式詢問你的資料以尋找可能無法預測的隱藏問題時，你的成本都將直線上升。

維度的作用

在資料分析中，基數是指資料中值的唯一性，而維度（*Dimensionality*）是指資料中的欄位數量。在可觀測系統中，遙測資料以任意廣泛的結構化事件形式生成（詳見第 8 章）。這些事件之所以稱為「廣泛」，因為它們可以並且應該包含成百上千個關鍵字與值的成對（或維度）。事件越廣泛，捕獲事件發生時的情境與背景資訊就越豐富，因此在以後除錯時，可以發現更多關於事件發生的情況。

假設你的事件架構定義了每個事件的 6 個高基數維度：`time`、`host`、`app`、`user`、`endpoint` 和 `status`。有了這 6 個維度，你可以創建任意組合的分析維度查詢，以找出可能導致異常的相關模式。例如，你可以查詢「在過去半小時內主機 foo 上發生的所有 502 錯誤」、「由用戶 bar 發出的對 /export 端點的請求產生的所有 403 錯誤」，或「在應用程式 baz 發出的對 /payments 端點的請求中發生的所有超時情況，以及它們來自哪個主機」。

有了這 6 個基本維度，你就可以檢查一組有用的條件，以確定你的應用程式系統可能發生的事。現在想像一下，你可以檢查包含數百或數千個維度，這些維度包含任何看起來可能對你的排查和除錯目的有用的細節、值、計數器或字串。例如，你可以包括以下類似的維度：

```
app.api_key
app.batch
app.batch_num_data_sets
app.batch_total_data_points
app.dataset.id
app.dataset.name
app.dataset.partitions
```

```
app.dataset.slug
app.event_handler
app.raw_size_bytes
app.sample_rate
app.team.id
...
response.content_encoding
response.content_type
response.status_code
service_name
trace.span_id
trace.trace_id
```

有了更多可用的維度,你可以檢查事件,進行高度複雜的相關性分析,以發現在任何一組服務請求之間隱藏或難以捉摸的模式(見第 8 章)。在現代化系統中,可能發生的故障組合無限,因此僅捕獲一些基本維度是不夠的。

你必須蒐集與用戶、程式碼和系統交集相關的所有豐富細節。高維度資料提供了更多關於這些交集如何展開的上下文資訊;在後面的章節中,我們將介紹如何分析高維度資料(通常包含高基數資料),以揭示系統問題發生的位置以及原因。

利用可觀測性排查除錯

相較於監控工具限制監控資料的基數和維度,可觀測性工具鼓勵開發者蒐集每個可能發生事件的豐富遙測資料,傳遞每個請求的完整內容,並將其儲存以供日後使用。可觀測性工具專門設計用於高基數、高維度資料的查詢。

因此,在除錯時,你可以以任意數量的方式查詢事件資料,探索系統的狀態,並提出你未曾預測到的問題,以找到下一個問題的答案或線索,如此不斷,直到找到你所尋找的解決方案。可觀測性系統的一個關鍵功能,是能夠以開放的方式探索系統。

一個系統的可探索性取決於你如何提出任何問題,並檢查其相應的內部狀態。可探索性意味著你可以持續地調查,並最終理解系統所處的任何狀態,即使你以前從未見過那個狀態,也不需要提前預測這些狀態的可能性。同樣,可觀測性意味著你可以理解並解釋系統可能遇到的任何狀態,無論多新穎或奇特,而無需發布新程式碼。

監控能夠有效運行這麼長時間，往往是因為系統夠簡單，使工程師可以推理出他們可能需要在哪裡尋找問題，且這些問題可能會如何呈現。例如，當 socket 填滿時，CPU 會超載，解決方案是藉由擴展應用節點實例，或調整資料庫等，來增加更多容量。整體而言，工程師可以預測大部分可能的故障狀態，並在應用程式運行在營運環境中時，以極為艱難的方式發現剩下的問題。

然而，監控導致了系統管理根本上的被動應對。你可以捕捉到預測並知道要檢查的故障狀態。如果你知道會發生，就先檢查它。但對於你不知道要查找的任一狀況，必須先遇到並面對這不愉快的驚喜，盡最大努力調查，可能還會陷入死胡同，需要多次遇到相同狀況才能正確診斷；然後，才能開發檢查它的方法。在這種模式下，工程師往往不願意面對可能導致不可預測故障的情況，這也是為什麼，有些團隊害怕部署新程式碼（關於這個話題，稍後會有更多討論）。

另外一個微妙的觀點是：相對於你的程式碼或用戶產生的問題，硬體和基礎設施問題還比較簡單。從「大多數問題都是組件故障」，轉變為「大多數問題與使用者行為或微妙的程式碼錯誤和交互有關」，這是為什麼即使是擁有單體和簡單架構的人，也可能追求從監控到可觀測性的轉變原因。

現代化系統的可觀測性

在軟體工程領域中，一個系統能夠觀測的程度，取決於是否能夠在不進行任何猜測、預測故障模式或發布新程式碼的情況下，理解內部系統狀態。這種觀測性概念來自控制理論，延伸到軟體工程領域中。藉由這種觀測性概念，可以實現對系統的透明度，並能夠更有效地理解和解決問題，同時也能減少故障修復所需的時間和代價。

在軟體工程的領域中，即使在傳統的架構或單體系統中，可觀測性也是有益的。能夠追蹤程式碼並查看耗時分布，或者從用戶的角度重現行為，總是有所幫助。不管你的架構如何，這種能力確實可以幫助團隊避免在營運環境中發現不可預測的故障模式。但是，在現代化分散式系統中，可觀測性工具提供的手術刀和探照燈絕對不可或缺。

在分散式系統中，相對可預測的故障模式而言，新穎和從未見過的故障模式比例傾向更為奇特和不可預測。這些不可預測的故障模式發生頻率很高，但重複出現的次數很少，超出大多數團隊設置適當且足夠相關的監控儀表板，以便工程團隊確保其開發應用程式持續運行時間、可靠性和良好性能的能力。

本書撰寫時，考慮了這些現代化系統。任何由許多鬆散耦合、具有動態特性且難以理解的組件所構成的系統，都非常適合使用可觀測性來取代傳統的管理方法。如果你負責管理這類型的軟體系統，本書將描述可觀測性對你、你的團隊、客戶和業務的意義。我們還將關注在工程流程的關鍵領域中，發展可觀測性實踐所需的人因素。

總結

儘管「可觀測性」一詞已有數十年的定義，但是應用於軟體系統上是一種新的適應方式，並帶來幾個新的考量因素和特徵。與早期較簡單的系統相比，現代化系統架構引入了更多的複雜性，使得故障更加難以預測、檢測和排查。

為了減輕這種複雜性，工程團隊現在必須不斷地以靈活的方式蒐集遙測資料，以允許他們在不需要先預測故障如何發生的情況下排查檢測。可觀測性使工程師能夠以靈活的方式切分和分析遙測資料，以便以前所未有的方式找到任何問題的根源。

很多人誤以為，當你擁有不同類型的 3 種遙測資料時，可觀測性即可實現。然而，如果真的要有 3 個可觀測性的支柱，也應該是支援高基數、高維度和可探索性的工具。接下來，我們將探討可觀測性與傳統系統監控方法的區別。

第 2 章

可觀測性與監控之間的
除錯實踐有何不同？

在上一章中，我們介紹了指標（metrics）資料類型的起源和常見用途。在本章中，我們將更詳細地研究傳統監控工具與可觀測性工具之間的區別，以及它們所涉及的特定除錯實踐。

傳統的監控工具藉由檢查系統狀態是否超出已知閾值，以確定是否存在以前已知的錯誤條件。這種方法本質上仍屬被動，因為它只能識別先前已知的故障模式。

相比之下，可觀測性工具藉由開始迭代式的探索性調查，系統性地確定可能出現性能問題的位置和原因，它能讓團隊能夠主動識別出問題，不論已知或是未知。

在本章中，我們將重點探討基於監控的故障排除方法局限性。首先分析監控工具在營運環境中用於排除軟體性能問題的優缺點，接著研究這些基於監控的方法所制度化的行為；最後顯示可觀測性實踐如何使團隊識別已知和未知的問題。

監控資料如何用在除錯？

《牛津英語辭典》將監控定義為，在一段時間內觀測和檢查（某物）的進展或質量，以保持系統性的審查。傳統的監控系統是藉由指標來實現這一目的：它們在一段時間內檢查應用程式的性能，然後報告該時間間隔內的性能總體測量值。監控系統蒐集、聚合和分析指標，以篩選出指示是否出現煩人趨勢的已知模式。

監控資料有兩個主要的使用者：機器和人類。機器使用監控資料來決定是否應該觸發警報或宣布恢復。指標是系統狀態在記錄時間段內的數值表示，就像查看物理計量儀器一樣，瞥一眼指標可以了解特定資源在特定時刻是否超出負荷或處於空閒狀態。例如，CPU 利用率可能在某一時刻達到 90%。

但這種行為正在改變嗎？儀表上顯示的量是正在上升還是下降，或者保持不變？指標通常在聚合時更有用。了解指標隨時間變化的趨勢值可以深入了解影響軟體性能的系統行為。監控系統蒐集、聚合和分析指標，以篩選人類想要了解的趨勢的已知模式。

如果 CPU 利用率在接下來的 2 分鐘內繼續保持在 90% 以上，則可能會觸發警報。值得注意的是，對於機器而言，指標只是一個數字。在指標的世界中，系統狀態是非常的一體兩面，低於一定數量和間隔，機器不會觸發警報；超過一定數量和間隔，機器就會觸發警報。該閾值的確切位置由人為決定。

當監控系統檢測到人類認為重要的趨勢時，就會發送警報。同樣，如果 CPU 使用率在預先配置的時間跨度內下降到 90% 以下，則監控系統就會確定觸發警報的錯誤條件不再適用，因此宣布系統已恢復。這個系統很簡陋，但許多故障排除功能都仰賴於它。

人們使用相同的資料以排除故障的方式更有趣。這些數值測量值被餵入時序資料庫（TSDB），圖形介面使用該資料庫來提供資料趨勢的圖形表示，這些圖形可以蒐集並組合成更複雜的組合，稱為儀表板（*dashboard*）。

靜態儀表板通常會按服務分開設置，這通常是工程師開始了解底層系統的起點。這是儀表板的原始目的：提供一組指標追蹤的描述，並呈現值得注意的趨勢。然而，儀表板不適合用於尋找新的問題以及排除故障。

一開始建立儀表板時，不需要考慮太多的系統指標，因此，建立一個顯示特定服務所需關注的關鍵資料儀表板相對容易。在現代化時代，儲存成本相對低廉，處理能力相對強大，似乎可以無限地蒐集關於系統的資料。現代化服務通常蒐集如此多的指標，以至於無法將它們全部放入同一個儀表板中；然而，許多工程團隊仍然試圖將它們全放入一個儀表板中，畢竟這就是儀表板的目的！

為了讓所有指標都符合儀表板的要求，指標通常會聚合和平均處理。這些聚合值可以傳達特定的條件，例如集群中的 CPU 平均值高於 90％。然而，這些聚合度量已經無法有效顯示其對應系統中正在發生的情況，不能告訴你哪些服務負責這種情況。為了解決這個問題，一些供應商已經為儀表板界面添加了過濾器和深入查看的功能，以改善它們作為除錯工具的能力。

然而，使用儀表板排除故障的能力，會受到預先定義描述可能正在尋找的條件限制。你需要在事前指定你希望有能力沿著某個小的維度集合來分解值，以便你的儀表板工具可以在那些列上創建必要的索引，以允許你想要的類型的分析。那種索引也受到高基數資料組的限制。如果你使用基於指標的工具，你不能只是加載一個儀表板，它擁有跨多個圖形的高基數資料。

要求有先見之明地來定義必要的條件，將使資料發現的責任落在使用者身上。在進行除錯期間發現新系統見解的任何努力都受到限制，因為這些條件必須在調查開始之前預測。例如，在你的調查過程中，你可能會發現按實例類型對 CPU 使用率分組是有用的。但你當下無法這樣做，因為你沒有先添加上必要的標籤。

因此，使用指標來顯示新的系統觀點是一種固有的反應。儘管存有上述提到的這些限制，整個軟體產業似乎仍然習慣仰賴儀表板除錯。這是很合理的結果，因為指標多年來都是產業的最佳除錯工具。由於我們如此習慣這種限制作為除錯的默認方式，它對除錯行為的影響可能無法一目了然。

使用儀表板來排除故障

以下的情境對於負責管理營運環境服務的工程師來說應該非常熟悉。如果你是其中一員，請深入這個情境中，以此為角度來檢視你在自己的工作環境中也會做出的假設；如果你不是，請檢視以下情境，以了解上節所描述的限制類型。

新的一天開始了，當你走到辦公桌前，第一件事就是檢查儀表板。你希望將儀表板系統打造為「統合的窗口」，可以快速地看到應用系統的各個方面、它的各種組件以及它們的健康狀態。此外，你還有其他儀表板，用於傳遞重要的高級商業指標，例如能夠看到你的應用程式是否創造任何新的流量紀錄、或是你的任一應用程式在一夜之間從 App Store 中刪除，以及其他需要立即注意的關鍵條件。

當你瀏覽這些儀表板時，你會尋找熟悉的情況，確保在無需應付營運環境的緊急情況下開始新的一天。儀表板展示了 20 到 30 個圖形，許多圖形的實際含義你可能並不清楚。然而，隨著時間的推移，你對這些圖形所提供的預測能力越來越有信心。例如，如果屏幕底部的圖形變成紅色，你應該立即放下手頭的工作，開始調查，以防事態惡化。

或許你不完全清楚所有圖形的實際測量內容，但由於你對這個系統非常熟悉，它們能可靠地幫助你預測營運環境中可能出現問題的位置。當圖形以某種方式變化時，你幾乎能獲得預測問題出現的直覺。例如，如果頂部圖形的左上角下降，而底部右下角的圖形持續增長，你的消息隊列可能就有問題了。如果中央的方框每 5 分鐘劇增，且背景顏色比正常顏色深了幾個色階，那資料庫查詢可能出現問題。

在你瀏覽這些圖表時，你注意到快取服務出現問題。儀表板上並未明確地顯示「你的主要快取服務正在過熱」，然而，由於你對系統已經非常熟悉，解讀屏幕上的模式就可以讓你迅速採取行動，進行資料中並未明確指出的操作。根據過去的經驗，你知道這些特定的量測組合意味著快取問題。

在看到這種模式後，你立即打開系統快取服務的儀表板以確認猜測。得到證實後，你立刻開始修復問題；同樣地，你可以透過識別更多的模式來進行類似操作。隨著時間的推移，你學會了如何透過觀察特定營運環境服務的跡象來找到問題源頭。

用直覺來排除故障的局限性

對許多工程師來說，依靠直覺排除故障是一個直觀且熟悉的概念。當你在系統各個組件之間穿梭時，你有多常依賴直覺？通常，我們這一行非常重視這種直覺，因為它為我們帶來許多好處。現在請自問：如果你處於一個與之前完全不同的應用程式上，使用不同的語言編寫，具有不同的架構，你是否能夠猜出相同的答案？當左下角變成藍色時，你知道該做什麼嗎？或者是否需要採取行動？

很明顯，答案是否定的。從儀表板中觀察各種系統問題的表現形式在不同應用堆疊中也會不同。然而，處在這行中，這是我們與系統交互的主要方式。過往，工程師依賴的是具有密集資料的靜態儀表板，這些資料是與正確診斷所需的資料還需要經過一層或兩層的解釋。但是，當發現新的問題時，這些靜態儀表板的效用限制也變得越來越明顯，如以下的一些例子。

例子 1: 相關性不足

工程師向資料庫添加一個索引後，想要了解這是否達到加快查詢時間的目標，以及是否會產生其他意料之外的後果。他們可能會問以下幾個問題：

- 某個之前已知的痛點查詢是否比之前掃描的行數更少？

- 查詢計畫選擇新索引的頻率有多高？哪些查詢會選擇該索引？

- 寫入延遲是否會造成整體負載上提高，或者只是在 95% ／ 99% 的百分位數上提高？

- 使用新索引的查詢，和之前的查詢計畫相比較快還是較慢？

- 除了新索引之外，還使用哪些索引（假設有索引交集）？

- 有無其他索引因新索引的加入而不再有用，是否可以刪除它們並提高寫入能力？

這只是一些示例問題，實際上可以提出更多問題。然而，工程師只能依賴可用的儀表板和圖表來查看 CPU 負載平均值、記憶體使用量、索引計數器，以及其他與主機和運行資料庫相關的內部統計資料。他們無法根據用戶、查詢、目標或來源 IP 等資訊進行深入的切割和分析，只能依據時間戳記而粗略的判斷。

例子 2：未深入挖掘

一位工程師發現了一個會在無意中導致資料過期的 bug，他們想知道這是否影響所有用戶，還是僅影響一部分。然而，在他們的儀表板上，他們只能看到某個資料節點的可用磁碟空間急劇下降。於是，他們迅速推斷問題可能只出現在那個節點上，然後繼續工作；但他們沒有意識到的是，另一個節點的磁碟空間似乎保持穩定，這是因為同時正在進行的導入操作。

例子 3：在工具視窗間切換

在某個特定時刻，工程師注意到錯誤激增，於是迅速查看儀表板，試圖找出與此同時出現的其他指標波動。雖然確實找到了一些相關變化，但卻無法確定究竟是哪些因素導致了錯誤，而哪些又是錯誤造成的結果。因此，他們轉向日誌工具，嘗試使用 grep 來搜索錯誤訊息。一旦找到帶有請求 ID 的錯誤，他們便將錯誤 ID 複製並黏貼到追蹤工具中。（如果該請求尚未追蹤，他們將不斷重複此過程，直至找到一個已追蹤的請求。）

這些監控工具可以隨著時間的推移而進一步檢測到更細節的問題，只要在每次停機後都回顧，並根據可能的情況添加自定義指標。通常，這是由值班工程師發現或提出合理的假設，並確認哪個指標可以回答問題。他們會提交一個更動以創建該指標，並開始蒐集相關資料。當然，現在想要查看你上一次的更動是否產生你猜測的影響已經太晚了，除非重新演示整個情境，並再次捕獲自定義指標。但如果再次出現類似問題，你就會知道原因，這也能證明新增加的指標是有用的。

例如，上述例子中的工程師可能會回去為每個查詢系列添加自定義指標，每個集合的過期率指標，每個節點的錯誤率指標等等。他們可能會不斷添加自定義指標，例如每個查詢系列的鎖使用情況、每個索引的點擊率，以及執行時間的分組等等。然後就會發現，這樣做會使監控預算在下一個計費週期內翻倍。

傳統監控基本上是被動的

許多團隊都接受這種被動的故障排除方式，即在事件發生後追逐關鍵遙測資料。雖然這是一種反應性的應對方式，但在最好的情況下，它也只是一種簡單的排除故障方法。然而，這種方式相當昂貴，因為自定義指標工具通常會以每個指標的方式線性擴展地定價，許多團隊都會熱衷於添加自定義指標，最終痛苦地刪除大部分自定義指標，因為它們的存在使得監控成本劇增。

你的團隊是否是其中之一？要判斷這一點，請透過觀察以下指標來維護產品服務：

- 當實際的營運環境出現問題時，你會根據實際可見的系統資訊蹤跡來決定需要調查的地方嗎？還是會跟隨直覺來定位問題？在尋找問題時，你會回到之前找到答案的地方嗎？

- 在使用疑難排解工具調查問題時，你是否依賴你對系統及其過去問題的專家熟悉度？你是在探索性地尋找線索還是試圖確認猜測？例如，如果整個系統的延遲時間都很慢，而你有幾十個資料庫和隊列可能會造成這種情況，你是否能夠使用資料來確定延遲時間的來源？或者你是否會猜測這必定是你的 MySQL 資料庫，然後去檢查你的 MySQL 圖表來確認你的猜測？

  在疑難排解過程中，你是否經常會直覺地想出解決方案，然後確認其是否正確並相應地進行，但實際上錯過了真正的問題？只因為你確認的是一個症狀或效果的假設，而不是問題的根本原因。

- 在疑難排解過程中，你是否依賴工具提供的精確答案，並引導你找到直接的解決方案？還是你會根據自己對系統的熟悉程度翻譯，以獲得實際所需的答案？

- 你有多少次因為觀察到的資訊需要從一個工具切換到另一個工具，並試圖在它們之間找到相關的模式？你是依靠自己的經驗來在不同來源之間保持上下文嗎？

- 最重要的是，你的團隊中最擅長除錯的人是否總是那些待在團隊裡最久的人？如果是這樣的話，可能意味著你們對系統的理解並不是基於一種公開透明的方法，例如使用工具，而只是基於個人的實踐經驗。

依靠猜測解決問題往往不夠準確，而且相關性並不等同於因果關係，因此，不應該冒險建立因果關係。當你考慮到確認偏差時，情況會變得更糟，因為你無法預測需要問哪些問題，也無法確定該尋找什麼。

在過去，工程師通常需要從各種資料來源中蒐集答案，並依靠他們對系統的直覺理解來診斷問題。然而，隨著系統複雜度的不斷提高，超出任何個人或團隊直覺理解的能力，需要超越這種反應性和限制性方法的需求也就越來越明顯。

可觀測性如何協助進一步除錯？

在上一節中，我們了解到監控是一種被動式的方法，最適合檢測已知問題和先前識別的模式，其模型基於警報和故障的概念。相反，可觀測性使你能夠明確地發現任何問題的來源，沿著任何維度或維度組合以探索，而無需事先預測問題可能發生的地點和方式；其模型的重點是問題和理解。

現在，我們比較監控和可觀測性在依賴機構知識、發現隱藏問題以及對診斷營運環境問題的信心等三個方面的差異。接下來的章節將提供更深入的例子，以說明這些差異的發生原因和樣式。

機構知識是指那些可能某些人知道，但不是整個組織的人都知道的未寫明資訊。在基於監控的方法中，團隊通常將資歷視為知識的關鍵，最有經驗的工程師通常公認為最好的除錯人員和最後的解決者。這種偏好不足為奇，因為除錯通常源於個人的經驗，並以解讀先前已知的模式為基礎。

相反，實踐可觀測性的團隊往往傾向於完全不同的方向，使用可觀測性工具的最佳除錯人員通常是最好奇的工程師。實踐可觀測性的工程師能夠藉由提出探索性問題來詢問其系統，使用所發現的答案引導他們進一步進行開放式的詢問（參見第 8 章）。可觀測性不僅重視對某一特定系統的深入了解以提供調查線索，也重視在不同系統中轉化的調查技巧。

涉及到發現複雜系統中的問題時，可觀測性的影響最為明顯。被動監控方法通常會傾向於直覺和猜測，容易因為確認偏見而隱藏問題的真正源頭。當檢測到問題時，通常是基於行為模式與先前已知問題的相似之處進行診斷，這可能會導致僅緩解問題的症狀，而未完全調查發生原因。更糟的是，引入症狀的解決方案而非原因之後，團隊現在必須應對兩個問題而不是一個。

相對於依賴專家的先驗知識，可觀測性允許工程師將每個調查都視為全新的挑戰。當發現問題時，即使觸發條件與過去的問題相似，工程師理論上都能夠跟隨系統訊息的痕跡，逐步證實出正確答案。這種方法論的系統性意味著，任何工程師都可以在不需要對極其複雜的系統有廣泛的熟悉度，且以直覺地推導行動方案的情況下，來主動診斷任何問題。此外，這種方法論所提供的客觀性，意味著工程師可以找到他們試圖解決的特定問題根源，而不單只是治療與過去相似問題的症狀。

在可觀測性系統中，轉變的影響還表現在增強整個團隊對診斷營運環境問題的信心方面。在基於監控的系統中，人們負責從一個工具跳轉到另一個工具，並在它們之間相互關連觀察，因為資料是預先聚合的，並不支持靈活的探索。如果他們想要擴大觀察範圍或提出新問題，就必須進行思維上的內容切換，例如從儀表板查看日誌到查看追蹤。由於涉及到多個資料源和真相之間的兼容性和不一致性問題，這種思維的內容切換容易出錯，令人精疲力盡，而且往往無功而返。例如，如果你負責繪製 TCP/IP 資料包和應用程式遇到的 HTTP 錯誤之間的關係，或者資源匱乏錯誤和高記憶體釋放率之間的關係，你的調查似乎內建如此高的轉換錯誤率，以至於隨機猜測可能同樣有效。

可觀測性工具可以從遙測資料中提取高基數、高維度的上下文資訊，並將其放入單一位置，以供調查人員輕鬆地放大、縮小或追蹤問題的細節。工程師可以穩定自信地調查，而不會分心於不斷的前後切換。此外，透過將前後關係的關連保存在一個工具中，經驗和機構知識所形成的隱含理解變成了系統的明確資料。可觀測性可以讓關鍵知識不再固守於最有經驗的工程師手上，其他工程師也隨時可以探索和使用。本書也會探索更多有關可觀測性工具的詳細功能，以展示這些好處。

總結

在軟體產業中，常見基於監控的除錯方法是透過指標和儀表板，結合專家知識，在營運環境中檢測系統問題。過去，由於應用程式架構簡單且資料蒐集有限，依賴人類經驗和直覺來檢測系統問題的調查方法是有意義的；但現代，應用程式背後的系統越來越複雜且規模越來越大，這種方法已經不再適用。

基於可觀測性的除錯方法另外提供了不同方式，旨在使工程師能夠調查任何系統，無論有多複雜，都不需要依賴經驗或深入的系統知識來生成猜測。實踐可觀測性的工程師可以透過開放式方式詢問系統，以找出問題的根源，並自信地在營運環境中診斷問題，而不論他們之前有無該系統的相關經驗。

接下來，就來看看過去在沒有可觀測性情況下擴展應用程式所學到的教訓，而將這些概念連結起來的具體經驗。

第 3 章

沒有可觀測性的擴展教訓

到目前為止,我們已經定義了**可觀測性**及其與傳統監控的區別。並探討了在管理現代分散式系統時,傳統監控工具的限制以及可觀測性解決這些問題的方法。但是,在傳統和現在的軟體系統之間仍存在演進上的差距,假設在沒有可觀測性的情況下嘗試擴展現代系統,會發生什麼事?

本章將引用一個真實的例子,來探討傳統監控和架構的局限性,以及在擴展應用程式時所需要的不同方法。作者之一的 Charity Majors 分享她在前公司 Parse[1] 沒有可觀測性的情況下擴展所學到的經驗和教訓,這個故事將由她的角度撰述。

介紹 Parse 服務

親愛的讀者,大家好,我是 Charity,從 17 歲開始就擔任 on call 的職責。那時候,我在愛達荷大學內架設伺服器並編寫 Shell 腳本,當時有許多知名監控系統誕生並普及,包括 Big Brother、Nagios、RRDtool and Cacti、Ganglia、Zabbix 和 Prometheus 等,我使用了其中大多數,雖然不是全部,但它們在當時都非常有用。一旦我了解 TSDB 和它們的介面,所有的系統問題,包括設置閾值、監控、重複進行等,突然看起來都像是可以用時序資料處理的方法來解決。

---

1   *https://w.wiki/56wb*

在我的職業生涯中，我的專業領域是以（首席）基礎設施工程師的身分，加入既有軟體工程師團隊；幫助產品成熟建構並做好營運準備，對於如何盡可能理解營運系統中發生的事，我也多次做出決策。

這就是我在 Parse 的工作，Parse 是一個行動後端即服務（MBaaS）平台，為行動端應用程式開發人員，提供了一種將其應用程式與後端雲端存儲系統和 API 服務互動的方式；該平台支援用戶管理、推送通知和整合社交網路服務等功能。當我在 2012 年加入團隊時，Parse 還在測試版階段，當時，公司使用一點 Amazon CloudWatch，而且不知道為什麼，有來自 5 個不同系統的系統警告，於是我換成 Icinga / Nagios 和 Ganglia 這些我最熟悉的工具。

在 Parse 工作很有趣，因為在許多方面都走在時代前端（2013 年，Facebook 收購我們）。我們有實做微服務架構，且早在這個模式成為一種流行趨勢之前就已經有實踐了；資料存儲服務則使用 MongoDB，一開始它還是 2.0 版本，每個副本集只有一個鎖，後來也隨著它一路發展而成長。我們使用 Ruby on Rails 開發，並且必須對 Rails 進行猴子補丁（monkey-patch）修改，以支援多個資料庫分片。

我們擁有複雜的多租戶架構和共享租戶池，在早期階段，優化重點只不過是開發速度。

我想先停在這裡並強調，優化開發速度是「正確的選擇」，因為這個決定，很多早期的選擇之後不得不撤回和重做。但是，這裡要澄清一下，大多數新創企業失敗不是因為他們選錯工具，而是因為他們推出的產品沒有人買單，有可能是他們找不到產品與市場的契合點，也有可能是客戶不喜歡他們推出的東西，或者任何許多需要時間的原因。選擇一個使用 MongoDB 和 Ruby on Rails 的架構，讓我們能夠快速打入市場，使客戶感到滿意，而想要更多本公司所提供的販售品。

Facebook 收購 Parse 時，我們托管超過 6 萬個移動應用程式；在我離開 Facebook 的兩年半後，已托管超過 100 萬個移動應用程式。但其實我在 2012 年加入時，就已經能隱約看到問題的裂縫。

Parse 在我加入後的幾個月後正式上線，我們的流量翻倍再翻倍，然後再翻倍，成為了《Hacker News》的寵兒，每當出現關於我們的帖子，我們都會得到新的註冊峰值。

2012 年 8 月，我們托管的一個應用程式首次進入 iTunes Store 的前十名。該應用程式負責行銷挪威的一支死亡金屬樂隊，用此應用程式直播；對於樂隊來說，都是當地時間晚上；但對於 Parse 來說，則是在破曉之時。只要一直播，Parse 就會在短短幾秒內崩潰。因為我們遇到了系統擴展問題。

在 Parse 上的系統擴展

起初，要弄清楚我們的服務出現什麼問題並不容易。由於我們的共享租戶模型，每當某個服務變慢時，「所有的服務」都會變慢，即使它與問題無關。

解決這些問題需要大量的嘗試和錯誤的調整。我們必須提高 MongoDB 資料庫管理技能；終於，在多次探索後，我們找到了問題的根源。為了在將來再次解決同樣的問題，我們撰寫了工具，可以選擇性地限制特定的應用程式或即時重寫 / 限制結構不良的查詢。我們還為這個挪威死亡金屬樂隊的用戶 ID 生成自定義的 Ganglia 儀表板，以便在未來能夠快速地判斷它是否造成故障。

一路走來困難重重，但我們掌握了解決方案，讓人鬆了一口氣；不過，那只是開始。

Parse 讓行動應用程式開發人員輕鬆的創建應用程式，並迅速將它們發布到應用程式商店，我們的平台一炮而紅！因為開發人員喜歡這個體驗，所以，他們日以繼夜地這麼做，不久之後，每週都能看到 Parse 托管的應用程式飆升到 iTunes Store 或 Android Market 的榜首。這些應用程式都會使用 Parse 來發送推送通知、保存遊戲狀態、執行複雜的地理位置查詢，工作量大到完全無法預測。每天都有數百萬的設備通知出現在 Parse 平台上，而沒有任何預警。

這時，開始出現我們所選擇的架構、語言和工具中的許多根本性缺陷。我想再次強調：每個選擇都是正確的。我們快速進入市場，找到了一個利基點，並提供了服務；但現在，必須搞清楚如何成長到下一個階段。

在此，我要再次暫停，描述一些當時做出的決定，以及它們在這個規模下所產生的影響。當 API 請求進入時，它們會被負載平衡並移交給一個名為 Unicorns 的 Ruby on Rails HTTP 工作執行緒池 [2]。我們的基礎架構都在 Amazon Web Services（AWS）上，所有的 Amazon Elastic Compute Cloud（EC2）實例都託

2　*https://w.wiki/56wc*

管了 Unicorn 主進程，該進程會 fork 出幾十個 Unicorn 子進程來處理 API 請求。這些 Unicorns 被配置為向多個後端保持一個 socket 連接，包括 MySQL 用於內部使用者資料，Redis 用於推送通知，MongoDB 用於用戶定義的應用程式資料，Cloud Code 用於在容器中運行用戶提供的服務端程式碼，Apache Cassandra 用於 Parse 分析等。

值得注意的是，Ruby 不是一種支援多執行緒的程式語言。因此，這個 API 工作單元池是一個固定大小的池。每當任何一個後端在處理請求時稍微變慢，池子就會快速填滿等待該後端的請求。當後端變得非常緩慢甚至完全無法回應時，池子就會在幾秒內瞬間被填滿，整個 Parse 服務就會崩潰。

起初，我們採取了超額配置實例的方法：我們的 Unicorn 在正常穩定狀態下以 20% 的利用率運行。這樣的做法可以應對一些較輕微的減速。但與此同時，我們不得不做出艱難的決定，即把程式碼從 Ruby on Rails 重寫成 Go。這讓人意識到，擺脫這個困境的唯一方法是採用一種原生支援多線程的語言，最後花了兩年多的時間來重寫一年內寫成的程式碼。在此期間，我們必須體驗到以傳統方式運營和現代分散式微服務架構不相容的種種挑戰。

在 Parse 的這段時間尤其艱難。我們有一支經驗豐富的運營工程團隊，試圖做所有「正確的事情」。但卻發現，我們所知道的最佳實踐來自傳統方法，無法解決現代分布式微服務時代的問題。

在 Parse 公司，我們全力以赴地實現「基礎架構即程式碼」（IaC）的理念，使用了一系列複雜工具，如用來監控系統和網路資源的 Nagios，可以在出現問題時發出警報的事故管理平台 PagerDuty，和可以從各種來源蒐集並匯總指標以及提供分析圖表的 Ganglia。然而，這些工具無法幫助我們解決問題，除非我們知道問題出在哪，哪些閾值是適當的，以及在哪裡檢查問題。

例如，當我們知道哪些儀表板需要仔細製作和設計時，TSDB 圖表就會很有價值。如果能預測出診斷問題所需的自定義指標，記得事先記錄正確的內容，並且知道正確的正則表達式搜索方式時，那日誌工具也會很有價值的。當問題表現為他們正在查找的十大糟糕查詢、糟糕用戶或糟糕端點之一時，我們的應用程式性能管理（APM）工具會非常有用。

但是，還是有很多問題無法靠這些解決方案來解決。遇到以下情況時，之前使用的工具就會表現不佳：

- 每隔一天，就有一位全新的用戶躍居某個手機應用商店的前 10 名。

- 網站無法運作的原因並非來自任何列在前 10 名用戶所帶來的負載。

- 慢速查詢清單上的所有項目都只是問題的症狀，而非原因。例如，讀取查詢變慢是因為大量微小的寫入操作，在單獨返回時幾乎立刻飽和了整個鎖定過程。

- 需要進一步了解整個網站的可靠性為 99.9%，但那 0.1% 並未平均分布在所有用戶之間。這 0.1% 意味著只有一個分片節點完全無法運作，而這個分片節點剛好承載一家以老鼠形象聞名的數十億美元娛樂公司的所有資料。

- 每天都可能出現新的機器人帳戶，這些帳戶可能會執行一些行為，導致我們的 MySQL 主機上的鎖定比例達到飽和。

這些類型的問題與上一代問題在本質上是不同的，而那些過去用來解決問題的工具構建在可預測的世界上。在過去，產品系統是「單體架構的應用程式」，所有功能和複雜性都集中在一個地方和「資料庫」。但現在，擴展意味著將這些龐大的單體應用程式拆分為許多服務，給不同租戶使用；也將資料庫拆分為多種存儲系統。

許多公司的商業模式，包括 Parse，是把產品轉化為平台，邀請用戶運行他們認為適合在我們的托管服務上運行的任何程式碼和查詢；這樣做會讓我們對系統的所有控制力在市場上消失，轉而以贏取市場分額為目標。

在這個服務作為平台的時代，客戶喜歡讓他們變得更強大的方式，這種推動力已經改變了軟體產業。對於我們運行支持這些平台基礎系統的人來說，這意味著一切都變得巨大而且指數級地困難，不僅在操作和管理方面，而且在理解方面也變得更加困難。

事情怎麼會變成這樣？產業似乎是在一夜之間發生變化。讓我們看看各種微小改變，如何造成這樣的劇變。

向現代化系統的演進

回到網際網路時代的早期，軟體系統只有「應用程式」和「資料庫」，這架構很容易理解，它們只有運作中或停止兩種狀態，而速度方面也只有快或不快之分。我們必須監控它們的生命力和可接受的響應閾值。

這項任務並不總是簡單的，但從運營的角度來看，它很直接。相當長的一段時間裡，我們甚至集中於建立一個簡潔的架構，最流行的架構模式是 LAMP 堆棧：Linux、Apache、MySQL 和 PHP 或 Python。你可能以前就聽過，但我現在有義務再說一次：*如果你可以用 LAMP 堆疊（或相同方式）解決問題，那這麼做就對了*。

當設計一個服務時，首要原則是*不增加非必要的複雜度*，你應該仔細辨識需要解決的問題，然後解決這些問題就好。仔細考慮你需要保持開放的選項，讓這些選項維持開放。因此，大多數時候，你應該選擇乏味的技術[3]，別誤會了，乏味不代表不好，乏味的技術只是意味著許多人已經了解了它的極端情況和失敗場景。

然而，隨著今天用戶的需求，越來越多人發現，許多需要解決的問題，無法再用低調而強大的 LAMP 堆疊來解決。這可能有很多原因。你可能有更高的可靠性需求，需要 LAMP 堆疊無法提供的恢復保證；也許你有太多資料或資料太複雜，無法有效為 LAMP 堆疊服務。通常，為了實現規模、可靠性或速度，我們會到達那個簡單架構模型的邊緣，這就驅使我們對堆疊進行分片、分割或複製。

管理程式碼的方式也很重要。在更大或更複雜的設置中，單一程式碼儲存庫（monorepo）會產生組織壓力，促使技術變革。將程式碼庫拆分可以用更清晰的所有權區域方式創建，讓組織能夠比每個人都為「一個大型應用程式」貢獻時，更快地自主性移動。

這些類型的需求，或者說是推動現代系統架構明顯和明確變化的一部分。在技術層面上，這些變化包括幾個主要影響：

- 一切事物的分解，從單一到多樣化
- 需要各種資料存儲方式，從單一資料庫到多種儲存系統
- 從龐大的應用程式向許多更小的微服務遷移
- 各種基礎架構類型從「大型主機」伺服器向容器化、函式、無伺服器和其他短暫、彈性的資源遷移

3　*https://mcfunley.com/choose-boring-technology*

這些技術變革在人類和組織層面也產生強大的漣漪效應：我們的系統是融合了技術和人文的系統模型。這些轉變在社會層面引入複雜性及其相關的反饋循環，進而驅動對系統以及我們對它們思考方式的進一步變化。

考慮與 LAMP 堆疊最受歡迎時期結合計算時代相關連的一些普遍社會特質。在運營和開發團隊之間存在著高聳的組織障礙，而且有時會將程式碼扔過這道牆。運營團隊一向抵制更改營運環境系統，部署更改會導致不可預測的行為，往往會導致停機時間。因此，他們會防止開發人員直接觸及營運環境，密切關注他們的正常運行時間。在這種「玻璃城堡」的方法中，部署凍結是保持生產服務穩定的常用方法。

在 LAMP 架構時代，這種保護營運環境的方法也並非完全錯誤。當時，營運環境系統中的許多混亂確實是因為引入品質不好的程式碼所引起的。部署新程式碼時，影響基本上是二元的：網站能運行或崩潰；當然，如果你不幸的話，也許有第三種狀態：緩慢得讓人難以理解。

雖然現在已經非常普遍，但當時，現今常見的架構概念幾乎不存在，用以控制處理糟糕程式碼的副作用。當程式碼出現錯誤時，還沒有「優雅的降級服務」這種事，如果開發人員將錯誤引入到一個看似微不足道的小系統組件，例如導出功能中，每當有人使用它時，它可能就會使整個系統崩潰，沒有任何機制可暫時禁用那些看似不那麼微不足道的子組件。無法僅在其餘服務不受影響的情況下，修復那一個破碎的子系統。一些團隊會嘗試將這種粒度控制添加到他們的單體應用系統中，但是這條路棘手且艱難，所以大多數人都不會嘗試。

然而，許多單體架構系統仍在不斷擴大。隨著越來越多的人試圖在相同的路徑上協作，像鎖競爭、成本上限和動態資源需求等問題成為了阻礙。不斷增加的劇變成為這些團隊的必要選擇，單體應用程式很快分解為分散式系統，隨著這種轉變而來的間接影響如下：

- 服務可用性的二元簡單性（上線或下線），轉變為複雜的可用性啟發式，代表著任何數量的部分失敗或降級可用性
- 相對簡單的部署方案「程式碼部署」，到實際營運環境轉變為漸進式交付
- 立即更改程式碼路徑並上線的部署轉變為促進方案，其中程式碼部署與功能發布藉由功能標誌分離

- 營運環境中目前運行的單一應用版本，轉變為通常在任何時候都有多個版本，且正在營運環境中等待驗證

- 內部運維團隊管理基礎設施的方式發生改變，許多關鍵基礎設施組件由其他公司的團隊，在 API 的抽象層次上運行，就連開發人員也無法訪問

- 監控系統在分散式世界中的運作效果大打折扣。先前在面對已知故障時，它們能夠有效發出警報並解決問題；但在分散式世界中，先前從未遇到過的未知故障，例如，由於多個服務間的異常交互而導致的故障也需要解決

 漸進式交付是由 RedMonk 聯合創始人 James Governor 所創的術語，指的是一系列技能和技術，用於對營運環境中的程式碼或變更進行控制、部分性的部署，例如 canarying、功能標誌、藍 / 綠部署和滾動部署等。

像 LAMP 堆疊這樣龐大系統所需的工具和技術，在運行現代化系統時相當無效。一次性「大爆炸」方式部署的系統與微服務的管理方式有很大的不同。像微服務這樣的系統架構，應用程式通常逐步推出，並且程式碼部署不一定釋放功能，因為現在的功能標誌可以啟用或禁用特定程式碼路徑，而不需要進行部署。

同樣地，在分散式的世界中，階段系統和之前相比不再有用或可靠。即使在單體系統中，將營運環境複製到預備環境一直都很困難；而現在，在分散式的世界中，則幾乎是不可能的。這意味著在預備環境中除錯和檢查已無效，我們已經轉向一種模式，需要在營運環境中完成這些任務。

向現代化實踐的演進

系統的技術和社會層面相互關連。鑒於這些社會技術系統，將技術轉向不同的性能模型的強調，還需要轉變定義團隊表現方式的模型。

此外，這些轉變是如此相互關連，以至於不可能在它們之間畫出明確的界限。上一節中描述的許多技術轉變，影響了團隊重新組織和改變實踐方式的必要性。

然而，在一個領域，社會行為的根本轉變是絕對明確的。朝現代化分散式系統的演化也帶來了更深層的間接影響，改變了工程師必須與他們的營運環境互動的方式：

- 使用者體驗不再能夠概括為所有服務用戶都相同。在新模型中，服務的不同用戶可能會透過不同組件，以不同方式路由系統，這樣提供的體驗就可能有很大的差異。

- 監控警報不再只關注超過已知閾值的系統狀態邊緣情況，因為這會產生大量的虛警、漏警和無意義噪音。警報已轉向一種模型，只觀察直接影響用戶體驗的症狀，而減少觸發警報的數量。

- 除錯工具不再只附加到一個特定的運行程式時。現在，完成服務請求需要跨越網絡，涉及多個運行時，通常每個個別請求需要多次。

- 在過去，已知需要手動修復並可以在運行手冊中定義的重複失敗不再是常態。服務故障已從那種模型轉向一種已知的重複失敗且可以自動恢復的模型。因無法自動恢復的失敗而觸發警報，可能意味著應對的工程師將面臨全新問題。

這些更深層的間接影響訊號說明，一個重大的重心轉移正在發生，遠離對於前期準備的重視，轉向對於熟悉營運環境的重要性。傳統上，為了確保代碼的安全性，採取的硬化代碼努力已經開始可接受為限制性，或者有些就是徒勞無功。測試驅動的開發以及在測試環境下運行測試仍然有用，但是，它們永遠無法複製代碼在生產中使用的狂野和不可預測的特性。

作為開發人員，我們都有一定的時間限制要完成工作。傳統方法的局限性在於，它先將重點放在前期準備上，有剩餘的注意力才會用來關注營運環境。如果想在營運環境中構建可靠的服務，則這種順序必須翻轉。

在現代化系統中，我們必須把大部分的工程關注和工具應用在營運系統上，營運系統才是最重要的。剩下的關注週期應該應用在分段測試和前置系統上；分段測試系統有其價值，但是次要的。

預備環環式的系統並非營運環境上的系統，它永遠無法複製營運環境中發生的情況。前置系統的無菌實驗室環境永遠無法模擬在真實世界中，真正的付費用戶使用你的服務時對程式碼進行的測試條件；然而，仍然有許多團隊把營運系統當作一座「玻璃城堡」。

工程團隊必須重新評估營運環境的價值，並相應地改變他們的實踐。如果不將營運環境轉移到主要關注點，這些團隊將受限於營運系統，並且工具、可見性和可觀測性皆不佳。他們會繼續將營運環境視為脆弱的環境，因為缺乏控制權，連想要有一點點小改進都沒辦法，也無法調整設置、輕度降級服務，或根據他們深入了解的問題以漸進方式部署更改；反而一看到潛在問題的跡象，就會本能地、舒適地回滾部署。

現代化系統的技術演進也帶來了社會演進，這意味著工程團隊必須改變與營運環境的關係；不改變這種關係的團隊，將更嚴重地遭受反其道而行的痛苦。在現代化系統中，營運環境不再這麼脆弱的時候，就會改善負責這些系統的團隊生活，和使用這些系統的客戶體驗。

在 Parse 上的實踐轉變

在 Parse 公司時，努力擴張會經歷那些痛苦的轉變，但這些轉變並不是一夜之間發生的，我們只知道傳統的做法；就個人而言，我一直在遵循我在其他公司中多次使用過的管理營運系統工作辦法。

當出現新問題，例如挪威死亡金屬樂團的情況，我會大量調查，直到發現問題來源。我的團隊以回顧方式分解問題，撰寫一個操作手冊以指導未來的處理辦法，製作一個或兩個以上的自定義儀表板，以便下次立即發現問題，然後繼續，認定問題已得到解決。

這種模式對於單體應用程式而言效果很好，因為很少出現所謂的新問題，在 Parse 的最初幾天裡，這種模式運行良好。但是，對於現代系統而言，這種模式完全無效，因為真正的新問題和所有問題比起來，占比可能很高，一旦我們開始每天遭遇一系列不同類型的問題，這樣的方法不用說，就是徒勞無功。在這種情況下，花費在回顧、撰寫操作手冊和製作定制儀表板上的所有時間幾乎都是浪費，因為任誰都不會再次遇到同樣的問題了。

使用這種傳統方法的真相在於，很多時候都是猜測。在其他系統中，我可以猜得非常準確，以至於幾乎感覺輕鬆自如而對自己的系統都依賴直覺猜測。即使 Redis 在屏幕上沒有任何異常顯示，我也可以直觀地觀察一組複雜的儀表板，並充滿自信地告訴團隊，「問題出在 Redis 上。」我為這種技術直覺感到自豪，這很有趣！我感覺自己像個英雄。

我想強調軟體產業中英雄文化的這一面相。在單體應用程式中，使用 LAMP-stack 的操作中，最後一道防線的除錯器通常是那些在公司工作時間最長、從頭建立系統的人。資深工程師是最後出來拯救世界的英雄，他們有最多的創傷和最多的故障庫存紀錄，總是是不可避免地挺身而出來挽回大局。

因此，這些英雄也永遠無法真正休假。我在夏威夷度蜜月時，就在凌晨 3 點被叫醒，因為 MongoDB 某種方式使 Parse API 服務中斷。我的老板即 CTO，打給我時說非常抱歉，但網站掛了，已經停擺了一個多小時，沒有人能夠找出原因，所非打給我不可。我當然對此有所怨言，但是內心深處，這感覺真的很棒，很多人需要我，我在公司有其必要性。

如果你曾經擔任管理營運系統的值班工作，這個模式對你來說應該也不陌生。英雄文化很可怕，它對公司不利，對於英雄本人也是如此，因為會導致嚴重疲勞；對於每位接替的工程師來說更會極其沮喪，因為他們會一直覺得自己沒有機會成為「頂尖」除錯調試工程師，除非更有經驗的工程師離開。這種模式沒有必要，更重要的是，它不具備可擴展性。

在 Parse 時，為了面對可擴展性這項挑戰，我們需要重新投入寶貴的時間，有效地解決新問題。當時，我們所擁有的眾多工具，和整個軟體行業依然仰賴的多數工具一樣，都是為了進行模式匹配；具體而言，這些工具旨在協助專家級和有經驗的工程師，將先前遇到的問題與新的變體模式匹配。我從未對此產生疑問，因為這是當時所能擁有的最好技術和流程。

2013 年 Facebook 收購 Parse 後，我接觸到 Scuba，一個 Facebook 用於人多數實時分析的資料管理系統。這個快速、可擴展、分散式、記憶體資料庫每秒處理數百萬行（事件），它完全在記憶體中儲存實時資料，在處理查詢時能在數百個服務節點上聚合處理。我使用 Scuba 的經驗不算太好，因為用戶體驗極其醜陋，但它做了一件相當出色的事情，改變我解決系統故障的方法：它讓我在維度高度無限的情況下，能在接近實時下切割和分析資料。

我們開始將部分應用程式的遙測資料傳送到 Scuba，並試驗其分析能力，發現分析新問題來源所需的時間大幅下降。以前，採用傳統模式匹配方法，可能需要幾天時間，或甚至可能永遠無法理解發生了什麼事；然而，使用可任意切片和分析高基數維度的實時分析，時間縮短到幾分鐘，甚至幾秒鐘。

我們可以從症狀回推新問題，並跟隨「麵包屑」的軌跡尋找解決方案，不管它通向何處，也不管是否第一次遇到這個問題，都能在不熟悉問題的情況下解決它。相反，我們現在擁有一個分析和可重複的方法，可以提出問題，獲得答案，並使用這些答案來提出下一個問題，直到找到根源。在營運環境中解決問題意味著從資料開始，並一步一步有條理地前進，直到找到解決方案。

這種新發現的能力改變了實踐方式，我們不再依賴個別工程師的複雜知識，和他們一一記錄下來的故障事件，且過往，這些事件的資料對其他團隊成員是既不可見也不可取的。現在，我們有了一個所有人共享的工具，這個工具使用的資料和方法論都是可見且可訪問的，對團隊而言，這意味著可以追蹤彼此的足跡，重新追溯彼此的探索路徑，並理解其他人的想法。這種能力使我們不再受限於只能依賴面向模式匹配的工具。

使用度量和傳統監控工具，可以輕鬆地看到性能峰值或發現可能發生的問題，但這些工具無法任意切片、分析或挖掘我們的堆棧，以識別問題的源頭或發現其他還沒發現的錯誤之間的相關性。這些工具還要求我們預測在調查新問題之前，哪些資料可能是有價值的，就好像在新問題出現之前，就知道要問什麼問題一樣。同樣地，使用日誌工具時，必須事先記住記錄任何有用的資訊，並知道在調查時需要搜尋的內容。使用應用程式效能監控工具時，可以快速看到工具供應商預測最有用的問題，但若新問題是常態時則幫助有限。

一旦轉變為這個工作模式，最佳的除錯人員不再是那個在公司待最久的人，而是那個最好奇、最堅持，且最熟悉新分析工具的人。這有效地民主化了對我們系統和工程師的共享智慧訪問。

透過將每個問題視為新問題，我們能夠確定任何產品發生問題時，真正發生的事情，而不僅僅將它與最近、最類似的舊問題模式匹配，這能夠有效地解決那些傳統方法難以應付的系統，所面對的最大挑戰。

現在可以快速有效地診斷以下問題：

- 跨越多個運行時的微服務和請求。

- 支援多種類型的儲存系統（例如 RDBMS 或 NoSQL），而無需對每個系統都有專業知識。

- 支援多租戶，且可同時執行服務端程式碼與查詢；可以輕鬆深入了解每個用戶的體驗，看到確切情況。

就算在僅存的一些使用單調技術的單體系統中，仍能獲得一些收益。不一定需要發現任何新的問題，但由於採用這種新方法，而能夠更快速、更有信心地發布軟體。

Parse 之所以能夠擴展，是因為學會如何與可觀測性的系統一起工作。藉由蒐集應用程式的遙測資料，以正確的抽象層級將其匯總為用戶體驗，並能夠實時分析而獲得神奇的洞見。一旦擁有觀察應用程式輸出的能力，就能消除傳統工具的限制，透過觀察輸出，能夠提出任何問題、追蹤任何一連串步驟，並理解任何內部系統狀態，從而將做法現代化。擁有可觀測性之後，就能夠現代化實踐。

總結

這個故事來自我在 Parse 工作時的經歷，講述組織如何從傳統工具和監控方法轉型，以現代分散式系統和可觀測性擴展其實踐的過程和原因。我在 2015 年離開 Facebook，就在 Parse 托管服務宣布即將關閉之前。自那時以來，隨著軟體產業轉向採用類似的技術，我和我的團隊在管理現代分散式系統方面所面臨的問題，也變得越來越普遍且多樣化。

Liz、George 和我認為，可觀測性的普及與廣泛使用，解釋了這種轉變的熱情。在現代系統擴展時，可觀測性是解決普遍問題的解決方案，接下來的章節中，將探討可觀測性提供的許多方面、影響和好處。

第 4 章

可觀測性與 DevOps、SRE 和 Cloud Native 的關連

到目前為止，我們在現代化軟體系統的背景下提到了可觀測性，因此，下一步就是要解釋可觀測性在 DevOps、網站可靠性工程（SRE）和雲端原生（Cloud Native）這些生態圈中的適應方式。本章將探討這些生態圈如何加強對可觀測性的需求，並將其融入它們的實踐中。

可觀測性並不是獨立存在的，而是 DevOps、SRE 和雲端原生這些生態圈的結果與不可分割的一部分。與可測試性類似，可觀測性是這些系統的一種屬性，可以提高對其的理解。可觀測性和可測試性需要持續投入而不是一次性添加，也沒有一種通用的解決方案。隨著它們的改進，開發人員和系統最終使用者都能夠獲得好處。研究這些變遷創造對可觀測性需求的理由後，你將能更佳理解可觀測性已經成為一個主流議題，以及越來越多團隊正在採用這項做法的原因。

雲端原生、DevOps 和 SRE 簡介

相比於 1990 年代到 2000 年代初期軟體交付團隊所使用的龐大且瀑布流式的開發方法,現代軟體開發和運營團隊越來越常採用雲端原生架構和敏捷方法論,這些方法論讓團隊能夠自主地釋出功能,而不需要將它們的影響緊密耦合到其他團隊。鬆散耦合能夠釋放出幾個關鍵的商業效益,包括更高的生產力和更好的盈利能力;例如,能夠根據需求調整單個服務元件的大小,並在大量虛擬和實體伺服器之間共享資源,使企業能夠從更成功的成本控制和可擴展性中受益。

 想要了解更多有關敏捷和雲端原生方法論的優點,可以參考 Nicole Forsgren 等 人 於 2019 年 於 DevOps 研 究 與 評 估 (DORA)所發表的同年加速優化 *DevOps* 實踐報告[1]。

然而,雲端原生架構在複雜性方面具有明顯需要考慮的權衡。在引入這些能力時,管理成本是常遭忽視的層面,具有動態控制的抽象系統帶來新的緊急複雜性和非線性交流模式挑戰,與現代雲端原生系統相比,較老的龐大系統通常具有較少的緊急複雜性,因此在監控方面所需的方法通常也較簡單,你可以輕鬆地理解這些系統內部正在發生的事,以及可能出現的問題。然而,在大規模運行雲端原生系統時,需要採用更先進的技術實踐,例如持續交付和可觀測性。

根據雲端原生運算基金會(CNCF)的定義[2],雲端原生為「在現代化運行環境,如雲端運算環境、容器化環境中,構建和運行可擴展的應用程式,雲端原生技術實現鬆散耦合的系統,這些系統具有彈性、可管理性和可觀測性。結合強大自動化,使工程師能夠高效地推動重大變更,並可預測性減少瑣事。」透過最小化重複手動工作和強調可觀測性,雲端原生系統賦予開發人員創造力。這個定義不僅關注可擴展性,也將開發與交付效率和可操作性,也就是使系統更容易操作和維護,視為目標。

---

1   *https://oreil.ly/2Gqjz*

2   *https://github.com/cncf/toc/blob/main/DEFINITION.md*

建議進一步了解何謂「減少瑣事」，在此推薦閱讀《網站可靠性工程》[3] 一書（由 O'Reilly 出版），由 Betsy Beyer 等人編輯，第 5 章即討論此議題。

轉向雲端原生架構不僅需要採用一整套新技術，還需要改變工作方式。這種轉變在本質上是一個技術實踐的變革，表面上，使用微服務工具鏈本身沒有明確要求採用新的技術實踐，但為了實現技術所承諾的好處，改變工作習慣有其必要性。儘管這一點在定義和目標還算明確，但團隊通常要走過數個階段後才會意識到，他們舊有的工作習慣無法應對新技術引入的管理成本。這也是為什麼成功採用雲端原生設計模式，與實現可觀測性系統以及 DevOps、SRE 實踐密不可分的原因。

同樣地，DevOps 和 SRE 在各自的定義和實踐中，都強調縮短回饋迴路和減少運維工作量的願望。DevOps 透過文化和開發，與運維團隊之間的協作提供「更好的價值，也更快速、更安全和更快樂」[4]。SRE 則結合系統工程和軟體技能集來開發軟體系統，解決複雜的運營問題，而非手動勞動。正如本章所探討的，雲端原生技術、DevOps 和 SRE 方法論，以及可觀測性的組合，比它們各自的部分更為強大。

可觀測性：從以前到現在的除錯排查方式

可觀測性的目標是提供一定程度的了解，以幫助人們理解其系統和應用程式的內部運作狀態，可以透過各種方式實現該狀態，例如，可以結合日誌、指標和追蹤作為調試訊號。但是，可觀測性本身的目標在實現方式方面是語言中立的。

在傳統的單體系統中，你可以預測可能出現的故障領域，因此可以使用詳細的應用程式日誌或簡易的系統層級指標，例如 CPU / 硬碟利用率，以及靈光乍現的直覺來調試除錯，並實現適當的可觀測性。然而，這些舊有的工具和直覺已不再適用於雲端原生系統中新的管理難題，包括容器、服務網格、微服務和不可變基礎架構等技術。

---

3 *https://sre.google/sre-book/eliminating-toil*

4 Jonathan Smart, "Want to Do an Agile Transformation? Don't. Focus on Flow, Quality, Happiness, Safety, and Value", July 21, 2018（*https://oreil.ly/KQEy9*）。

與傳統技術如虛擬機器和單體式架構相比，容器化的微服務本質上引入了新的挑戰，包括組件間的認知複雜性、在容器重新啟動後被丟棄的短暫狀態，以及分別發布的組件之間存在的不兼容版本控制。不可變基礎架構的實踐意味著你無法透過 SSH 進入主機除錯，因為這可能會干擾主機上的狀態。服務網格添加了一個額外的路由層，提供強大的方式來蒐集有關服務調用的資訊，但這些資料的用途是有限的，除非你稍後能夠進一步分析。

排查異常問題需要新的能力，才能幫助工程師從系統內部檢測和理解問題，例如，分散式追蹤可以幫助捕捉特定事件發生時系統內部的狀態。透過將許多鍵值對添加到每個事件中，你可以創建一個廣泛而豐富的視圖，了解所有通常隱藏且難以理解的系統部分正在發生的情況。

例如，在分散式的雲端原生系統中，使用日誌或其他不相關的訊號排查跨多個主機發生的問題可能很困難。但是，藉由這種使用多種訊號的組合，你可以從高級服務指標開始，系統地深入研究異常行為，迭代直到發現最相關的主機。將日誌按照主機分割，表示你不再需要像處理單體系統那樣集中保留和索引所有的日誌資料；因為過往，要理解單體或分散式系統中組件和服務之間的關係，你可能需要在腦海中記住所有系統組件之間的關係。

如果使用分散式追蹤來分解和視覺化每個步驟，你只需要知道依賴關係如何影響特定請求的執行，就可以理解程式碼的複雜性。透過了解每個服務的版本與其他服務之間的相互作用，包括它們之間的呼叫關係和程式碼路徑，可以找出會造成反向兼容性問題和破壞兼容性的更改。

可觀測性提供一個共享上下文的環境，能夠讓團隊以協同和合理的方式調試問題，而不需要依靠某個人的大腦保留所有系統狀態，這樣更可以理解系統運作方式，以及發生故障時如何調試，而不用一再猜測和假設。

可觀測性提升了 DevOps 和 SRE 實踐的能力

DevOps 和 SRE 團隊的工作是理解實際營運系統，並掌控複雜性，因此會特別關注自己負責建立和運行的系統可觀測性。SRE 專注於根據服務水準目標（SLO）和錯誤預算，以確保系統在保持創新和快速開發的同時，仍能維持一定的可靠性（見第 12 和 13 章）。而 DevOps 團隊，則透過跨職能合作來管理服務，這意味著開發人員、運營人員以及其他相關團隊在整個應用程式的生命周期中密切合作，共同為提供更好的服務而努力；與此同時，開發人員在營運環境中負責維護自己的程式碼，以確保系統穩定運行。成熟且經驗豐富的 DevOps 和 SRE 團隊，不會只從大量警報開始排查問題，而是會先列出可能導致故障的原因清單，再透過可觀測性工具去量測使用者痛點的任何顯著變化，進一步深入研究問題。

從原因監控轉向症狀監控，意味著你專注於追蹤故障的根本原因，並能夠解釋實際運行中看到的故障症狀，而不僅僅是列出一長串可能的故障原因。相反的，團隊可以系統性縮小假設範圍，逐步理解實際系統故障，並制定緩解措施，而不必花費大量時間回應與最終用戶可見性能無關的虛假警報。第 12 章會有進一步的詳細介紹。

除了在解決問題時採用可觀測性外，具有前瞻性的 DevOps 和 SRE 團隊還使用諸如功能標誌、持續驗證和事件分析等工程技術。透過提供所需的資料，可觀測性增強了這些用例，以下探討可觀測性如何賦予每個用例的能力：

混沌工程和持續驗證

這些需要你具備可觀測性，以「檢測系統何時處於正常狀態，以及在執行實驗方法時如何偏離穩定狀態。」[5] 沒有理解系統的基線狀態、無法預測測試下的預期行為，或無法解釋偏離預期行為，也就無法有意義地進行混沌實驗。當你實際上並不知道系統在注入混沌之前的行為方式時，進行混沌工程就毫無意義可言 [6]。

切換功能標誌

在營運環境中引入新的功能標誌會形成不同的狀態組合，在預發布環境中不可能進行完整測試，因此，需要可觀測性來了解每個功能標誌對個別使用者和整體系統的影響，以便更深入的分析。當一個功能點可以根據使用者和功能標誌的不同組合以多種方式執行時，單純監控每個元件的行為已經不再適用；相反的，你需要可觀測性，以便深入了解每個功能點在每個可能的組合下的運作方式，並確保整體系統的穩定性和可靠性。

---

5 Russ Miles，《混沌工程可觀測性》（Chaos Engineering Observability）（Sebastopol, CA: O'Reilly, 2019）。

6 Ana Medina, "Chaos Engineering with Ana Medina of Gremlin"（*https://oreil.ly/KdUW9*），*o11ycast* podcast, August 15, 2019.

漸進式發布模式

像金絲雀和藍綠部署這樣的模式，需要可觀測性，以便有效地知道何時停止發布，且分析系統偏差是否是由於發布而導致的。

事故分析和不事後究責檢討

進行事故分析和無責任的事後檢討，需要建立清晰的技術系統和人員操作所構成的技術和人文系統模型。這不僅涉及了解故障的技術系統內部發生的事，還要弄清楚在事件期間人員認為正在發生的事情。因此，強大的可觀測性工具因為能夠提供事後的紀錄和細節，而能幫助回顧者更有效地在事後檢討。

總結

隨著 DevOps 和 SRE 的實踐不斷演進，以及平台工程作為一個綜合性領域的持續發展，你使用的一系列開發和運營工具（即工具鏈），會隨著技術不斷演進和進步，也就會自然而然地出現更多新穎的技術和工程實踐。然而，所有這些創新都依賴於將可觀測性作為核心能力，以便更能理解複雜的現代化系統。轉向 DevOps、SRE 和雲端原生實踐已經帶來對可觀測性解決方案的需求；同時，可觀測性也加強了實踐團隊的能力。

可觀測性的基本原理

本書第一部分介紹了「可觀測性」的概念，探討它在現代系統中不可或缺的地位，並解釋它如何從傳統實踐中演變而來，以及在實踐中的應用方式。而本書的第二部分，則會更深入地探討技術方面的細節，並詳細說明可觀測性系統需要特定要求的原因。

第 5 章介紹構建可觀測系統所需的基本資料類型，即由任意數量和類型的資料欄位組成的任意廣泛結構化事件。正是這種基本的遙測資料類型，使得本書後面描述的分析成為可能。

第 6 章介紹分散式追蹤的概念。它分解了追蹤系統的工作方式，以說明追蹤資料只是一系列相關的、能廣泛地記錄多種資料的結構化事件。本章藉由程式碼示例，引導讀者手動創建最小化的追蹤。

第 7 章介紹 OpenTelemetry 專案。雖然第 6 章中手動編寫的程式碼示例有助於說明概念，但你更有可能從一個檢測套件開始。建議你選擇一個開源且供應商中立的檢測框架，才可以在所選擇的可觀測性工具之間輕鬆切換，而不會被某一供應商的解決方案限制。

第 8 章介紹核心分析循環。生成和蒐集遙測資料僅是第一步，分析資料是實現可觀測性的關鍵。本章介紹如何篩選遙測資料，以顯示相關模式並快速定位問題源的工作流程，並探討自動化核心分析循環的方法。

第 9 章重新闡述指標這種資料類型的作用，以及最好使用基於指標的傳統監控方法的時地。本章還展示傳統監控實踐與可觀測性實踐共存的方式。

第二部分專注於與實現基於可觀測性的除錯實踐所需工作流程相關的技術要求；第三部分則將探討這些獨立實踐如何影響團隊動態，以及如何應付與適應挑戰。

第 5 章

結構化事件是
可觀測性的基礎

這一章節會探討可觀測性的基本組成部分：結構化事件。可觀測性是衡量你能夠理解和解釋系統可能遇到的任何狀態的能力，無論這些狀態有多麼新穎或怪異。為了實現這一點，首先必須滿足幾個技術前提條件。

本書解決實現可觀測性所需的許多技術前提條件。這一章節會將焦點放在如何藉由遙測資料，來理解和解釋系統可能遇到的各種情況。要回答有關遙測細節各種組合的問題，需要能夠根據各種特徵，例如時間、地點或使用者等靈活地分析資料；此外，也需要以最高精度蒐集遙測資料，保留資料蒐集時的上下文，並將其細分到最低的邏輯級別。對於可觀測性而言，這意味著需要在每個服務或每個請求級別蒐集遙測資料。

在傳統的指標系統中，如果想要回答新問題並蒐集新的遙測資料，必須事先定義自定義指標。而在指標的世界裡，要獲得任何可能問題的答案，就必須蒐集並儲存每一個可能的指標，但這是不可能的；所謂的可能，也是指付出高昂代價。此外，指標不能保留事件的上下文，只是在特定時間發生事件的聚合數值，很難藉由這種聚合視圖提出新問題，或在現有資料集中尋找新的異常值。

在可觀測系統中，你可以隨時對現有的遙測資料提出新問題，而無需事先預測可能性的問題。在可觀測系統中，你必須能夠迭代地探索系統的各個方面，從高級聚合性能一直到用於單個請求的原始資料。

使這一切成為可能的技術要求始於可觀測性所需的資料格式：任意廣泛的結構化事件。蒐集這些事件不是可選的，也不是實現細節，而是使該廣泛範圍檢視中的任何分析細節成為可能的一個必要條件。

使用結構化事件除錯

首先，我們要了解什麼是事件。在此背景下，事件是一個紀錄，用來描述在單一請求與你的服務互動期間發生的所有事情。

要創建該紀錄，首先需要在請求剛進入服務時，初始化一個空的字典。在請求的生命周期中，任何有趣的細節，例如唯一 ID、變量值、標頭、請求傳遞的每個參數、執行時間、對遠程服務的任何調用、這些遠程調用的執行時間，或可能在後續除錯調試中有價值的其他上下文資訊，都將添加到該字典中。然後，在請求即將退出或出錯時，整個字典會捕獲最近發生事情豐富紀錄。將字典中的資料以鍵值對的形式組織和格式化，使其易於搜索；換句話說，資料應該是結構化的。這就是結構化事件。

當你在營運環境中解決問題時，你會對比不同的結構化事件來找出不正常的情況。一旦發現某些事件明顯與其他的不同，你就會努力確定這些例外情況有什麼共同特點。要分析這些例外，你需要使用不同的維度來進行事件的過濾和分類，而這些維度可能是與你正在調查的問題有所關連。

將資料作為結構化事件輸入到可觀測性系統中時，需要捕獲合適的抽象層次，以幫助觀察者判定你的應用程式狀態。對調查者有幫助的資料可能包含非特定於任何給定請求的運行時資訊，例如容器資訊或版本資訊；以及通過該服務的每個請求的資訊，例如購物車 ID、用戶 ID 或會話令牌。這兩種類型的資料對於除錯調試都很有用。

與請求調試相關的資料類型可能會有所不同，但將其與使用傳統除錯調試器時有用的資料類型對比會有所幫助。在這種情況下，你可能希望了解請求執行期間變量的值，以及了解何時發生函數調用。對於分散式服務，這些函式調用可能會以多個遠程服務調用的形式發生。

所有這些資料都應該可以用於除錯調試並儲存在你的事件中，這些事件稱為任意廣泛的事件（arbitrarily wide event），可以包含很多欄位，因為你可能需要大量的除錯調試資料。在實際應用中，你可以將無限多的細節附加到事件中。稍後將更深入地探討應該在結構化事件中捕獲的資訊類型，但這裡先比較一下使用結構化事件捕獲系統狀態，與傳統調試方法的區別。

以指標為基礎的局限性

首先解釋一下指標的定義。不幸的是，這個詞有時也當為「遙測」的通用同義詞，例如「老闆，我們的指標全都在上升！」因此需要澄清其含義。為了讓大家更容易理解，「指標」指的是用來表示系統狀態的數值，這些資料可以加上標籤，以便更方便地分組和搜索資料。指標是傳統軟體系統監控的重要基礎，可以讓系統管理員更了解系統的運行狀態；如果你想更深入了解「指標」在這個意義上的起源，可以參考本書第 1 章的詳細介紹。

指標的問題在於它們是預先聚合的度量，也就是把某一段時間內的系統狀態資料加總起來得到的結果。當這些資料報告到監控系統時，就成為最基本的系統狀態檢查粒度。這種聚合可能會掩蓋許多問題。此外，一個請求在執行過程中可能會涉及到很多指標，它們彼此獨立，缺乏連接組織和細節粒度，難以重建出哪些指標屬於同一個請求。

例如，用於衡量 page_load_time（頁面載入時間）的指標，可能會檢查過去 5 秒內所有活動頁面加載所花費的平均時間；另一個用於衡量 requests_per_second（每秒請求數）的指標，可能會檢查過去 1 秒內任何給定服務打開的 HTTP 連線數。透過在給定時間內量測任何給定屬性而得到的數值，指標能反映系統狀態。在該時期內活躍的所有請求的行為都匯總為一個數值。在這個例子中，調查在某個特定請求的生命週期中穿過該系統發生的事，將會指向這兩個指標；然而，要深入探究一個請求的詳細資訊，則可能無法得知。

深入研究指標如何儲存在時序資料庫（TSDB）中已超出本章範圍，但第 16 章有一部分會討論這個問題。對於如何理解指標和時序資料庫與可觀測性之間的不兼容，推薦閱讀 Alex Vondrak 2021 年的部落格文章：〈時序資料庫如何運作以及它的局限〉[1]。

---

1 *https://hny.co/blog/time-series-database*

在基於事件的方法中，可以對 Web 服務器請求進行儀表化，以記錄隨請求提交的每個參數（或維度），例如 userid、預期的子域名：www，docs，support，shop，cdn 等、總持續時間、任何依賴的子請求，涉及到的各種服務：Web，資料庫，身分驗證，計費，以完成這些子請求的子請求持續時間等。然後，可以根據不同的維度和時間範圍對這些事件任意切分和分析，以呈現與調查相關的任何視圖。

和指標不同的是，事件是在特定時間點發生的快照。在前面的例子中，相同的 5 秒時間段內可能發生了 1000 個不同的事件，如果每個事件都記錄自己的 page_load_time，當它與其他在相同 5 秒時間段內發生的 999 個事件一起匯總時，你仍然可以顯示與指標顯示的相同平均值。此外，由於事件提供的細微粒度，調查人員還可以在 1 秒內計算相同的平均值，或按使用者 ID 或主機名稱等欄位細分查詢，以找到與 page_load_time 相關的關連，這在使用指標提供的聚合值時是不可能的。

有些人可能會主張，如果能夠蒐集夠多的指標，就可以實現在單個請求層面上查看系統狀態所需的粒度，然而，在實際操作中，這種方法是不切實際的。因為當多個請求同時發生時，它們之間的關係很難可以準確地捕捉到，例如，如果同時有許多請求發生，這些請求中的某些指標可能會相互干擾，使得調查人員難以得出正確的結論。此外，調查人員還需要將沿著請求執行路徑生成的指標拼湊在一起，以了解整個系統的狀態；然而，基於指標的監控系統無法擴展到捕獲這些度量所需的程度。因此，很多團隊會陷入增加更多指標的惡性競爭以試圖實現這一目標，但這往往徒勞無功。

指標是系統在預定時間內的聚合數值表示，只提供系統屬性的一個狹窄視角；然而，指標的粒度太大，無法提供替代的系統狀態視角，也無法實現可觀測性。因此，指標作為可觀測性的基本構件過於有限。

以傳統日誌格式為基礎的限制

之前已經提到過，結構化資料具有明確的定義，可以輕易地搜索；而非結構化資料則沒有以易於搜索的方式組織，通常以原始格式存儲。在調試軟體系統時，非結構化資料的最常見用途是來自比指標還要古老的東西，那就是日誌（log），接著，就來看看日誌的用途。

在深入了解這一部分之前，應該注意的是，現代的日誌實踐都是使用結構化的日誌，但是如果你還沒有轉向使用結構化日誌，也可以先看看何謂非結構化日誌，以及如何讓它們更加有用。

非結構化日誌

日誌檔案（log files）本質上是大量的非結構化文字內容，旨在供人閱讀，但對機器來說卻很難處理。這些檔案是由應用程式和各種基礎架構系統生成的文件，其中包含所有顯著事件的紀錄，這些事件由某個配置檔案中定義。幾十年來，它們一直是除錯調試任何環境中的系統應用程式重要組成部分。日誌通常包含大量有用資訊：發生的事件描述、相關的時間戳記、與該事件關連的嚴重程度類型，以及各種其他相關的元資料，如使用者 ID、IP 地址等。

傳統日誌之所以是非結構化的，是因為它們設計成易於人類閱讀。不幸的是，為了方便人類閱讀，日誌通常將一個事件的生動細節分散在多行文字中，如下所示：

```
6:01:00 accepted connection on port 80 from 10.0.0.3:63349
6:01:03 basic authentication accepted for user foo
6:01:15 processing request for /super/slow/server
6:01:18 request succeeded, sent response code 200
6:01:19 closed connection to 10.0.0.3:63349
```

在開發階段，這種敘事結構可能有助於初步了解服務的複雜性，但在實際營運環境中，它會產生大量嘈雜的資料，變得緩慢和笨重。而在實際營運環境中，這些敘事文字資料通常分散在數以百萬計的其他文字資料中，一般來說，它們在調試期間是有用的，一旦已經懷疑問題的原因，調查人員就能藉由搜索日誌來驗證他們的假設。

然而，現代化系統已經不再運作在易於人類理解的範圍內。在傳統的單體系統中，人員只需要管理很少數的服務，而日誌則寫入到運行應用程式機器的本地硬碟中。在現代，日誌通常會串流傳輸到集中式聚合器中，並且儲存在非常大的儲存後端中。

在未經結構化的日誌文件中搜尋數百萬行紀錄，可以使用某種日誌文件解析器來完成；解析器會將日誌資料拆分成有意義的資訊塊，並試圖以有意義的方式將它們分組。然而，在未經結構化的資料中，解析過程變得複雜，因為不同類型的日誌文件存在不同的格式規則，或根本沒有規則。日誌工具充滿各種解決此問題的方法，具有不同的成功度、效能和易用性。

結構化日誌

解決方案是建立專為機器可解析性設計的結構化日誌資料。以前面例子而言，結構化版本可能看起來像這樣：

```
time="6:01:00" msg="accepted connection" port="80" authority="10.0.0.3:63349"
time="6:01:03" msg="basic authentication accepted" user="foo"
time="6:01:15" msg="processing request" path="/super/slow/server"
time="6:01:18" msg="sent response code" status="200"
time="6:01:19" msg="closed connection" authority="10.0.0.3:63349"
```

無論是否結構化，日誌只包含事件的一部分，將可觀測性方法應用於日誌時，最好將事件視為系統中的一個工作單位。結構化事件應該包含有關服務執行單位工作所需的所有資訊，工作單位的範圍可以有所不同，例如下載單個文件，解析文件，從文件中提取特定資訊等；在服務方面，工作單位可以是接受 HTTP 請求，並執行完成回應所需的一切。

理想情況下，結構化事件應該包含有關執行該工作所需的所有資訊，包括執行該工作所需的輸入，沿途蒐集的任何屬性，服務執行工作時的條件，以及有關執行工作結果的詳細資訊。

通常會看到從幾行到幾十行不等的日誌，這些日誌總體上代表一個工作單位。到目前為止，我們一直在使用一個例子，它代表了一個工作單位（處理一個客戶端的請求連接），被拆分成 5 個單獨的日誌記錄，但沒有有效組織為一個事件，而是分散在多個消息中。有時，一個常見字段如請求 ID，可能存在於每個紀錄中，以便將它們拼湊在一起，但通常不會有這種情況。

在範例中，日誌可以合併成一個單一事件。這樣做可能會導致以下結果：

```
time="2019-08-22T11:56:11-07:00" level=info msg="Served HTTP request"
authority="10.0.0.3:63349" duration_ms=123 path="/super/slow/server" port=80
service_name="slowsvc" status=200 trace.trace_id=eafdf3123 user=foo
```

這種表示方式可以用不同格式呈現，包括 JavaScript 物件表示法（JSON）。最常見的情況下，這種事件資訊可能以 JSON 物件的形式出現，如下所示：

```
{
    "authority":"10.0.0.3:63349",
    "duration_ms":123,
    "level":"info",
    "msg":"Served HTTP request",
    "path":"/super/slow/server",
    "port":80,
    "service_name":"slowsvc",
    "status":200,
    "time":"2019-08-22T11:57:03-07:00",
    "trace.trace_id":"eafdf3123",
    "user":"foo"
}
```

可觀測性的目標是讓你能以任意方式查詢事件資料，以了解系統的內部狀態，為實現這一目標，所使用的任何資料都必須是機器可解析的。對於這個任務而言，無法使用非結構化資料，但是，當日誌資料重新設計為類似結構化事件的形式時，它仍然可以很有用，因為結構化事件是可觀測性的基本構件。

在除錯中有用的事件屬性

本章先前將結構化事件定義為與你的服務互動的一個特定請求時，一切發生的紀錄。在現代分散式系統除錯時，這是一個大致正確的工作單位，要創建一個使觀察者可以了解系統的任何狀態系統，事件必須包含豐富的資訊，而這些資訊在調查時可能派得上用場。

可觀測性系統的後端資料儲存必須允許你的事件是任意廣泛的。當使用結構化事件來了解服務行為時，請記住模型是初始化一個空的 Blob 檔案，並記錄可能對以後除錯調試有用的任何內容。這可能意味著在請求進入服務時，使用已知的資料對 Blob 進行預填充：請求參數、環境訊息、運行時內部、主機／容器統計資訊等。當請求正在執行時，還可能發現其他有價值的訊息：使用者 ID、購物車 ID，要調用的其他遠程服務來呈現結果，或者任何可能有助於你在將來找到，並識別此請求的各種資訊。當請求退出服務或返回錯誤時，有關如何執行工作單位的幾個資料非常重要：持續時間、響應狀態碼、錯誤消息等。通常，使用成熟的檢測功能生成的每個事件包含 300 到 400 個維度。

除錯調試新問題通常意味著透過搜索具有異常條件的事件，並查找模式或相關性；來發現以前未知的故障模式（即不知之不知）。例如，如果出現錯誤峰值，你可能需要將事件資料按照不同的維度分析，以找出它們的共同點。為了實現這樣的分析，你的可觀測性解決方案需要處理具有高基數的欄位，以支持這些關連分析。

基數（Cardinality）是指一個集合中唯一元素的數量，正如第 1 章所言，事件中的某些維度將具有非常低或非常高的基數。包含唯一識別碼的任何維度都將具有最高可能的基數。有關此主題的更多資訊，請參考第 13 頁「基數的作用」。

可觀測性工具必須支援高基數的查詢，才能對調查人員產生作用。在現代化系統中，對於除錯新問題最有用的維度之一是高基數的，調查通常也需要串聯這些高基數維度來找到深層次的問題。除錯問題就像在大海撈針一樣，高基數和高維度是使你能夠在複雜分散式系統中，找到非常精細之針的能力。

例如，為了找到問題的源頭，你可能需要創建一個查詢，找到「所有在上週二安裝應用程式的加拿大用戶，且在法語語言包下運行 iOS11 版本 11.0.4，運行韌體版本 1.4.101，並在 us-west-1 區域的 shard3 上存儲照片。」這裡的每個條件都是高基數維度。

正如前面提到的，為了實現這種功能，事件必須是任意廣泛的：事件內的欄位不能限制在已知或可預測的欄位中。將可蒐集事件的限制僅限於包含已知欄位，可能是特定分析工具使用的後端儲存系統所強加的人工限制，例如，某些後端資料庫可能需要預先定義資料架構，而預定義架構需要使用工具的使用者，能夠預測可能需要捕獲哪些維度。使用架構或其他對資料類型、形狀施加嚴格限制，也與可觀測性的目標無關（見第 16 章）。

總結

可觀測性的基本組成單元是任意廣泛的結構化事件。為了回答調試過程中的任何問題，可觀測性需要能夠沿著不同數量的維度進行資料分析，因此結構化事件必須是任意廣泛的，以包含足夠資料，使調查人員能夠理解系統在完成一個工作單元時發生的所有事情。對於分散式服務，這通常意味著，將事件作為單一個別服務請求的生命周期內，發生的所有事情紀錄。

在預定期間內，指標會總結系統狀態，但它們僅提供系統屬性的狹義視角。指標的粒度過大，並且以過於死板的方式呈現系統狀態，因此無法將它們組合在一起，代表特定服務請求的工作單元。指標過於受限，不能成為可觀測性的基本構件。

非結構化日誌可供人類閱讀，但在計算上很難使用。結構化日誌可機器解析，可以用於可觀測性目標，前提是重新設計以類似結構化事件。

現在，我們只集中在遙測所需的資料類型上，後面幾章將更加密切地研究分析高基數和高維度資料的重要性，也將進一步定義一個工具實現可觀測性所需的必要功能。接下來，就來看看如何將結構化事件拼湊在一起，以創建追蹤。

第 6 章

將事件串連成追蹤

在前一章節，我們探討了事件是可觀測系統基本元素的原因，本章節繼續探討如何將事件串接成一條追蹤（trace）。在過去 10 年中，分散式追蹤已經成為軟體工程團隊不可或缺的疑難排解工具。

分散式追蹤（*Distributed traces*）其實就是一系列相互關聯的事件。分散式追蹤系統提供了一些預先打包的程式套件，它們會「自動地」創建和管理追蹤這些關係的工作。用於創建和追蹤獨立事件之間關係的概念，可以遠遠超出傳統追蹤用途的範疇。要進一步探索具備可觀測性能力系統的可能性，首先需要了解追蹤系統的內部運作。

本章節將透過檢視其核心組件，以及它們對於可觀測系統非常有用的原因，來揭露分散式追蹤的奧祕。我們將解釋追蹤的組件，並使用程式碼範例來說明手動組裝追蹤所需的步驟，以及這些組件的工作原理。也提供將相關資料添加到追蹤事件（或跨度）中的範例，以及你可能需要這些資料的原因。最後，在向你展示手動組裝追蹤的方法之後，將相同技術應用於非傳統的追蹤用例，例如把日誌事件拼接在一起，這些用例可能出現在可觀測系統中。

分散式追蹤及其現在的重要性

追蹤（Tracing）是一種基本的軟體疑難排解技術，它在程式執行期間記錄各種資訊以診斷問題。自從第一天兩台電腦相連以交換資訊以來，軟體工程師就一直在發現潛藏於程式和協議中的問題。即使盡了最大努力，這些問題仍然存在，而在分散式系統成為常態的時代，必須找出能適應更複雜需求的疑難排解技術。

分散式追蹤（Distributed tracing）也可稱為追蹤，是一種追蹤單個請求在應用程式中由各種服務處理進展情況的方法。在這個意義上，追蹤是「分散式的」，因為為了完成其功能，一個獨特的請求通常必須穿越應用程式、機器和網絡邊界。微服務架構的普及導致了一系列可以精確定位故障點，以及了解對效能影響的調試除錯技術。但是，每當一個請求跨越邊界時，例如從本地基礎設施到雲端基礎設施，或從你控制的基礎設施到不可被控制的 SaaS 服務，然後再回來；分散式追蹤都可以用來診斷問題、優化程式碼並構建更可靠的服務。

隨著分散式追蹤的普及，也出現了幾種方法和完成這項任務的不同標準。Google 的 Ben Sigelman 等人於 2010 年發表 Dapper 論文 [1] 後，分散式追蹤第一次獲得主流推廣。此後不久，出現了兩個值得注意的開源追蹤項目：Twitter 的 Zipkin 於 2012 年推出 [2]，Uber 的 Jaeger 於 2017 年推出 [3]；此外，還有一些商業可用的解決方案，如 Honeycomb[4] 或 Lightstep[5]。

儘管這些分散式追蹤專案的實現方法有所不同，它們所提供的核心方法和價值倒是相同的。正如第一部分所探討的，現代分散式系統往往會在依賴關係上形成紊亂的糾結，分散式追蹤之所以具有價值，就是因為它清楚地顯示了分散式系統中各種服務和組件之間的關係。

---

1 *https://ai.google/research/pubs/pub36356*

2 *https://zipkin.io*

3 *https://eng.uber.com/distributed-tracing*

4 *https://hny.co*

5 *https://lightstep.com*

追蹤可以幫助你了解系統之間的相互依賴關係，這些相互依賴關係可能會掩蓋問題，而除非能夠清楚地理解這些關係，否則除錯都將異常困難。例如，如果下游資料庫服務出現性能瓶頸，該延遲可能會累積增加，當上游三四層檢測到這種延遲時，識別系統問題的根源組件可能會變得非常困難，因為同樣的延遲現在也可能出現在其他數十個服務中。

在可觀測的系統中，追蹤就是一系列相互關連的事件。為了理解追蹤如何成為可觀測性的基本相關元素，可以先從追蹤組裝方式開始。

追蹤的組成部分

為了了解分散式追蹤在實踐中的工作原理，以下將使用一個範例來說明蒐集追蹤所需資料的各種組成部分。首先，希望從追蹤中清晰地看到各種服務之間的關係；然後，將看看如何修改現有的程式碼以達到這個目標。

想快速了解瓶頸可能發生之處，瀑布式的追蹤視覺化非常有用，如圖 6-1 所示。每個請求階段都顯示為，與正在調試的請求開始時間和持續時間相關的個別區塊。

瀑布式追蹤視覺化[6]顯示一個初始值如何受一系列中間值的影響，進而產生一個最終累加值。

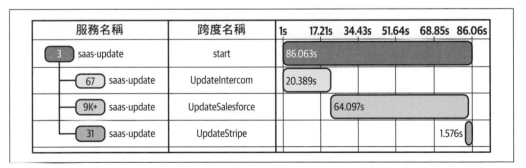

服務名稱	跨度名稱	1s	17.21s	34.43s	51.64s	68.85s	86.06s
3 saas-update	start	86.063s					
67 saas-update	UpdateIntercom	20.389s					
9K+ saas-update	UpdateSalesforce			64.097s			
31 saas-update	UpdateStripe						1.576s

圖 6-1　顯示在一個請求期間的 4 個追蹤跨度瀑布式追蹤視覺化

6　*https://w.wiki/56wd*

這個瀑布圖的每個區塊稱為追蹤跨度（trace span），簡稱跨度（span）。在任何給定的追蹤中，跨度可能是根跨度（root span），即該追蹤中的頂層跨度，也可能是嵌套在根跨度內的跨度。嵌套在根跨度中的跨度也可以有自己的嵌套跨度，這種關係有時稱為父子關係，例如圖 6-2 中，如果 Service A 調用 Service B，Service B 再調用 Service C，那對該追蹤來說，跨度 A 是跨度 B 的父節點，跨度 B 又是跨度 C 的父節點。

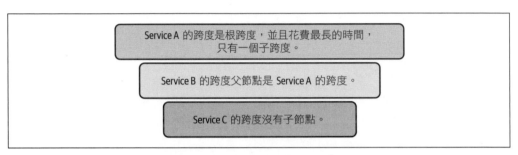

圖 6-2　有兩個父節點的追蹤。跨度 A 是根跨度，也是跨度 B 的父跨度；跨度 B 是跨度 A 的子跨度，也是跨度 C 的父跨度；跨度 C 是跨度 B 的子跨度，它沒有自己的子跨度。

請注意，一個服務在一個追蹤中可能會有多次呼叫，並出現為不同的跨度，例如循環依賴，或在同一服務跳中被拆分為平行函式的密集計算；在實踐中，請求經常通過一個分散式系統中的混亂且不可預測的路徑。想構建任何複雜路徑的視圖，需要每個組件的 5 個資料：

Trace ID

需要一個唯一 ID 來建立追蹤，以便將其映射回一個特定的請求。這個 ID 由根跨度所創建，並在完成請求的每一步中傳遞下去。

Span ID

還需要一個唯一 ID 來標識每個創建的跨度節點，包含在單個追蹤期間發生的工作單元中捕獲的資訊。這個唯一的 ID 可以在需要時參考這個跨度節點。

Parent ID

這個欄位用於在整個追蹤期間正確定義嵌套關係。在根跨度中，父跨度 ID 並不存在，所以才因此得知它是根跨度。

Timestamp

　每個跨度必須指示其工作開始的時間。

Duration

　每個跨度也必須記錄其工作完成所需的時間。

為了建立一個追蹤的結構，這些欄位是必需的。然而，當要識別這些追蹤內的跨度，或了解它們如何與系統間產生關連時，你可能會發現其他一些欄位也很有用。在跨度中添加的任何其他額外資料，本質上都是一系列標籤。

以下是一些例子：

Service Name

　為了調查目的，需要該追蹤指示運行此工作的服務名稱。

Span Name

　為了了解每個步驟的相關性，為每個跨度命名會很有幫助，以識別或區分正在進行的工作。例如，如果它們表示同一服務或不同網路節點中的不同工作流，可以使用 intense_computation1 和 intense_computation2 等名稱。

有了這些資料，就應該能夠為任何請求建立所需的瀑布追蹤視覺化，以便快速診斷任何問題。接下來，就來看看如何透過測量程式碼產生這些資料。

以手動方式量測追蹤

為了了解追蹤核心組件結合的方式，需要建立一個簡單的手動追蹤系統範例。在任何分散式追蹤系統中，都需要添加更多資訊以使資更容易使用，例如，你可能希望在將追蹤發送到後端資料儲存庫之前，先用其他元資料（metadata）豐富追蹤資料（請參閱第 16 章）。

> 如果想要從頭烤一個蘋果派，就必須先創造宇宙。
> 　— *Carl Sagan*

為了舉例說明，先假設已經存在一個後端用於蒐集此資料的儲存系統，並將重點放在追蹤所需的客戶端檢測工具上。同時，也假設可以通過 HTTP 將資料發送到該系統。

假設有一個簡單的 Web 端點，為了快速說明展示，這裡將使用 Go 語言來建立這個範例，發出 GET 請求時，它會根據請求攜帶的資料，例如用戶是否有權訪問給定的端點，而調用另外兩個服務來存取資料，然後返回查找結果。

```go
func rootHandler(r * http.Request, w http.ResponseWriter) {
    authorized := callAuthService(r)
    name := callNameService(r)

    if authorized {
        w.Write([]byte(fmt.Sprintf(`{"message": "Waddup %s"}`, name)))
    } else {
        w.Write([]byte(`{"message": "Not cool dawg"}`))
    }
}
```

分散式追蹤的主要目的，是追蹤請求在多個服務中的傳遞路徑。在這個例子中，因為這個請求會呼叫其他兩個服務，因此期望在進行此請求時，最少看到三個跨度：

- 初始請求至 `rootHandler`

- 呼叫授權服務（用於驗證請求）

- 呼叫使用者名稱服務（以取得使用者名稱）

首先，產生一個唯一的*追蹤 ID*，以便將後續的跨度與原始請求分組。這裡將使用 UUID（通用唯一識別碼）[7] 來避免任何資料重複問題，並將此跨度的屬性和資料儲存在一個追蹤資料的 map 中，稍後可以將該資料序列化為 JSON，以將其發送到後端資料儲存。還會產生一個 *span ID*，以便用於將同一追蹤中的不同跨度關連起來的識別碼：

```go
func rootHandler(...) {
    traceData := make(map[string]interface{})
    traceData["trace_id"] = uuid.String()
    traceData["span_id"] = uuid.String()

    // ... 請求的主要工作 ...
}
```

---

7 *https://w.wiki/8G6*

現在有可用於串連請求的 ID，接下來也想知道這個跨度是開始以及執行所需的時間，可以透過捕捉 *timestamp* 來實現這一點，當請求開始和結束時分別記錄下來，藉由這兩個時間戳記之間的差異，會計算出 *duration*（以毫秒為單位）：

```go
func rootHandler(...) {
    // ... 之前設置的 trace ID ...

    startTime := time.Now()
    traceData["timestamp"] = startTime.Unix()

    // ... 請求的主要工作 ...

    traceData["duration_ms"] = time.Now().Sub(startTime)
}
```

最後，添加兩個描述性欄位：`service_name` 表示工作發生在哪個服務中，而 `span name` 表示進行的工作類型。此外，設置這部分程式碼，以便在所有步驟完成後，通過遠程程式呼叫（RPC），將所有資料發送到追蹤後端儲存系統：

```go
func loginHandler(...) {
    // ... 之前設置的 trace ID 和持續時間 ...

    traceData["name"] = "/oauth2/login"
    traceData["service_name"] = "authentication_svc"
    // ... 請求的主要工作 ...

    sendSpan(traceData)
}
```

現在已經取得這個單一追蹤跨度所需的部分資料。然而，還沒有一種方式，可以將這些追蹤資料中繼給作為請求的一部分調用的其他服務，至少需要知道這是追蹤中的哪個跨度，這個跨度又屬於哪個父跨度，並且該資料應在請求的整個生命週期中傳播。

在分散式追蹤系統中，最常見的資訊共享方式是在外部請求的 HTTP header 中設定以分享。在本範例中，可以擴展輔助函式 `callAuthService` 和 `callNameService`，接受 `traceData` map，並將其用於在它們的外部請求中設定特殊的 HTTP header。

這些 header 可以命名成任何想要的名稱,只要接收端的程式了解相同的名稱即可。通常,HTTP headers 遵循特定的標準,例如世界廣泛網路聯盟(W3C)的標準[8]或 B3 標準[9],本範例將使用 B3 標準。需要傳送以下 header(如圖 6-3 所示),以確保子跨度可以正確建立和發送其跨度:

X-B3-TraceId

包含整個追蹤的追蹤 ID(來自前面的範例)

X-B3-ParentSpanId

包含當前的跨度 ID,此 ID 將作為子跨度的父節點 ID

現在,確保發送 HTTP 請求已傳送這些 header:

```go
func callAuthService(req * http.Request, traceData map[string]interface{}) {
    aReq, _ = http.NewRequest("GET", "http://authz/check_user", nil)
    aReq.Header.Set("X-B3-TraceId", traceData["trace.trace_id"])
    aReq.Header.Set("X-B3-ParentSpanId", traceData["trace.span_id"])

    // ... 請求的主要工作 ...
}
```

接著,也需要將 callNameService 函式做出類似修改。這樣,當每個服務被調用時,它可以從這些 header 中提取資訊,並將它們添加到其自己生成 traceData 中的 trace_id 和 parent_id。每個服務也會將它們生成的跨度傳送到追蹤後端儲存服務,在這裡,這些追蹤會串接起來,以創建眾人期待的瀑布式追蹤視覺化效果。

8 *https://www.w3.org/TR/trace-context*

9 *https://github.com/openzipkin/b3-propagation*

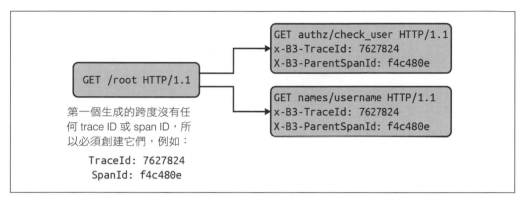

圖 6-3　範例應用程式現在會將 *traceID* 和 *parentID* 傳播到每個子跨度

在了解如何使用手動建立量測功能,和建立有用的追蹤視圖後,接著來看看還可以添加哪些內容到跨度中,讓它們對於除錯更加有用。

在追蹤跨度中添加自定義資訊

了解追蹤的父子關係和執行持續時間是一個好的開始。但是除了必要的追蹤資料之外,你可能還想添加其他欄位,以更了解嵌入在分散式系統中的每個跨度發生的情況。

例如,除了儲存 Service Name 以便於識別外,知道執行工作的確切主機,以及它是否與特定用戶相關可能會很有用。先修改範例,將這些詳細資訊作為鍵值對添加到跨度中,以捕獲這些細節:

```
hostname, _ := os.Hostname()
traceData["tags"] = make(map[string]interface{})
traceData["tags"]["hostname"] = hostname
traceData["tags"]["user_name"] = name
```

你可以進一步擴展這個範例,以捕獲任何其他你認為有助於除錯調試的系統資訊,例如應用程式的 **build_id**、**instance_type**,有關你的運行時資訊或任何豐富的細節,或任何類似第 5 章中的範例的詳細資訊。現在,我們將盡可能地保持簡單明瞭。

將這些內容整合起來,從頭開始創建一個追蹤的完整範例應用程式,會像以下這樣(為了表達清晰易懂,程式碼可能會變得冗長和重複):

```go
func rootHandler(r * http.Request, w http.ResponseWriter) {

    traceData := make(map[string]interface{})
    traceData["tags"] = make(map[string]interface{})
    hostname, _ := os.Hostname()
    traceData["tags"]["hostname"] = hostname
    traceData["tags"]["user_name"] = name

    startTime := time.Now()
    traceData["timestamp"] = startTime.Unix()
    traceData["trace_id"] = uuid.String()
    traceData["span_id"] = uuid.String()
    traceData["name"] = "/oauth2/login"
    traceData["service_name"] = "authentication_svc"

    func callAuthService(req * http.Request, traceData map[string]interface{}) {
        aReq, _ = http.NewRequest("GET", "http://authz/check_user", nil)
        aReq.Header.Set("X-B3-TraceId", traceData["trace.trace_id"])
        aReq.Header.Set("X-B3-ParentSpanId", traceData["trace.span_id"])

        // ... 發送身分驗證請求 ...
    }

    func callNameService(req * http.Request, traceData map[string]interface{}) {
        nReq, _ = http.NewRequest("GET", "http://authz/check_user", nil)
        nReq.Header.Set("X-B3-TraceId", traceData["trace.trace_id"])
        nReq.Header.Set("X-B3-ParentSpanId", traceData["trace.span_id"])

        // ... 發送取得使用者名稱請求 ...
    }

    authorized := callAuthService(r)
    name := callNameService(r)

    if authorized {
        w.Write([]byte(fmt.Sprintf(`{"message": "Waddup %s"}`, name)))
    } else {
        w.Write([]byte(`{"message": "Not cool dawg"}`))
    }

    traceData["duration_ms"] = time.Now().Sub(startTime)
    sendSpan(traceData)
}
```

這個章節使用的程式碼範例有點刻意編造，用來說明這些概念在實務上如何結合。好消息是，你通常不需要自己產生這些程式碼，分散式追蹤系統通常會有自己的支援程式套件，來完成大部分基本設定的工作。

這些共享的程式套件通常是為滿足你希望使用的追蹤解決方案特定需求而設計的。不幸的是，特定供應商的解決方案，無法與其他追蹤解決方案完整配合使用，這意味著如果你想嘗試其他解決方案，就必須重新使用套件產生檢測的程式碼。下一章將介紹開源項目 OpenTelemetry，以及它如何讓你只需要設定檢測程式碼一次，即可使用各種解決方案。

現在你已經全面了解手動檢測，和創建有用追蹤視圖需要的所有內容，將其應用於前一章中學到的知識，以了解追蹤是可觀測性系統中關鍵要素的原因。

將事件串連成追蹤

第 5 章曾探討使用結構化事件作為可觀測性系統的構建基礎。將事件定義為一個紀錄，內含當一個特定請求與你的服務交互時發生的一切。在該請求的生命週期中，關於返回結果所發生的任何有趣細節，都應該附加到事件中。

程式碼範例中的功能非常簡單。在實際應用程式中，單個請求的執行期間進行的每個服務呼叫，都會有其自己的有趣細節：變數的值、傳遞的參數、返回的結果、關連上下文等等。每個事件都會捕獲這些詳細資訊，以及 traceData，稍後可以讓你查看和調試分散式系統中各種服務和組件之間的關係。

在範例以及分散式追蹤系統中，所使用的檢測都是在遠程服務調用層級添加的。然而，在一個可觀測性的系統中，你可以使用相同方法，將來自不同來源的任意數量相關事件聯繫在一起。例如，你可以藉由應用這些相同的追蹤概念，從當前的單行紀錄解決方案，逐步遷移到更具凝聚力的檢視中，從而邁向可觀測性的第一步。

為此，你可以從產生非結構化的多行日誌，轉移到產生結構化日誌（參見第 5 章）。然後，你可以將 traceData 的相同必須欄位添加到結構化日誌中，完成這些操作後，你可以從日誌資料生成相同的瀑布式視圖。其實我們不建議長期採用這種方法，但在開始時可能會有用（請參見第 10 章的詳細討論）。

在某些情境下，非傳統的追蹤使用情境是針對一些不需要分散處理的工作，但你仍希望將其分成自己的跨度，以便於各種原因。例如你發現應用程式被 JSON 反序列化，或某些其他 CPU 密集型操作所阻塞，你需要確定造成這項問題的時間。

其中一個方法是將這些「熱點區塊」的程式碼包裝成自己單獨的跨度，以獲得更詳細的瀑布圖（更多範例請參閱第 7 章）。這種方法可用於在非分散式，單體式或非面向服務的程式中創建追蹤。例如，你可以為批次作業中的每個工作單位，例如上傳到 Amazon 簡單儲存服務（S3）的每個對象；或 AWS Lambda-based 流水線的每個不同階段創建一個範圍。實際上，AWS 軟體開發套件（SDK）默認就是這樣做的，請參閱 AWS 開發人員指南 [10] 以獲取更多詳細資訊。

在可觀測系統中，任何一組事件都可以串成追蹤，且追蹤不一定僅限於服務對服務呼叫。到目前為止，我們只集中在蒐集這些事件的資料，並將其發送到可觀測性後端。後面的章節將介紹分析方法，讓你可以任意地按維度切割和整理該資料，以查找任何你選擇的模式。

總結

事件是可觀測性的基石，而追蹤僅是一系列相互關連的事件。將跨度拼合成一個有連貫性的追蹤所使用的概念，在服務與服務之間的通訊協議中非常有用。在可觀測的系統中，這些概念也可以應用於除了遠程程式呼叫之外的任何互相相關事件，串連任何互相牽扯的獨立事件，例如從相同批次作業創建的所有單獨檔案上傳。

本章透過手工撰寫程式碼的每個必要步驟來設置手動檢測。開始追蹤的更實用方法，是使用自動化檢測框架，下一章中將介紹開源且不受工具供應商限制的 OpenTelemetry 項目，以及使用它來自動化檢測營運環境應用程式的方法和原因。

---

10 *https://oreil.ly/tQtvk*

第 7 章

使用 OpenTelemetry 檢測

前兩章談到結構化事件和追蹤的原理。事件和追蹤是可觀測性的基石,可以使用它們來了解軟體應用程式的行為,也可以透過在應用程式中添加檢測工具程式碼,在每次被調用時發出遙測資料,以生成可觀測性的基本元素,在每次呼叫時發送出遙測資料。然後,可以將發出的遙測資料送到後端系統做資料存儲,以便稍後分析,以了解應用程式的健康狀況,並幫助調試問題。

本章將展示如何透過自動化檢測工具,讓程式碼可以發出遙測資料。你所選擇的方法可能取決於你的可觀測性後端所支援的檢測工具使用方法,工具供應商通常會創建專有的 APM、指標或追蹤程式套件,以生成適用於特定解決方案的遙測資料。但是,這本與供應商無關的書籍,將介紹如何使用開源標準,來實現自動化檢測工具,這將適用於各種後端遙測資料儲存庫。

本章開始介紹 OpenTelemetry 標準,及其自動產生應用程式遙測資料的方法。使用自動化檢測產生遙測資料是一個很好的開始,但可觀測性真正的威力來自於自定義屬性,這些屬性添加了上下文,和足夠廣泛的資訊,來幫忙理解預期業務邏輯實際運作的方式。這裡將展示如何使用自定義檢測工具來增強 OpenTelemetry 中包含的開箱即用自動化檢測工具,到本章結束時,你將擁有一個從頭到尾的檢測策略,用來產生有用的遙測資料。本書之後章節,也將展示如何分析該遙測資料,以找到需要的答案。

簡介檢測

在軟體產業中，將檢測工具加入到應用程式，以將系統狀態的資料發送到中央日誌或監控解決方案，已成為一種成熟的做法。這些資料稱為遙測資料，記錄了你的程式在處理特定請求時所執行的操作。多年來，軟體開發人員已經定義各種重疊的遙測資料類別，包括日誌、指標，以及最近出現的追蹤和性能剖析。

如第 5 章所討論的，任意廣泛的事件是可觀測性的理想基本元素。但範圍廣泛的事件並不是新事物，它們只是一種特殊類型的日誌，由許多結構化資料欄位組成，而不是更少、更模糊的資料。而追蹤（參考第 6 章）則包含多個廣泛事件，並嵌入欄位以連接不同事件。

然而，在應用程式內進行檢測的方法與工具通常是專有的，有時需要在服務內手動添加程式碼，以產生遙測資料；其他時候，代理服務可以協助自動蒐集資料。除了 `printf()` 以外，每個獨立的監控解決方案都有自己的必要步驟，以產生並傳輸符合該產品後端資料存儲格式的遙測資料。

過去，你可能曾經在應用程式中安裝特定於後端的自動檢測套件或代理程式。接著，你需要添加自己的自定義檢測功能，來捕捉任何你認為對於了解應用程式內部狀態相關的資料，以使用那些客戶端套件所提供的功能。然而，這些自動檢測功能的產品特定性也會造成供應商鎖定，如果想將遙測資料傳送到不同產品，需要使用不同套件重複整個自動化檢測流程，這樣會浪費程式碼，並增加檢測負擔。

開放式檢測標準

監控和可觀測性社群多年來創建了幾個開源專案，試圖解決供應商鎖定的問題。由 Cloud Native Computing Foundation 支持的 OpenTracing，和由 Google 贊助的 OpenCensus，分別於 2016 年和 2017 年問世。這些競爭性的開放式標準提供了一整組套件與工具，用於最流行的程式設計語言，允許即時蒐集遙測資料並傳輸到你選擇的後端。至 2019 年，兩個團隊合併並共同努力，在 CNCF 保護傘下孵化形成了 OpenTelemetry 專案。

> 標準化的好處是可供選擇的標準非常之多。
>
> — *Andrew S. Tanenbaum*

OpenTelemetry（*OTel*）代表 OpenTracing 和 OpenCensus 的下一個重要版本，提供全方位替代方案，並維持兼容性。OTel 提供捕捉追蹤、指標、日誌和其他應用程式的遙測資料，讓你將它傳送到你選擇的後端。OTel 已成為可觀測性解決方案中，應用程式檢測工具的單一開放標準，使用 OTel，你只需為應用程式程式碼加入檢測工具，就可以將遙測資料傳送到任何你選擇的後端系統，不管是開源還是專有的系統。

本章將展示如何以 OTel 的靈活性和功能，立即啟動可觀測性之旅。你可以使用這些教學，快速為應用程式加入檢測工具，並在任意多個可觀測性解決方案中使用這些資料。

使用程式碼範例檢測

在本書出版時，OTel 支援使用許多程式語言編寫的程式碼，包括 Go、Python、Java、Ruby、Erlang、PHP、JavaScript、.NET、Rust、C++ 和 Swift，同時還包括通用訊息標準和蒐集器代理程式。

為了提供實際的檢測工具示例，而不僅僅是抽象概念，需要使用 OTel 支援的特定程式語言，我們在此使用 Go 程式語言，因為 Kubernetes 就是使用該語言編寫的，而且它是現代分散式微服務和雲端原生系統的通用語言。當然，你可以將這些概念應用到任何語言中，因為 OTel 在支援的每種語言中都盡可能地提供了標準術語和 API 設計。

你不需要成為 Go 工程師就能理解這些示例；然而，以下每個程式碼區塊所執行的操作都會詳細解釋。

OpenTelemetry 概念速成課程

OpenTelemetry 提供了用於創建和管理服務的遙測資料的套件、代理程式、工具和其他元件，整合了不同遙測資料類型的 API，並管理這些 API 之間共享的分散式上下文傳播功能。它從先前的每個前身專案中結合了各種概念和元件，以保留它們的優點，同時仍然向後兼容以前編寫的檢測工具。

為此，OTel 將功能分成數個具有明確術語集的元件。以下是基本術語與概念：

API

OTel 函式庫的抽象規範部分，如資料類型和操作方法，允許開發人員添加自定義檢測方法，而不需要擔心底層實現。

SDK

OTel 的 API 具體實做組件，用於追蹤狀態，處理資料和並批次傳輸資料。

Tracer（追蹤器）

SDK 中的組件，負責追蹤當前運行的跨度。它還允許你訪問和修改當前跨度，執行操作，例如添加屬性、事件，或在追蹤的工作完成時完成該跨度等操作。

Meter（計量器）

是 SDK 中的一部分，負責追蹤你的處理程式中可以進行報告的量測指標。它還允許你訪問和修改當前的量測指標，以執行像是增加值，或者在固定的時間間隔取得這些值的操作 [1]。

Context propagation（上下文傳播）

SDK 中的一個重要組件 [2]，它能夠從像 W3C TraceContext 或 B3M 之類的 header 中反序列化有關當前傳入請求的上下文內容，追蹤處理程式當前的請求上下文，並將其序列化傳遞到下游的服務。

Exporter（匯出器）

SDK 的插件，將 OTel 內存中的物件轉換為傳遞到特定目的地的適當格式。目標可以是本地的，例如日誌文件或 **stdout**；可以是遠程的，後端可以是開源的例如 Jaeger，也可以是專有的商業解決方案，例如 Honeycomb 或 Lightstep。對於遠程目的地，OTel 預設使用講述 OpenTelemetry 協議（OTLP）的匯出器，可將資料傳送到 OpenTelemetry Collector。

1　譯者註：藉由使用指標組件，你可以捕捉關鍵指標，例如請求數量、處理時間等等，並根據這些指標來了解應用程式的狀態和性能。指標在了解分析應用程式的瓶頸、優化應用程式以及確保其可靠性方面，都扮演著相當重要的角色。

2　譯者註：負責傳遞跨服務的上下文資訊，確保請求的一致性和連貫性，使其在整個系統中傳播，並使得服務之間的調用關係更加透明，提高系統的可觀測性。

Collector（蒐集器）

> 獨立的程式，可以運行為代理服務或邊車模式，在默認情況下以 OTLP 格式接收遙測資料，處理並轉發到一個或多個配置的目的地。

進一步深入探究 OTel 元件已超出本書範圍，但你可以閱讀 OpenTelemetry 文件[3]以了解更多有關這些概念的資訊。

從自動化檢測工具開始

在採用分散式追蹤技術時最大的挑戰之一，是獲取足夠有用的資料，以便將其映射到你已經了解的系統知識。你該如何讓可觀測性系統了解你服務之間的相依性和流程，以便更進一步了解這些服務的狀態和性能？儘管可以為每個請求手動開始和結束追蹤跨度，但有一種更好的方法可以減少阻力，並在幾小時或幾天內獲取洞察力，而不用花上幾個月的時間。

為此，OTel 涵括自動檢測功能，以減少使用者取得第一個值所需的時間。由於 OTel 的目標是簡化雲端原生生態系統和微服務的採用，因此它支援最常用的服務間互動框架，例如，OTel 從有自動檢測功能的服務自動產生追蹤跨度，以用於進出 gRPC、HTTP、資料庫 / 快取的呼叫。這將至少提供複雜的微服務和下游相依性中互相調用的框架。

為了提供自動檢測的請求屬性和時間，框架需要在處理每個請求之前和之後呼叫 OTel。因此，常見的框架通常支援包裝器（wrapper）、攔截器（interceptor）或中介軟體（middleware），以便 OTel 可以鉤入生命週期中，並自動讀取上下文傳播的元資料（metadata），為每個請求創建跨度。在 Go 語言中，這種配置是顯式的，因為 Go 要求顯式的類型安全和編譯時的配置；但是在像 Java 和 .NET 這樣的語言中，可以在運行時附加一個獨立的 OpenTelemetry 代理程式，它會自動推斷正在運行哪些框架並註冊自己。

3　*https://docs.opentelemetry.io*

為了說明包裝器模式，在 Go 語言中，http.Request/http.Response HandlerFunc 介面是最常見的共通點。你可以使用 otelhttp 套件，在傳遞到 HTTP 伺服器的預設請求路由之前，即 Go 中慣稱的多工器（mux），包裝現有的 HTTP 處理器函式：

```
import "go.opentelemetry.io/contrib/instrumentation/net/http/otelhttp"

mux.Handle("/route",
    otelhttp.NewHandler(otelhttp.WithRouteTag("/route",
    http.HandlerFunc(h)), "handler_span_name"))</C>
```

相比之下，gRPC 提供了一個攔截器（interceptor）介面，你可以提供給 OTel 來註冊其自動化檢測功能：

```
import (
    "go.opentelemetry.io/contrib/instrumentation/google.golang.org/grpc/otelgrpc"
)

s := grpc.NewServer(
    grpc.UnaryInterceptor(otelgrpc.UnaryServerInterceptor()),
    grpc.StreamInterceptor(otelgrpc.StreamServerInterceptor()),
)
```

憑藉這些自動生成的資料，你將能夠發現更多問題，例如未被快取的熱門資料庫資料的存取，或是部分服務中下游相依性在其某些端點上回應緩慢；但這僅僅是你將獲得的洞察力的開始。

添加自定義檢測功能

一旦擁有了自動化檢測功能，就可以在你的業務邏輯中進行自定義的檢測套件。可以在程式碼中將欄位和豐富的值，如使用者 ID、資料分片 ID、錯誤訊息等附加到自動檢測跨度上。這些標註會使得未來更容易理解每一個層面所發生的情況。

透過在應用程式中添加自定義追蹤跨度資訊，用以監控內部的耗時步驟，這樣做可以超越自動追蹤跨度的範圍，並獲得對程式碼所有部分的可視性。這種自定義檢測功能能幫助你實踐以可觀測性為驅動的開發，你可以在程式碼中的新功能旁邊建立檢測功能，以便在實際發布時及時驗證，確認其在實際營運環境中運作符合預期（請參閱第 11 章）。為程式碼添加自定義檢測功能，可以幫助你以預防性的方式解決未來的問題，並提供特定程式碼執行路徑周圍包括業務邏輯在內的完整上下文，以更輕鬆地除錯。

開始與結束一個追蹤跨度

如第 6 章所述，追蹤跨度應涵蓋執行的每個獨立請求。通常，該獨立請求會透過一個微服務進行，可以在 HTTP 請求或 RPC 層級實例化。但是，在某些情況下，你可能希望添加額外的詳細資訊，以了解執行時間耗時在哪裡，記錄正在發生的子流程處理其處理訊息，或顯示其他細節。

OTel 的 tracer 將有關當前活動跨度的資訊存儲在 context.Context 的一個鍵中；或者在執行緒本地變數中，視語言而定。在使用 OTel 的 context 時，應先澄清該術語，*context* 一詞可能不僅僅是指其邏輯用法，可以是服務中事件周圍的情況，也可能是指特定類型的上下文，例如跨度的上下文。因此，要開始一個新的跨度，必須從 OTel 中獲取適當的 tracer，並傳遞當前上下文以更新：

```
import "go.opentelemetry.io/otel"

// 在每個模組自定義一個 tracer，並給予一個方便識別的名稱
var tr = otel.Tracer("module_name")

func funcName(ctx context.Context) {
  // 自己建立一個 span，並給予有意義的名稱
  sp := tr.Start(ctx, "span_name")
  defer sp.End()
  // do work here
}
```

這段程式碼讓你在現有的上下文中，例如來自 HTTP 或 gRPC 的上下文建立並命名一個子追蹤跨度，開始計時器執行，計算該跨度執行時間，然後在函式結束時呼叫延遲執行（defer）中完成跨度以便傳送到後端。這個操作可用來幫助構建更豐富的跨度，並提供更多有關應用程式的性能和狀態的資訊。

將多個屬性加入到事件中

如前面章節所述，可觀測性最好是將每個函式執行所產生的資料，打包成一個包含較多資訊的事件。這意味著你可以並應該添加任何自定義屬性，以便確定服務的狀況或受到影響的用戶群，或了解程式碼在執行期間的狀態。

OTel 讓你在蒐集的遙測資料上輕鬆添加自定義欄位與資訊，只需在每個請求執行過程中暫存並整理你的檢測套件所添加的欄位。OTel 資料模型會保留未完成的跨度，直到它們標記為完成，因此可以在最後生成的遙測資料中，將多個不同類型的元資料資訊放到一個單獨的跨度裡，這樣可以讓這些資料更加組織化和易於分析。在應對較小規模的遙測資料時，可以透過在程式碼中使用常數的方式，來非正式地管理資料的結構。但是，當資料的規模變大時就需要參考第 18 章的內容，了解如何使用遙測流水線來規範和管理資料的結構。

在應用程式或執行緒的上下文中，只要有一個活動跨度，就可以使用類似 `sp := trace.SpanFromContext(ctx)` 的方式，以獲取當前活動的跨度。對於具有隱式執行緒本地上下文的語言，例如 Java，無需傳遞顯式上下文參數，使用跨度變得更加簡單和方便。

一旦獲取當前活動跨度，就可以向其添加欄位或事件。在 Go 中，為了獲取最大性能和類型安全性，必須明確指定類型：

```
import "go.opentelemetry.io/otel/attribute"
sp.SetAttributes(attribute.Int("http.code", resp.ResponseCode))
sp.SetAttributes(attribute.String("app.user", username))
```

此程式碼片段設置了兩個索引鍵 / 值組（key-value pair）屬性。屬性 `http.code` 包含一個整數（HTTP 響應碼），而 `app.user` 包含一個字串，之下再包含執行請求的當前使用者名稱。

記錄整個過程的指標

通常，大多數指標，如量測和計數器，應該記錄為跨度的屬性。例如，在處理使用者購物車時，Cart 的 Value 最好與跨度相關連，而不是由指標系統聚合和抓取。然而，如果你絕對需要一個準確的、未採樣的計數，它是透過特定維度預先聚合的，或者需要定期採集非特定請求的處理過程範圍內的值，你可以使用一組標籤來更新量測或計數器：

```
import "go.opentelemetry.io/otel"
import "go.opentelemetry.io/otel/metric"

// 如同初始化一個 tracer，自定義一個 meter，並給予一個方便識別的名稱
var meter = otel.Meter("example_package")

// 預先定義 key 作為欄位名稱，以便重複使用並避免開銷
```

```
var appKey = attribute.Key("app")
var containerKey = attribute.Key("container")

// 創建一個新的 Int64 量測來記錄正在運行的 goroutine 數量，並設定相關的 key 和描述
goroutines, _ := metric.Must(meter).NewInt64Measure("num_goroutines",
  metric.WithKeys(appKey, containerKey),
  metric.WithDescription("Amount of goroutines running."),
)

// 接下來，在定期觸發的 goroutine 中：
meter.RecordBatch(ctx, []attribute.KeyValue{
  appKey.String(os.Getenv("PROJECT_DOMAIN")),
  containerKey.String(os.Getenv("HOSTNAME"))},
  goroutines.Measurement(int64(runtime.NumGoroutine())),
  // 在這裡插入對指標進行的其他量測
)
```

這段程式碼會定期記錄正在運行的 goroutine 數量，並透過 OTel 將資料匯出。

在實踐可觀測性的過程中，強烈建議你不要限制自己使用應用層檢測提供的僵化且不靈活的指標，第 9 章會進一步探討這個主題。現在，如果你發現必須記錄某個檢測值，則可以使用與前面類似的方法。

將檢測資料發送到後端系統

默認情況下，OTel 假定你將向在本地運行的邊車模式（sidecar）發送資料；但是，你可能需要在應用程式啟動程式碼中，指定如何將蒐集到的資料傳送到指定目的地。

使用前面的方法創建遙測資料後，你需要將其發送到某個地方。OTel 支持兩種將資料從你的應用程式匯出到分析後端的主要方法：可以透過 OpenTelemetry Collector 代理（請參見第 18 章），也可以直接從應用程式將資料匯出到後端。

直接從應用程式匯出，需要你導入、依賴和實例化一個或多個匯出器。匯出器是將 OTel 記憶體中的跨度和指標物件，轉換為各種遙測分析工具的適當格式套件。

匯出器在應用程式啟動時通常在主函式中實例化一次。通常，你只需要向一個特定的後端匯出遙測資料。但是，OTel 允許你任意實例化和配置多個匯出器，使你的系統可以同時將相同的遙測資料，發送到多個遙測資料接收器。將資料匯出到多個遙測資料接收器的一種可能用例，是確保當前營運環境的可觀測性工具可以不間斷地訪問，同時使用相同的遙測資料，測試正在評估的不同可觀測性工具的能力。

由於 OTLP 的普及，最明智的預設值是將 OTLP gRPC 匯出器配置到你的供應商，或 OpenTelemetry Collector（請參見第 18 章），而不是使用供應商的自定義程式碼：

```
driver := otlpgrpc.NewClient(
  otlpgrpc.WithTLSCredentials(credentials.NewClientTLSFromCert(nil, "")),
  otlpgrpc.WithEndpoint("my.backend.com:443"),
)
otExporter, err := otlp.New(ctx, driver)
tp := sdktrace.NewTracerProvider(
  sdktrace.WithSampler(sdktrace.AlwaysSample()),
  sdktrace.WithResource(resource.NewWithAttributes(
    semconv.SchemaURL, semconv.ServiceNameKey.String(serviceName))),
  sdktrace.WithBatcher(otExporter))
```

如果你需要配置多個自定義匯出器，而且這些匯出器不是 OpenTelemetry Collector，也不支持常見的 OTLP 標準，以下是在應用程式啟動時創建兩個匯出器的範例程式碼：

```
import (
  x "github.com/my/backend/exporter"
  y "github.com/some/backend/exporter"
  "go.opentelemetry.io/otel"
  sdktrace "go.opentelemetry.io/otel/sdk/trace"
)

func main() {
  exporterX = x.NewExporter(...)
  exporterY = y.NewExporter(...)
  tp, err := sdktrace.NewTracerProvider(
    sdktrace.WithSampler(sdktrace.AlwaysSample()),
    sdktrace.WithSyncer(exporterX),
    sdktrace.WithBatcher(exporterY),
  )
  otel.SetTracerProvider(tp)
```

在這個範例中，我們引入了兩個不同的匯出器套件：*my/backend/exporter* 和 *some/backend/exporter*。並設定它們用同步或批次方式從一個追蹤器提供者（tracer provider）接收追蹤範圍（trace spans）；然後將這個追蹤器提供者設為預設的追蹤器提供者。這個設置將導致所有後續對 `otel.Tracer ()` 的調用，將自動取得已配置好的追蹤器。

總結

在這一章中，有幾種方法可以為你的應用程式添加可觀測功能，但 OTel 是一個開放原始碼標準，可以將遙測資料傳送到你選擇的任意後端資料存儲庫。OTel 正成為一種新的供應商中立解決方法，確保可以檢測應用程式，以傳送遙測資料，不管選擇的是哪種可觀測性系統。

本章中的範例程式碼使用 Go 語言所編寫，但是 OTel 支援的當前所有語言都使用相同的術語和概念，可以在線上找到範例程式碼的擴展版本[4]，以相同步驟來使用自動檢測功能，將自訂欄位添加到事件中，開始和結束追蹤，以及實例化匯出器。如果需要的話，甚至可以將指標添加到你的追蹤中。

但這也引出一個問題：為什麼在考慮指標時加入「如果需要的話」警語？指標是一種具有固有限制的資料類型，接下來的兩章，將探討使用事件和指標來進一步了解這樣的考量點。

4　*https://oreil.ly/7IcWz*

第 8 章

分析事件以實現可觀測性

這個部分的前兩章可以學到有關遙測基礎知識的內容,這些知識對於創建一個使用可觀測性工具以正確調試的資料集合來說,必不可少;儘管擁有正確的資料是基本要求,但可觀測性的衡量標準是你能從這些資料中獲取有關系統的知識。本章將探討應用於可觀測性資料的調試技術,以及它們用於調試實際營運系統的傳統技術之間的區別。

先要密切研究的是,用於解決傳統監控和應用程式性能監控工具問題的常見技術。正如先前章節中強調的,傳統方法假定對先前已知故障模式有相當程度的熟悉,本章則會進一步詳細分析這個方法,以便將其與不要求同等程度的系統熟悉度,和識別問題的除錯方法做出比較。

接著將探討基於可觀測性的調試技術如何自動化,以及人類和電腦在建立有效除錯工作流程中所扮演的角色。將這些因素結合在一起後,將了解可觀測性工具如何幫助分析遙測資料,識別傳統工具無法檢測到的問題。

這種假設驅動型除錯方式,也就是提出假設,然後探索資料以證實或否定該假設;不僅比依賴直覺和模式匹配更具科學性,而且能實現除錯普及化。與傳統的除錯技術相比,傾向於等那些對系統最為熟悉和具有豐富經驗的人快速找到答案不同,那些有興趣或努力在營運環境中檢查自己程式碼的人,更適合可觀測性調試的方法。有了可觀測性,即使對系統知識所知不多的人也能夠參與並解決問題。

從已知條件排錯

在引入可觀測性之前，系統和應用程式的除錯主要是基於對系統的了解。這點可從工程團隊中的資深成員在故障時的排除方式中觀察得到，他們知道應該提出哪些問題，也能第一時間知道應該在哪裡會有答案，這樣的做法看起來簡直像變魔術一樣，而他們的魔法來自於對應用程式和系統的深切了解。

為了捕捉這種魔法，管理階層會敦促資深工程師編寫詳細的操作手冊，以嘗試識別並解決現實中所有可能遇到的「根本原因」。第 2 章曾介紹儀表板創建的不斷升級競爭，目的是創建能夠識別新問題的完美視圖。但是，編寫操作手冊和創建儀表板其實浪費了很多時間，因為現代化系統很少會以完全相同的方式出現故障。即使真的故障，越來越常見的作法是搭配自動修復機制，以便在有人進行適當調查之前，就可以自動修復該故障。

任何曾經撰寫或使用過操作手冊的人，都可以告訴你它們有多麼沒用，也許可以暫時應對技術債務，例如說有一個一再出現的問題，操作手冊可以告訴其他工程師如何在即將到來的迭代中減輕問題，直到最終得到解決。但更常見的情況，尤其就分散式系統而言，是幾乎從未發生的問題長尾，導致營運環境中的聯動故障；或者 5 個看似不可能的條件完美結合在一起，以一種每隔幾年才發生一次的頻率，造成大規模服務故障。

關於操作手冊的主題

花時間撰寫操作手冊是浪費大部分時間的說法，在一開始聽起來可能有點嚴厲。明確地說，文件撰寫仍然有其存在的價值，它可以快速使團隊熟悉特定服務的需求和相關資訊；例如，每個服務都應該有文件，包含基本資訊，負責和維護該服務的團隊、聯繫值班工程師的方式、升級點（escalation point）[1]、此服務所依賴的其他服務（反之亦然），以及了解此服務運行情況的有用查詢或儀表板等。

---

1 譯者註：指的是處理問題或緊急情況時，需要向上級或相關團隊報告或尋求協助的指定聯繫人或渠道。操作手冊必須提供升級點，團隊成員才能在需要時，準確地知道該聯繫哪些人或部門，以獲取必要支援。

> 然而，維護一個試圖包含所有可能的系統錯誤和解決方案即時文件，是徒勞且危險的遊戲。這類文件很容易過時，而錯誤文件可能比沒有文件還要危險。在快速變化的系統中，檢測本身通常就是最好的文件，因為它結合意圖，也就是工程師命名並決定蒐集哪些維度？與營運環境中實時、最新的狀態資訊。

然而，工程師經常將這種方式視為常見的故障排除模式，因為這是幾十年來除錯的典型法則。首先，你必須非常了解系統的所有部分，無論是因為直接接觸、經驗、文件還是操作手冊；然後在查看儀表板時，你能憑直覺找到答案嗎？或者，也許你會猜測根本原因，然後開始在儀表板上尋找證據以證實猜測。

即使在對應用程式進行自動檢測以發出可觀測性資料後，你仍然可能會從已知條件除錯。例如，你可以將任意廣泛的事件串流輸入到 `tail -f`，並使用 `grep` 搜索已知字串，就像現在使用非結構化日誌進行故障排除一樣；或者，你可以將查詢結果串流到一系列無窮儀表板，就像現在使用指標進行故障排除一樣。你在一個儀表板上看到峰值，然後開始翻閱其他幾十個儀表板，以在視覺上尋找其他相似形狀。

不僅是你現在蒐集事件資料以便能夠除錯未知條件，而且更重要的是，你在自動檢測和系統除錯方式上的改變。

在 Honeycomb，即使在建立自己的可觀測性工具之後，我們也花了相當長的時間才弄清楚這一點。身為工程師，我們的第一直覺是直接審視自己對系統的了解，在 Honeycomb 早期還沒有學會如何擺脫從已知條件除錯時，可觀測性能提供的幫助就是直接提出正確的高基數問題。

例如，不久前才發布一個新的前端功能並且擔心性能，可以自問：「它改變多少 CSS 和 JS 的檔案大小？」剛剛才撰寫自動檢測程式碼（instrumentation）[2] 的我們，會知道要藉由計算最大的 `css_asset_size` 和 `js_asset_size`，然後按 `build_id` 分析性能來弄清楚。如果擔心一個新客戶開始使用我們的服務，也會

2　譯者註：相比於靜態文件，自動檢測程式碼提供更豐富、具體的資訊。而 BDD（行為驅動開發）框架如 Cucumber 與 Example Mapping 的結合，讓開發團隊透過編寫具體的用例和範例，更理解系統需求和預期行為，同時提供可執行的即時文件，有助於驗證系統正確性。目的都在於透過程式碼能提供即時的文件描述、規格和意圖，以及降低由於文件與系統行為不一致所導致的風險。

自問：「他們的查詢速度快嗎？」然後只要按 `team_id` 篩選，並計算 p95 回應時間即可。

但是當你不知道問題出在哪裡，不知道從何處開始尋找，對可能發生的情況一無所知時，該怎麼辦呢？當你完全不了解除錯條件時，你必須從第一原則開始除錯。

從第一原則排錯

如前兩章所介紹的，蒐集遙測資料作為事件是實現可觀測性的第一步。實現可觀測性還需要透過以強大且客觀的方式分析這些資料，以解鎖對系統的新理解。可觀測性讓你能夠根據第一原則除錯應用程式。

第一原則 [3] 是關於系統的原創性基本假設。在哲學中，第一原則可定義為認識事物的第一個基礎，從第一原則除錯基本上是一種遵循的方法論，旨在以科學方式理解一個系統。正確的科學方法要求你不要假設任何事情，必須從質疑已證明和你絕對確定為真的事實開始。然後，基於這些原則，你必須提出假設，並根據對系統的觀察來提出驗證或否定。

從第一原則除錯是可觀測性的核心能力。雖然直觀地跳到答案再容易不過，但隨著複雜性的增加和可能答案數量激增，這種做法會越來越不切實際。而且也絕對不具有擴展性……，不是每個人都能或應該成為系統專家，好除錯他們的程式碼。

第 2 章和第 3 章曾介紹一些難以診斷的棘手問題案例。當你對系統的架構不熟悉，或者甚至不知道正在蒐集哪些關於該系統的資料時，會發生什麼情況？如果問題來源有很多因素，你想知道出了什麼問題，答案可能是「有 13 個不同的原因」？

可觀測性的真正力量在於在除錯問題之前，不需要事先了解那麼多。你應該能夠系統地、科學地一步一步地進行，按部就班地跟隨線索找到答案，即使對系統熟悉度不一。找出推理未說出的徵兆、依靠過去的經驗、或做出某種熟悉的聰明之舉而立即得出正確結論的魔力，都將取代為有條理、可重複、可驗證的過程。

將這種方法應用於實踐中，可透過核心分析循環方法來展示。

3　*https://w.wiki/56we*

使用核心分析循環

從第一原則除錯的過程，開始於意識到出現問題的時候（第 12 章將探討與可觀測性相容的示警方法）。也許你收到了一個示警，但這也可能是一個簡單的客戶投訴：你知道某些東西運行緩慢，但不知道問題出在哪裡。圖 8-1 是一個表示**核心分析循環** 4 階段的圖表，這個過程使用遙測資料來形成假設，並根據資料來驗證或否定這些假設，從而有系統地找到解決複雜問題的答案。

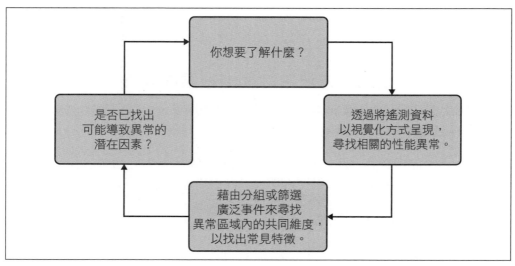

圖 8-1　核心分析循環的工作流程

進行核心分析循環的工作方式如下：

1. 從整體觀點開始，確定展開調查的原因：是客戶或示警對你說了什麼？

2. 驗證你目前所知道的內容是否屬實：系統中是否發生明顯的性能變化？資料視覺化可以幫助你在圖表中識別行為變化，例如在某個曲線上的變化。

3. 尋找可能引起性能變化的維度。完成此任務的方法可能包括：

   a. 檢查顯示變化區域中的樣本資料行：是否有任何可能給你提示的離群值？

   b. 在不同維度上篩選拆分這些資料行，尋找模式：這些視圖是否突顯出不同維度上的明顯行為？嘗試在常用的有用欄位上進行實驗性分組，如 `status_code`。

    c. 在這些資料行中過濾特定的維度或值，以進一步顯示潛在的離群值。

4. 你現在是否已經了解可能發生的情況？如果是，那就完成了！如果否，請過濾你的視圖以隔離此性能區域作為下一個起點。然後返回第 3 步。

這就是從第一原則除錯的基礎。你可以使用這個循環作為一種暴力方式，來嘗試探索所有可用維度，以識別哪些維度能夠解釋或與所關注的離群圖表有所關連，而無需事先對系統有任何了解或有足夠智慧。

當然，這種暴力方式可能會耗費過多時間，僅靠人工來進行此類分析不切實際。但一個可觀測性工具應該自動化且盡可能多的粗暴分析過程。

自動化核心分析循環方法中的暴力搜索部分

核心分析循環是一種在海量正常系統噪音中，客觀地找到重要訊號的方法。為了迅速地解決問題，利用機器的計算能力極其必要。

在除錯系統性能緩慢時，核心分析循環方法會隔離出你關心的系統性能特定區域。與其手動在各筆資料與各維度中搜索以找出模式，一種自動化的方式是搜索所有維度的值，包括在隔離區域內（異常）和區域外部（系統測量基線[4]），比較它們的差異，然後按照差異排序。這樣可以很快就看到一份列表，內容為你調查的關注區域與其他所有東西相比後的不同處。

例如，你可能會隔離出一個請求延遲的峰值，在自動化核心分析循環時，獲得一個已排序的維度列表，以及它們在該區域中出現的頻率。你可能會看到以下內容：

- 帶有 `batch` 值的 `request.endpoint` 出現在所有請求中（100%）。但在基線區域只出現 20% 的請求。

- 帶有 `/1/markers/` 值的 `handler_route` 出現在所有請求中（100%）。但是，僅占基線區域的 10% 請求。

- `/request.header.user_agent` 出現在 97% 的請求中；然而，在整個系統的基線區域中，出現在所有請求中（100%）。

4　譯者註：基線（baseline）指的是系統在正常或預期運行狀態下的性能指標。它作為一個參考點或基準，用於與異常狀態（即你正在調查的問題區域）比較。

乍看之下，這說明你關心的這個特定性能區域中的事件，無論是一個偏差還是幾十個偏差，都與系統其他部分有所不同。接下來將藉由使用 Honeycomb 的 BubbleUp 功能，來更具體地了解核心分析循環方法。

在 Honeycomb 上，可以透過熱力圖找出關注的特定性能區域。Honeycomb 的 BubbleUp 功能自動化了核心分析循環工作流程：可以在圖表上點擊你感興趣的尖峰或異常形狀，並用方框圈出它。BubbleUp 會計算方框內，也就是你關心且想要解釋的異常和方框外（基線）的所有維度，並比較兩者，按照差異百分比排序，如圖 8-2 所示。

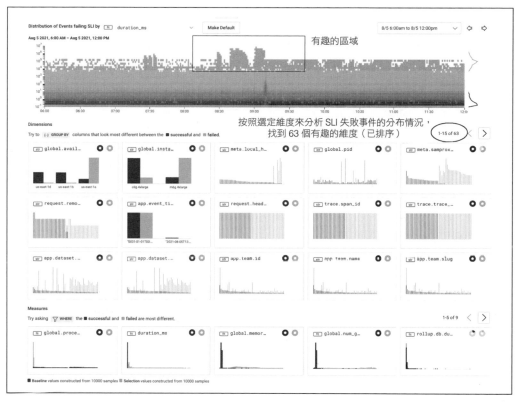

圖 8-2　Honeycomb 提供了一個熱力圖，呈現在事件期間的性能表現。BubbleUp 功能顯示了 63 個有趣的維度的結果，按最大百分比差異進行排序。

這個例子可見一個具有高維度檢測能力的應用程式，BubbleUp 可以計算並比較這些維度。計算結果以直方圖的形式呈現，使用了兩種主要顏色：深灰色表示基線維度，淺灰色表示所選異常區域的維度。左上角，即排序操作中的最上方結果可看到一個名為 `global.availability_zone` 的欄位，其值為 `us-east-1a`，只在 17% 的基線事件中出現，但在選定區域的 98% 異常事件中出現（參見圖 8-3）。

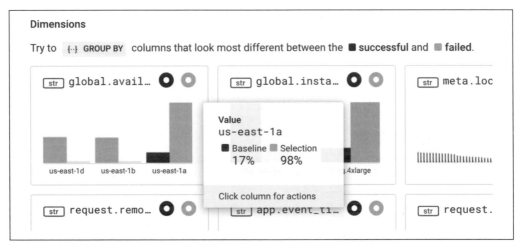

圖 8-3　從圖 8-2 結果中放大可見，淺灰色長條顯示 `global.availability_zone` appears as `us-east-1a` 在選定區域的異常事件出現 98%，在深灰色長條則顯示在基線事件中只有 17% 的事件如此。

這個例子可以快速看出性能緩慢的事件，大多來自雲基礎設施供應商的一個特定可用區域（AZ）。其他自動彙整的資訊也指出一種特定的虛擬機實例類型，似乎比其他實例更容易受到影響。雖然也揭示出其他的維度，但在這個例子中，這些差異往往不那麼明顯，這暗示著它們可能與我們的調查沒有多大關連性。

這些資訊非常有幫助，可以知道大概是什麼情況觸發了性能緩慢。在我們所關心的基礎設施中，一種特定的實例在一個特定的可用區域內，比其他基礎設施更容易出現非常緩慢的性能，碰到這種情況，鮮明的差異指向雲供應商在整個可用區域的底層網絡問題。

並非所有問題都像這種底層基礎設施問題那樣立即顯而易見，往往還需要查看其他浮現的線索，來分析程式碼相關的問題。核心分析循環流程也一樣，你可能需要在各個維度中切分和分析，直到出現一個明確的訊號，如同前面的例子。在這種情況下，可以聯繫雲服務供應商，而且若客戶也在同一區域報告類似問題的話，也能獨立驗證這個未報告的可用性問題。如果這是一個與程式碼相關的問題，可能會決定聯繫這些用戶，或者找出他們藉由用戶介面看到這些錯誤的路徑，以修復介面或底層系統。

請注意，只有使用可觀測性的基礎組件，也就是任意廣度的結構化事件，才能實現核心分析循環方法。你無法透過指標來實現這一點，因為它們缺乏足夠廣泛的上下文資訊，提供不了足夠的詳細資訊，來深入分析和調整資料範圍。除非你已經正確地添加所有請求 ID、追蹤 ID 和其他 header 資訊，並進行大量的後處理來將它們重建為事件，然後添加了在讀取時對它們聚合以及執行複雜自定義查詢的能力，否則你也無法通過日誌來實現這一點。

換句話說，沒錯，可觀測性工具應該為你自動化大部分的資料處理，但即使是手動的核心分析循環流程，也無法在沒有可觀測性基礎組件的情況下實現。手動進行核心分析循環流程可以發現有趣的維度，但在這個現代化、計算資源便宜的時代，可觀測性工具應該為你自動化這個調查。因為從第一原則調試不需要在之前就對系統有熟悉度，所以可以簡單而有系統地自動化，而不用在調試的應用程式中加入「智能」。

這引出一個問題：進行資料處理時，應該應用多少人工智能？人工智能和機器學習是解決所有調試問題的必然方案嗎？

AIOps 的誤導性承諾

自 2017 年 Gartner 提出人工智慧營運（AIOps）一詞以來，許多企業都對自動化常見的運營任務產生濃厚興趣。深入探討 AIOps 的誤導性承諾[5] 超出本書範圍，但 AIOps 與可觀測性、降低警報雜訊和異常檢測有交集。

第 12 章會提供一種更簡單的警報方法，減低使用演算法來減少警報噪聲的需求重要性。第二個交集，即異常檢測是本章重點，因此本節將會詳細說明。

5　*https://thenewstack.io/observability-and-the-misleading-promise-of-aiops*

正如本章前面所述，使用演算法來檢測異常的概念，是選擇一個「正常」事件的基線，將其與「不在基線窗口內」的「異常」事件進行比較。對於自動化演算法來說，選擇在哪個窗口進行這樣的比較，可能會極具挑戰性。

就像使用 BubbleUp 在你關心的區域周圍劃出一個框一樣，AI 也必須決定在哪裡劃出自己的框。如果一個系統的行為隨著時間推移而保持一致，那異常就是令人擔憂、不尋常的情況，可以輕易檢測。然而，在一個創新環境中，系統行為經常變化，AI 很可能會劃出一個大小不正確的框，這個框可能太小，將大量完全正常的行為誤認為異常；或者太大，將異常誤分類為正常行為。實際應用時，這兩種錯誤都可能發生，檢測結果可能會過於嘈雜或過於寂靜。

本書講述的是在現代化架構和現代實踐下管理運行營運軟體所需的工程原則。在當今競爭激烈的世道中，任何一家有競爭力的公司都會有工程團隊頻繁地更改營運環境部署，新功能的部署會引入之前不存在的性能變化，就是一種異常；修復一個出錯的構建也是異常；在營運環境中引入服務優化以改變性能曲線，還是異常。

AI 並非魔法。只有當明確可識別的模式存在，且人工智能可以訓練來使用不斷變化的基線以建模其預測時，它才能提供幫助。然而，到目前為止，這種訓練模式在 AIOps 領域還未出現。

與此同時，有一種智能設計用於藉由應用實時上下文來解決新問題集，從而可靠地適應其模式識別以適應不斷變化的基線：那就是人類智能。當 AIOps 技術不足時，人類智能和對要解決問題的情境意識可以填補空白；同樣的，這種適應性和語境化的人類智能，缺乏在數十億行資料上應用演算法所達到的處理速度。

在可觀測性和自動化核心分析循環流程中，人類和機器的智慧可以融合，從而兼得兩者優點。讓電腦做它最擅長的事情：透過大量資料來識別可能有趣的模式；也讓人類做我們最擅長的事情：為那些可能有趣的模式添加認知上下文，從噪聲中有效篩選出重要資訊。

可以這麼說，任何電腦都可以進行資料計算和偵測峰值，但只有人類可以賦予那個峰值含義。這樣是好事還是壞是？是預期中還是讓人意外？憑藉現今科技，AIOps 無法可靠地為你做出這些價值判斷。

僅靠人類也無法解決當今最複雜的軟體性能問題；再說，電腦或者以 AIOps 為神奇銀彈的供應商也同樣無法解決。在當今世界中，最佳和最實際的解決方案是利用人類和機器的優點而結合的方法，自動化核心分析循環流程就是實現這點的絕佳例子。

總結

蒐集正確的遙測資料只是通向可觀測性之路的第一步。這些資料必須根據第一原則分析，以客觀且正確地識別複雜環境中的應用問題。核心分析循環方法是快速定位故障的有效技術，然而，隨著系統變得越來越複雜，人類要有條不紊地進行這項工作可能需要花費大量時間。

尋找異常來源時，可以利用演算法來計算，並快速篩選非常大的資料集，以識別有趣的模式。將這些模式呈現給開發團隊，讓他們能夠將其放入必要的上下文中，然後進一步指導調查，可以在充分利用機器和人類的優勢下快速進行系統除錯調試。可觀測性系統是設計用來對事件資料應用的分析模式，應用到你在前面幾章學習如何蒐集的事件資料。

現在你已經了解所需資料的類型，以及使用可觀測性快速分析的實踐方法，下一章將回顧可觀測性實踐和監控實踐如何共存。

第 9 章

可觀測性與監控如何配合？

到目前為止，本書已經深入研究可觀測系統的各別能力、實現可觀測性所需的技術組件，以及可觀測性融入技術線的方式。可觀測性與監控本質上是不同的，且兩者有不同目的，這一章將研究它們如何相互配合，以及兩者在組織中共存方式的決定性考慮因素。

許多組織已經累積多年，甚至數十年的指標資料和監控專業知識，並圍繞他們的實際營運系統設置。如前面章節所述，傳統的監控方法對於傳統系統來已足夠，但在管理現代系統時，這是否意味著你應該丟棄所有舊方式，並用可觀測性工具重新開始呢？這樣做既輕率又倉促，對於大多數組織來說，實際情況是共存方法應由他們採取的責任來決定。

這一章將藉由審視每種方法的優點、最適合的領域以及如何互相補充，探討可觀測性和監控的結合方式。每個組織都獨一無二，因此無法以通則規定可觀測性和監控的共存方式；然而，一個有用的指導原則是，可觀測性比較適合理解應用層面的問題，而監控比較適合於理解系統層面的問題。在考慮工作負載的同時，你可以找出最適合自己的兩者融合方式。

什麼情境適合監控？

第 2 章曾將重點放在區別可觀測性和監控，這一章節則主要關注仕討論監控系統的不足之處，以及可觀測性填補這些差距的方式。但監控系統仍然繼續提供有價值的見解，以下就先探討傳統監控系統之所以仍然是合適工具的原因。

理解系統狀態的傳統監控方法有相當成熟且發展完善的過程。幾十年的反覆改進，已經將監控工具從簡單的指標和輪替型資料庫（RRD）的初級階段，進化為時序資料庫（TSDB）和複雜的標籤系統，並有大量的專業選擇來提供此服務，從開源軟體解決方案到新創公司，再到上市公司。

監控的實踐方法眾所周知，並且在專門圍繞特定工具形成的社區之外也可廣泛理解。在整個軟體產業中，存在著監控最佳實踐，任何在營運環境中操作軟體的人，都可能同意這些最佳實踐。

例如，監控中一個廣泛得到接受的核心原則是，使用者不需要整天盯著圖表；當出現問題時，系統應主動通知其使用者，因此，監控系統是被動的。它們以向人們發送警告的方式，來對已知的故障狀態做出反應。

監控系統和指標已經演變並優化，以更完善這項任務。它們能自動報告已知的故障條件是否正在或即將發生，它們被優化來報告有關已知失敗模式的未知狀態；換句話說，它們的設計是檢測知道連自己都**無法掌握的**（Known-Unknowns）故障。

對監控系統進行優化以找出「無法掌握」的故障，意味著它非常適合用於瞭解您的系統狀態。與您的應用程式程式碼相比，這些系統變化較不頻繁且更容易預測。這裡所指的「系統」包括您的基礎架構、運行時的環境，或者那些能幫助您了解即將達到操作限制的計數器。

就像第 1 章所提到，度量和監控是為了檢查硬體層級性能而創建，隨著時間推移，它們已適應能包含更廣泛的基礎架構和系統層級問題。大多數讀者的公司是科技公司，深知底層系統對業務沒有多大意義；說到底，對公司而言，重要的是編寫出來的應用程式在客戶手中的表現，唯一會關心底層系統的原因，是它們可能對應用程式表現產生負面影響。

例如，其他虛擬機器上的應用程式開始占用大量 CPU 資源，你會希望知道這件事，因為，這表示你所看到的延遲不是你的程式碼問題。或者，如果你注意到整個群集的實體記憶體即將用盡，那表明即將發生的災難很可能源於你的程式碼。相關連系統限制和應用程式性能很重要，但系統性能主要是警示訊號或排除程式碼問題的方法。

隨著時間推移，指標也用來適應以監控應用程式層級問題。但正如在第一部分中所見，這些聚合量測太過粗略，因為無法分解它們以顯示個別服務請求的表現。作為警示訊號，像指標這樣的聚合量測很好，但指標不是指示你所開發的程式碼在個別用戶手中行為的好方法。

什麼情境適合可觀測性？

相較於監控，可觀測性擁有不同的原則和用例。如第 2 章所述，可觀測性更具有預防性。它的實踐要求工程師應始終監看其部署並運行的程式碼，每天花時間在營運環境中探索其程式碼，觀察使用者使用它，並尋找異常和有趣的追蹤路徑。

如第 8 章所述，核心分析循環可從第一原則開始調試，並特別適用於以往從根本上就未知的故障模式；換句話說，設計它以用於檢測*認知缺乏*（*unknown-unknwons*）的故障。將可觀測性優化以找到過往認知缺乏的故障，這意味著它最適合了解你開發的程式碼運行狀態，這些程式碼比你的系統更頻繁地發生變化，通常每天一次，且變化方式更難以預測。

監控和可觀測性工具有不同的最佳實踐和不同實現，並具有不同用途。

系統與軟體的考量

在傳統的情境中，系統與軟體的區別很清晰：獨立硬體系統與基礎設施是系統，而在該系統中運行的所有內容都是軟體。但現代化系統和許多高階抽象層已經讓這種區別變得不太明確。以下就從一些定義開始。

對於這些目的，*軟體*是你正在積極開發的程式碼，它運行在營運環境上，為你的客戶提供價值；軟體是你的業務*想要*運行以解決市場問題的具體內容。

*系統*是一個總稱，指的是底層基礎架構和執行時所需的所有內容，以運行該服務；系統是你的業務*需要*運行，以支援所要運行的軟體。根據這個定義，系統或基礎設施，兩個術語均可，包括從資料庫，例如 MySQL 或 MongoDB 到計算和儲存，例如容器或虛擬機器，再到部署和運行軟體之前必須提供和設置的任何其他所有內容。

雲端運算的世界使這些定義變得有些困難,在此進一步深入探討。假設要運行軟體,需要運行像 Apache Kafka、Postfix、HAProxy、Memcached 或甚至 Jira 這樣的基礎模組,如果你以服務方式購買這些元件的存取權,則它們不會被視為基礎設施,因為你基本上是付費給他人代為運行它們。但是,如果你的團隊負責安裝、配置、定期升級和疑難排解這些模組的效能,那這些基礎設施就是你需要關注之處。

相較於系統層中的所有內容都是少有變更的標準化商品,並且專注於不同使用者並提供不同價值,軟體則是你為了解決市場問題所開發的程式碼,是你的業務核心區隔因素:也就是你這家公司的不可取代性。因此,軟體有不同考慮因素,需要特別管理。表 9-1 是比較表。

表 9-1　系統和軟體之間的差異因素

因素	系統	軟體
變化率	套件更新(每月)	程式碼提交(每日)
可預測性	高:穩定	低:有許多新功能
對業務的價值	低(成本項目)	高(產生收益)
使用者數量	少量(內部團隊)	大量(你的客戶)
核心關注點	系統或服務是否健康?	每個請求是否能夠及時且可靠地獲得所需資源,以進行端對端的執行?
設計評估的角度	整體系統	軟體產品的使用者
評估標準	低階核心和硬體裝置驅動程式	變數和 API 端點
功能職責	基礎架構運維	軟體開發
理解方式	監控	可觀測性

基礎架構只有一個觀點真正重要:負責管理的團隊觀點。關於基礎架構的重要問題是它所提供的服務是否基本健康,如果不是,該團隊必須迅速採取行動,將基礎架構恢復到健康狀態。系統可能已經超出容量,或是出現基礎層面的故障,都應當立即接收警報並採取行動。

影響基礎架構健康狀態的條件變化不頻繁,相對容易預測。事實上,已經有確立的方法可以預測,例如容量規劃;和自動修復,例如自動縮放這些類型的問題。由於其相對可預測且變化緩慢的特性,聚合指標可用於監控和警報系統層級問題,這是完全可接受的。

對於服務的程式碼來說，最重要的觀點是你的客戶。基礎系統就算基本上是健康的，但出由許多原因，用戶請求可能仍然失敗。正如前面章節中所述，分散式系統使得這些問題更難檢測和理解。突然之間，使用高基數的欄位，如用戶 ID、購物車 ID 等作為觀察特定客戶體驗的方式就如此至關重要；尤其在現代持續交付的世界中，你的程式碼不斷部署出新版本，軟體關注點也一直在變化和轉移。可觀測性提供一種實時提出相應問題，以解決這些問題的方式。

這兩種方法不是互相排斥的，每個組織都有偏好其中一類的考量。接下來，就看看這兩種方法如何根據組織需求而共存。

評估你的組織需求

系統和軟體是互補的，理解它們行為方式的方法也是互補的。監控最有助於工程師理解系統層級的問題，可觀測性則有助於工程師理解應用程式層級的問題。評估組織需求，意味了解哪些問題對你的業務最為關鍵。

可觀測性將有助於深入了解你開發並提供服務的軟體，為客戶提供服務時的表現。程式碼具備自動檢測能力，讓你能夠回答有關用戶表現的複雜問題，查看軟體在營運環境中的內部運作，識別並快速修復僅檢查聚合表現時容易忽略的問題。

如果公司將軟體開發和交付作為核心業務策略的一部分，就表示需要可觀測性解決方案。除了提供整體可接受的聚合表現之外，如果你的業務策略還依賴於為特定高價值客戶提供卓越服務，那就會十分仰賴對可觀測性的需求。

監控有助於你了解支持該軟體運行的系統表現。基於指標的監控工具及其相關警報，可幫助你了解是否已達到底層系統的容量限制，或已知錯誤條件。

如果公司的核心業務策略是向客戶提供基礎架構，例如基礎架構即服務（IaaS）供應商，就需要大量監控，例如低層級的域名系統（DNS）計數器、磁盤統計等。對這些組織來說，基礎系統是業務關鍵，他們需要成為向客戶公開這些低層系統的專家。但如果提供基礎架構並非你業務的核心差異化因素，監控就不是那麼重要了，在大多數情況下，你只需要監控高層級服務和端到端檢查，確定你的業務需要多少監控，要考慮很多方面因素。

如果公司自己運營大量的基礎架構，就需要更多的監控。無論是在本地運行系統還是使用雲端供應商，這個考慮因素與基礎架構位於何處沒有太大關連，而是與運營責任的關係較大。無論是在雲端提供虛擬機器還是在本地管理自己的資料庫，關鍵因素是你的團隊是否承擔保證基礎架構可用性和性能的負擔。

自己負責運行獨立硬體系統的組織需要監控以檢查低層硬體表現，要監控的包括網路流量、硬碟表現統計資料和系統韌體版本。將硬體層級操作外包給基礎架構即服務（IaaS）供應商的組織，將不需要執行在該層級的指標和聚合。

隨著更多操作責任轉移到第三方，相應的基礎架構監控問題也會隨之而來。

將大部分基礎架構外包給更高級別的平台即服務（PaaS）供應商公司，可能不需要或只需要很少的傳統監控解決方案，Heroku、AWS Lambda 和其他平台能以付款方式，雇用它們來確保你的業務所需的基礎架構可用性和性能，好讓你更專注於要運行的軟體。

現在，這取決於你的雲端供應商強度。假設前提為抽象化足夠清晰、高級，這樣消除你對基礎架構監控的依賴就不會非常令人沮喪；但是，理論上，所有供應商都朝向使這種轉移發生的模式發展。

例外情況：無法忽略的基礎設施監控

監控系統和可觀測性軟體之間的清晰分界線有幾個例外情況。正如先前所提，評估軟體表現的角度是使用者體驗，如果你的軟體運行緩慢，使用者體驗就會受到影響。因此，評估使用者體驗的主要關注點，是了解任何可能導致性能瓶頸的因素，除了這條清晰的分界線之外，任何直接指示軟體如何與其基礎設施互動的指標都是例外。

從軟體的角度來看，在 /proc 檔案系統中，由每個常見監控工具發現變數的成千上萬圖表，只有少數或幾乎沒有任何價值。有關電源管理和內核驅動程式的指標，可能有助於了解低層次的基礎設施細節，但軟體開發人員會習以為常地忽略它們，因為它們能提供的有用資訊很少。

然而，較高階的基礎設施指標，例如 CPU 使用率、記憶體消耗量和磁碟活動，則顯示了物理性能限制。作為軟體工程師，你應密切關注這些指標，因為它們可能是程式碼引發問題的早期警示訊號，例如，你需要知道剛剛推出的部署，是否會在幾分鐘內導致機器記憶體使用量增加 3 倍。能夠看到突然的變化，例如 CPU 消耗量增加一倍，或在引入新功能後磁碟寫入活動的急劇增加，可以快速警示你存在問題的程式碼更改。

基礎架構的高階指標有可能不存在，這取決於你的基礎架構有多抽象化；但是，如果存在，你肯定會希望將其作為可觀測性方法的一部分以捕捉下來。

在這裡，監控和可觀測性之間的關連變得更為密切。發生性能問題時，你可以使用監控來快速排除或確認系統級別的問題，因此，將系統級別的指標資料與應用級別的可觀測性資料並排顯示很有用。一些可觀測性工具，例如 Honeycomb 和 Lightstep，在共享上下文內容中呈現資料，但其他工具可能需要你使用不同工具或視圖來進行相關性分析。

實際案例

雖然可觀測性仍然是一個新興範疇，但監控和可觀測性共存的幾種模式已經開始出現。本節中引用的案例代表我們客戶或整個可觀測性社群中常見的模式，但並不是完全詳盡或明確，只是為了說明如何將本章描述的概念應用於現實世界。

第一個案例，是擁有豐富工具生態系統，用於了解其營運系統行為的客戶。在轉向可觀測性之前，該團隊使用結合傳統監控工具 Prometheus、分布式追蹤工具 Jaeger 和傳統 APM 工具的組合，希望透過簡化現有的多種工具，來改善他們的事件響應時間，這需要在 3 個不同系統中捕獲的資料進行相關性分析。

這個組織以可觀測性為基礎，整合並縮減需求至 1 個監控系統和 1 個可共存的可觀測性系統，軟體工程團隊主要就使用可觀測性來理解並調試服務。儘管系統運營團隊仍使用 Prometheus 監控基礎設施，且當工程師對程式碼的資源使用有疑問時，他們也會參考 Prometheus；不過，這種情況並不常見，因此他們很少需要用 Prometheus 找出程式瓶頸。

第二個例子是一家相對較新的公司，能夠建立全新的應用程式堆棧。他們的營運環境服務主要利用無伺服器函式（Serverless Functions）[1]，和 SaaS 平台（Software as a Service platform）[2] 來驅動其應用程式，並幾乎不運行任何自有基礎設施。由於從未擁有任何真正的基礎設施，他們也沒有那個意圖，要讓監控解決方案適用於其環境，他們依靠應用程式儀表板和可觀測性，來了解和調試其營運環境的服務，並將其中一些資料導出，以進行長期匯總和資料倉儲。

最後，第三個例子是一家成熟的金融服務公司，正在進行數位轉型計畫。他們擁有一個大型且異構的混合遺留基礎設施和應用程式，以及由各種業務單位和工程團隊管理的全新應用程式。許多較舊的應用程式仍在運行，但最初建立和維護它們的團隊早已解散，或重新組織到公司的其他部門。許多應用程式是藉由與基於指標的監控相配對的儀表板功能來管理，由一家全功能供應商提供，還有各種日誌工具，用於搜索其非結構化的日誌。

如果原有的監控方法已經非常適用穩定且正常運作的服務，則企業從中移除、重新架構和替換監控方案，實際上可能不會增加太多價值；相反，新的應用程式正在開發以實現可觀測性，而不是使用以前需要混合使用監控、儀表板和日誌記錄的方法。當新的應用程式使用公司基礎設施時，軟體工程團隊也可以訪問基礎設施指標，以監控資源使用的影響。但是，一些軟體工程團隊開始在其事件中捕捉基礎設施指標，以減少使用不同系統進行相關性分析資源使用，與應用程式問題之間的需求。

1　譯者註：無伺服器是一種雲服務模型，由雲供應商自動管理基礎架構，讓開發人員可以專注於撰寫和部署程式碼，而不必擔心基礎設施的設置和維護。在無伺服器模型中，函式（Function）是一種實現方式，也可稱為「函式即服務」（Function as a Service, FaaS）。開發人員撰寫的這些函式會在特定事件觸發時執行，而在沒有請求時，系統不會分配資源給這些函式，這也是「無伺服器」一名由來。

2　譯者註：SaaS 是一種軟體交付模式，其中軟體和相關資料都託管在雲端，透過互聯網提供給用戶。一般說「SaaS 平台」時，通常指的是提供這種服務的雲端平台，SaaS 平台可以提供各種類型的應用程式，如郵件、辦公套件、客戶關係管理（CRM）系統等，並讓這些應用程式能隨時隨地透過網路訪問。如前所述，Google 的 G Suite、Microsoft 的 Office 365、Salesforce CRM 等都屬於 SaaS 平台。

總結

平衡監控與可觀測性的指導原則,應根據組織內軟體和基礎設施責任來制定,監控適合評估系統的健康狀況,而可觀測性則適合評估軟體的健康狀況。任何組織需要採用多少監控和可觀測性解決方案,取決於有多少基礎設施管理已經外包給第三方,也就是雲端供應商。

然而,物理設備上的高階基礎設施指標,例如 CPU、記憶體和磁碟,則是明顯的例外。這些指標表達消耗物理基礎設施限制的情況,對於了解底層基礎設施所加施加的限制非常重要。如果你的雲端基礎設施供應商可以提供這些指標,就應該作為可觀測性解決方案的一部分。

以上這幾種平衡監控和可觀測性的常見補充方式,如本章所述的考慮事項,在現實世界中分別由不同團隊實施。在深入探討可觀測性的基礎知識後,本書下一部分不僅會探索技術考慮因素,還會探討成功採用可觀測性實踐,和推動團隊採用這種方法所需的文化變革。

第三部分

團隊的可觀測性

第二部分檢視了可觀測性的各種技術層面，介紹這些概念如何建立在彼此之上，啟用核心分析循環，從第一原則進行調試排查，以及如何與傳統監控共存。在接下來這部分將轉移焦點，關注幫助不同團隊採用可觀測性文化實踐的變化。

第 10 章涵蓋團隊在開始採用可觀測性的道路上所面臨的許多常見挑戰，開始的方法和時機點始終取決於多個因素，本章概述許多有效技巧。

第 11 章聚焦於開發者使用可觀測性時的工作流程變化，雖然前面章節已提過這個主題，但這裡會更具體地說明這些步驟。你將學習到開發者在開發階段早期，於程式碼中加入自定義檢測功能所能獲得的好處，以及這如何用來除錯他們的測試，並確保程式碼能在實際營運環境中完全正確運作。

第 12 章探討，當使用更精密方法監控營運環境中的服務健康狀況時，可觀測性所解鎖的潛力。本章介紹服務水準目標（SLO），以及如何利用此以進行更有效的警報。

以此為基礎，第 13 章進一步說明，和基於指標資料的 SLO 相比，為何事件資料是創建更準確、更具行動力和可除錯警報的關鍵部分。

第 14 章聚焦在如何利用可觀測性,來調試和更理解技術堆棧的其他部分,例如其 CI / CD 構建流水線。這章節特別邀請 Slack 高級軟體工程師 Frank Chen 撰寫。

本部分聚焦於團隊工作流程,而這個流程可從可觀測性實踐中獲益、改變,並藉由詳細介紹各種情境和使用案例,來解決管理現代化軟體系統的工程團隊在任何規模下遇到的常見問題。第四部分則將關注使用可觀測性工具時,出現的具體和獨特挑戰。

第 10 章

在團隊中應用可觀測性實踐

現在轉換觀點，從公司或團隊內部的文化和實踐角度，來探討可觀測性的基本要素。這一章會提供一些提示，以幫助你開始實踐可觀測性。如果你在工程團隊中擔任領導角色，例如團隊負責人、經理，或是可觀測性的愛好者／推廣者也一樣，在得到管理層批准之後，實施可觀測性策略上最困難的問題，就是知道要從哪裡開始。

這個章節對我們來說也特別難寫，我們幫助過許多團隊從頭開始，所以知道沒有一個大家都通用的成功祕訣。起點在哪裡一直都取決於許多因素，即使「這取決於許多因素」可能不是一個讓人滿意的答案，但事實上，可觀測性之旅確實取決於許多細節，包括對你及團隊最相關的問題：現有工具的缺口、組織其他部分的支援和認同程度、團隊規模以及各種需考慮的因素。

只要找到一種對你來說有效果的方法，那按照定義，就不會錯到哪裡去。本章的建議，並不表示就是開始實踐可觀測性的唯一正確方法，因為真的沒有一條單一路徑！儘管如此，還是能看到一些現蹤模式，如果你正在苦惱從哪裡開始，這些建議可能會有所幫助。請隨意從本章中的任何提示中挑選和選擇。

加入社群

可觀測性是一個新興的實踐，其方法論仍相對年輕，有許多探索的空間尚待挖掘。技術系統和人員操作所構成的技術與人文系統模型，背後的實踐和技術正在快速發展，此時，最好的學習和改進方式之一，就是參與一個社群，與那些和你一樣，面臨相同主題變化掙扎的他人建立聯繫。這樣的社群團體能讓你與其他專業人士有所連結，很快就可以成為一個特定主題的社交網絡。

當你和社群面對類似挑戰時，只需要在 Slack 群組中聊天，並和其他有過相同問題的人交流，就有機會快速學習到很多知識。社群讓你可以和不同背景的人建立聯繫，接觸到來自不同領域的人，拓展社交網路。透過積極參與和了解其他團隊如何解決你所面臨的相同挑戰，你可以從中比較觀察，並從他人的經驗中學習。

隨著時間推移，你也會發現其他社群成員有共通的技術堆棧、團隊規模、組織動態等相似之處。這些聯繫能夠提供你一個可以討論、了解背景資訊，或者分享個人經驗的解決方案，尤其是當你也在考慮類似辦法時。在開始新實驗之前，擁有這樣的共享背景資訊非常有價值，積極參與社群團體可以省下大量時間和心力。

參與社群也可以讓你保持對可能錯過的發展趨勢警覺。不同的可觀測性工具供應商會參與不同社群，以進一步了解使用者面臨的挑戰，蒐集關於新想法的反饋，或者獲得更多動態資訊。參與相關的可觀測性工具社群也可以讓你及時掌握最新動態。

加入社群時，記得社群關係是雙向的，別忘了也要為社群做出貢獻：先幫助其他人。成為一個好的社群成員，意味著在向他人提出要求之前，先參與並幫助社群一段時間；換句話說，不要只有在需要他人幫助時才發聲，強大的社群來自於每一個成員的貢獻。

如果你需要一個起點，建議你查看 CNCF 技術顧問小組（TAG）的可觀測性部分 [1]，可以找到 Slack 聊天組以及定期的線上會議，OpenTelemetry 的社群頁面 [2] 也列出有用資源。或者更廣泛地說，Twitter 上會有許多可觀測性的相關話題，搜尋「observability」即可找到值得追蹤的人和主題。再者，也可以在 Honeycomb

---

1   *https://github.com/cncf/tag-observability*

2   *https://opentelemetry.io/community*

的 Pollinators Slack[3] 等產品聚焦 Slack 群組，找到混合的一般性資訊和供應商的特定資訊；這裡也推薦 Michael Hausenblas 的 o11y news 時事通訊[4]。

從最明顯的痛點開始

引入任何新技術都有風險，因此，全新的技術倡議通常將規模較小、且不引人注目的服務作為起點。許多人認為，從規模較小的服務引入新技術是比較保險的方法，然而，這種想法在可觀測性方面並不適用，甚至是經常出現的嚴重錯誤。

可觀測性工具旨在幫助你快速找到隱匿的問題。從一個規模較小、但相對不重要的服務開始，儘管比較保險，但在可觀測性方面卻會引起反效果，如果從一個已經相對運作良好的服務開始，你的團隊將體驗到啟動可觀測性所需的所有工作，卻得不到任何好處。

推動新計畫時，快速取得成果很重要，解決艱難或難以捉摸的問題才能展示價值，引起他人好奇心和興趣。受困於不穩定的服務好幾個星期，卻沒有人能找到正確的解決方法？那就從這裡開始。還是你遇到的是不斷的資料庫擁塞問題，但無人能找出原因？那就從這裡開始。或者，你正在運行的服務，是否因未識別使用者所產生的莫名其妙負載而感到困擾？那就是你最好的起點。

快速展示價值可以消除懷疑者的疑慮，轉而支持你，並進一步推動採納可觀測性，因此，不要從一個容易解決的問題開始，而是從一個由可觀測性設計的、能解決困難問題的服務來開始。將程式碼加入自動化檢測探針，並部署到營運環境，發揮極大好奇心探索，找出答案，然後在團隊會議上分享成功的經驗。撰寫你的發現和方法後與公司分享，確保負責該服務的當值人員知道如何找到這個解決方案。

推動採用的最快方式，是解決負責管理實際營運服務團隊所面臨的最大挑戰。著重解決這些問題，避免急著從小規模開始，而是從一個重要且具有挑戰性的服務開始。

3　*https://hny.co/blog/spread-the-love-appreciating-our-pollinators-community*

4　*https://o11y.news*

購買而不是自己構建

與從最明顯痛點開始相似，決定是建立自己的可觀測性工具，還是購買商業可用的解決方案，取決於能否快速證明投資報酬率（ROI），第 15 章會更深入探討這個問題。現在要設定一個決策框架，即以最小努力證明最大價值；建立一個完整的解決方案可能需要最多努力，並且需要很長時間後才能獲得價值。

請準備嘗試多種可觀測性解決方案，以確認它們是否符合第 1 章列出的功能需求。請記住，可觀測性能讓你能理解和解釋系統可能出現的千奇百怪狀態標準。在一個臨時的反覆調查中，你必須能夠在系統狀態資料的所有維度以及維度組合中，相對地去調試那些千奇百怪狀態，而不需要事先定義或預測這些調試需求。

可惜撰寫這本書時，能夠滿足這些要求的工具仍然很少。雖然各個供應商的市場部門，皆樂意將可觀測性標籤應用於其產品套件中的工具，但很少能夠實現本書中概述的工作流程和優點。因此，作為用戶，你應該準備嘗試多種工具，以確定哪些工具能在實際上提供價值，又有哪些工具僅是多年來同樣傳統監控工具銷售的重新包裝。

最好的方法是參閱第 7 章，使用 OpenTelemetry 對應用程式進行自動化檢測。雖然使用 OTel 可能不如其他供應商的專有代理服務或 SDK 快速和容易，但也不至於難以使用，或導致開發過慢。從一開始就花費少量的時間和投資，以正確方式檢測，將來當你決定嘗試多種解決方案以找到最符合的需求時，就會帶來極大回報。

那些錯誤資訊和不確定性是當今供應商生態系統不幸的現實。因此，建立自己的解決方案，有時候似乎是避免這整個混亂的誘人選擇；然而，這樣的選擇也存在一些自己的不幸現實（請參閱第 15 章）。

首先，即使你有意願，也沒有太多適合自行運行的現成開源可觀測性工具。你會遇到的三個主要選項是 Prometheus、ELK Stack（Elasticsearch、Logstash 和 Kibana）和 Jaeger，儘管每個工具都提供特定的有價值解決方案，但也都沒有提供符合本書所述的可觀測性功能要求的完整解決方案。

Prometheus 是用於指標監控的時序資料庫，儘管一般公認它是最先進的指標監控系統之一，並擁有活躍的開發社群，但它仍然僅在基於指標的監控解決方案世界中運作。它存在的固有限制，是使用粗略指標去發現較為細緻的問題，可參閱第 2 章。

ELK Stack 是專門提供日誌儲存和查詢解決方案的工具。儲存後端針對純文字搜尋進行了優化，但是對於其他類型的搜尋和聚合則付出了代價，因為儘管純文字搜尋在搜尋已知錯誤時很有用，但當搜尋答案涉及複合問題，例如：「誰正在遇到此問題？以及他們何時遇到此問題？」純文字搜尋就顯得不切實際。因為在僅基於日誌的解決方案中，分析和識別有關模式的相關資訊對於可觀測性至關重要，請參閱第 8 章。

Jaeger 是一種基於事件的分散式追蹤工具，可能也是目前最先進的開源分散式追蹤工具之一。如第 6 章所言，追蹤事件是可觀測性系統的基本元素，然而，必要的組成部分也是分析能力，以確定哪些追蹤事件在調查期間具有興趣。Jaeger 支持過濾某些資料，但它缺乏對於分析和分段所有追蹤資料的精細能力，請參閱第 8 章。

這些工具中各自提供不同的系統視圖部分，以用來實現可觀測性。目前在使用這些工具時的挑戰為運行不同的系統，這些系統之間需要運維人員自己負責脈絡的傳遞；構建自己的專屬解決方案，以黏合這些單獨組件；但至今還沒有一個開源工具能夠提供一站式的解決方案以實現可觀測性，當然希望這種情況不會一直持續下去，但這就是當今現實。

最後，無論你決定採取哪個方向，請確保最終結果實際上能為你提供可觀測性。對解決方案進行壓力測試時，再次提醒不要從規模較小的問題開始，而是解決規模較大的困難問題。可觀測性需要具有高維度、互動式和高效能的實時探索能力，能夠跨越所有高基數場景調試排查系統狀態。這個解決方案能否提供早期章節中描述的分析和迭代調查類型？如果答案是肯定的，那太好了！你找到了一個很棒的可觀測性解決方案。如果答案是否定的，你正在使用的產品可能只是誤導性的標記為可觀測性解決方案，但實際上並非如此。

開始實現可觀測性的關鍵在於，實現可觀測性時要盡快地採取行動，不斷地測試和驗證解決方案，並在過程早期突顯可觀測性的價值。選擇購買解決方案將使你的團隊專注於使用可觀測性工具來解決問題，而不是專注於構建自己的解決方案。使用 OTel 自動化檢測應用程式，就可能避免供應商鎖定的陷阱，並將遙測資料發送到你最終決定使用的任何工具。

逐步完善檢測功能

適當地檢測應用程式需要時間，像 OTel 這樣的專案所提供的自動檢測功能是一個不錯的起點，但最有價值的檢測，是針對你的個別應用程式需求定制，在開發過程中，先提供盡可能多的有用檢測功能，但同時也要有隨著開發進度，而進一步增加或改進檢測內容的計畫。

 更多自動化檢測功能和手動檢測功能的例子，建議閱讀 Mike Goldsmith 的部落格文章〈什麼是自動化檢測功能？〉[5]。

在整個組織推出可觀測性的最佳策略之一，是在開始時檢測一、兩個麻煩的服務。使用該檢測功能作為參考點和學習練習，以指導其他實驗團隊，一旦實驗團隊熟悉了新的工具，就可使用任何新的排查情況，以作為引入越來越有用的檢測方式。

每當值班工程師在營運環境中收到問題警報時，第一件要做的事，就是使用儀表板確認系統的問題區域，再使用新的檢測工具找出對應應用程式問題發生的位置。在第二或第三次使用此方法後，他們通常會明白先引入檢測功能進行排查有多麼簡單和節省時間。從檢測進行排查允許你看到實際發生了什麼事情。

一旦實驗團隊成員熟悉了情況，他們可以幫助其他人學習。他們可以提供建立有用檢測的指導，建議有用的查詢或指向其他有用故障排除模式的例子。每個新的排查問題都可以用來建立你需要的檢測功能。你不需要完整的檢測套件即可獲得可觀測性的即時價值。

檢測成為慣例的注意事項

在開始檢測時，重點是要盡可能證明你所選擇的可觀測性工具所能提供的價值，逐步完善檢測功能比進行方式更為重要。

然而，請記住，隨著檢測資料的增長並在團隊間普及，應引入自定義遙測資料的命名規範。有關全組織標準的示例，請參閱第 14 章。

5　*https://hny.co/blog/what-is-auto-instrumentation*

尋找機會，善用現有的努力

採用新技術時最大的障礙之一是沉沒成本謬誤（sunk-cost fallacy）[6]，當個人或組織因之前投入的時間、金錢或努力而繼續某種行為或活動時，就犯了沉沒成本謬誤[7]。你的組織，在無法滿足你需求的傳統方法上，已經投入了多少時間、金錢和精力？

當資源浪費的觀念逐漸蔓延時，抵制根本性變革往往會遇到障礙。這些年投資於理解和檢測舊解決方案而投入的時間又如何呢？雖然沉沒成本謬誤不合邏輯，但它背後的感受是真實的，如果不採取任何措施，就會讓你的努力停止在原地踏步。

始終留意並抓住任何機會，將其他工作整合到可觀測性計畫中。例如，如果有現有的資料流可以傳輸到第二個目的地，或以另一種方式查看的關鍵資料，請抓住這個機會將這些資料傳輸到你的可觀測性解決方案中。可以利用以下情況來實現這一點：

- 如果你正在使用 ELK Stack，或是只用到其中的 Logstash 部分也好，添加一小段程式碼，將來源資料流的輸出傳輸到另一個目的地非常簡單。將該資料流傳輸到你的可觀測性工具中，邀請用戶比較體驗。

- 如果你已經使用了結構化日誌，只需在日誌事件中添加一個唯一 ID，就可以讓該 ID 在整個堆棧中傳播。你可以將這些日誌保留在現有的日誌分析工具中，同時將它們作為追蹤事件，以傳送到你的可觀測性工具。

- 試著運行可觀測性檢測功能，例如 Honeycomb 的 Beelines 或 OTel，並與現有的 APM 解決方案同時使用。邀請用戶比較並對比兩種不同體驗。

---

6 譯者註：一種心理偏誤，指因為已經投入大量時間、金錢或者資源，即便明知可能結果不會好到哪裡去，但仍然執意進行，單純只是因為不想白白浪費已經投入的成本，其實這種做法並不理智，因為這些已經投入且無法回收的成本，不應該影響對未來選擇的決定。

7 Hal R. Arkes and Catherine Blumer, "The Psychology of Sunk Costs," *Organizational Behavior and Human Decision Processes* 35 (1985): 124–140.]

- 如果你使用 Ganglia，可以透過解析它放置在 */var/tmp* 的擴展標記語言
  （XML）轉儲資料，使用每分鐘一次的排程工作（cronjob），將這些資料
  作為事件傳送到你的可觀測性工具。對可觀測性來說，這樣的使用方式不
  太理想，但它的確能為 Ganglia 用戶創造熟悉感。

- 在新的可觀測性工具中重新創建你最有用的舊監控儀表板，作為易於參考
  的查詢。儘管儀表板當然有其缺點，如第 2 章所述，但這為新用戶提供了
  一個著陸點，讓他們可以一覽了解其所關心的系統性能，並有了探索和進
  一步了解的機會。

只要能融合舊有的工作方式和新工具或流程，任何努力都應該嘗試，這樣才能降
低新方案的接受障礙，例如幫助同事理解該如何在新的解決方案中解決他們的問
題；或協助他們在新工具與流程中，找出和他們熟悉的舊環境相對應部分；即使
這個初步嘗試並不完美也沒關係，你的目標就是讓他們覺得熟悉。新工具可能一
開始使用起來很不方便，但如果能讓他們看到熟悉的名稱和資料，大部分人還是
會願意嘗試，比起一個從頭開始的全新資料集合，也會更願意接觸和使用。

為最後的苦工做好準備

使用之前的策略優先解決最明顯痛點，並採用迭代方法，可以在開始時快速取得
進展；但這些策略未考慮實施可觀測性解決方案中最困難的部分之一：完成所有
工作。現在你已經有了一些動力，也需要一個策略來完成剩餘工作。

根據工作範圍和團隊規模，作為 on-call 方法的一部分，逐步推出新的檢測模式，
通常可以使大多數團隊完成約 1/2 至 2/3 的工作，便將可觀測性引入他們打算覆
蓋的整個技術堆棧。不可避免地，大多數團隊會發現其堆棧的某些部分不如其他
部分活躍，對於很少觸及的堆棧部分需要一個明確的完成策略，否則可能無法順
利完成這些堆棧的工作。

即使有最好的專案管理意圖，隨著推動可觀測性採用的某些痛點開始減輕，完成
將可觀測全面覆蓋工作的急迫性也會降低。大多數團隊所處的現實是，開發工程
週期很短，需求競爭激烈，而當他們解決眼前問題，總會出現另一個問題，等著
他們去解決。

完整實施的目標是建立一個可靠的調試解決方案，好在產品應用程式出現問題時能全面了解其狀態。在達到此終點之前，你可能會使用最適合解決不同問題的不同工具，實施階段時這種脫節是可以容忍的，因為你正在朝著更具凝聚力的未來邁進；但是從長遠來看，未完成的實施可能會消耗團隊時間、認知能力和注意力。

這時候，你需要制定時間表，快速完成剩餘工作。你的目標里程碑應該是完成其餘檢測工作，以便團隊可以在營運環境中使用可觀測性工具來調試問題，可考慮設置一些特殊活動來達到終點，比如舉辦充滿派對和獎品的黑客松，或者類似這樣愚蠢但有趣的事情，來推動並完成項目。

在此階段值得注意的是，你的團隊應該盡量將檢測工作標準化，以便在組織內的其他應用程式或團隊中重複使用，創建通用的可觀測性通用套件來避免重複初始實施工作是一種常見的策略，這樣就可以在不涉及程式碼內部的情況下更換底層解決方案，類似於第 7 章 OTel 所採取的方法。

總結

確切地了解可觀測性之旅的開始之處和時機，要取決於團隊的具體情況，希望這些一般性建議有幫助到你。積極參與同儕社群可說是挖掘的第一個無價之寶，開始時，著眼於解決最明顯痛點，而不是處理已經相對運作良好的部分，在整個實施過程中請記得保持快速行動、展示高價值和投資報酬率，並逐步解決問題。找到盡可能涵蓋組織多個部分的機會，別忘了規劃完成所有工作的最後關鍵步驟，以確保實施項目能夠成功結束。

本章的提示可以幫助你完成開始可觀測性的準備工作，一旦你成功開始使用可觀測性，它將自動解鎖其他新工作方式，為團隊帶來更多的機會和收益，本書其餘部分也詳細探討這些內容。下一章將探討以可觀測性驅動的開發方式，如何徹底改變你對新程式碼在營運環境中運行方式的理解。

第 11 章

可觀測性驅動開發

作為一種實踐，一般來說，在實際營運環境中，可觀測性能在本質上幫助於工程師更理解，使用者與他們開發系統互動體驗的方式；然而，這並不意味著可觀測性僅適用於軟體釋出到營運環境之後。可觀測性可以，並且也應該成為軟體開發生命週期的早期部分，本章就將學習可觀測性驅動開發的實踐。

首先會探討測試驅動開發（TDD），了解它在開發週期中的應用和可能存在的缺陷，接著以一種類似於測試驅動開發的方法，研究如何使用可觀測性，並研究這樣做的影響，檢視各種調試程式碼的方法，更深入地研究檢測如何幫助可觀測性。最後將研究可觀測性驅動開發如何將可觀測性左移[1]，並有助於加速軟體交付投入營運。

以測試驅動開發為例

現在的軟體正式上線前，測試軟體的黃金標準一般都認為是測試驅動開發（TDD）[2]。過去 20 年來，TDD 可能成為軟體開發行業中最成功的做法之一，它提供一個有效的框架，用於提前捕捉和防止許多潛在問題，實現了測試的左移。TDD 在軟體開發行業的廣泛應用，應該歸功於它有助於提升營運環境中程式碼質量和服務運行效果。

---

1 *https://w.wiki/56wf*

2 *https://w.wiki/Lnw*

TDD 是強大的開發方法，為工程師提供清晰地思考軟體可操作性的途徑。應用程式由一組可重複的確定性測試定義，每天可以運行數百次，如果這些可重複測試通過，應用程式應按預期運行。在進行應用程式更改之前，新的測試將作為一組檢驗，確保更改能夠按預期工作；接著，開發人員可以開始編寫新的程式碼，以確保測試順利通過。

TDD 之所以特別強大，是因為測試每次都以相同方式運行。在測試運行之間，資料通常不會一直存在，而是會在每次運行之前刪除、清除，然後再重新創建，底層或遠程系統的回應由 stub 或 mock 替換。利用 TDD，開發人員的任務，是創建一個明確定義應用在受控狀態下期望行為的規範，測試角色是識別出任何意外的偏差，以便工程師可以立即處理；藉由這種方式，TDD 不用瞎猜，且能提供一致性。

然而，這種一致性和隔離性在某程度上，也限制 TDD 對營運環境中軟體所面臨情況的揭露能力。運行獨立測試無法完全反映使用者在使用你的服務時的實際體驗，即使程式碼通過這些測試，也不能保證它在重新部署到營運環境之前，能夠迅速地隔離和修復所有錯誤或回歸問題。

任何負責管理運行在營運環境的軟體的有經驗工程師，都能明白營運環境充滿各種不一致性。現實世界中，你的程式碼可能會遭遇許多有趣的偏差，而這些偏差在測試過程中不一定能發現，原因可能是它們難以重現、不符合規範或與預期不符。儘管 TDD 的一致性和隔離性能使你的程式碼更易於理解，但它並未讓這些程式碼充分應對那些需要識別、監控、壓力測試的有趣異常，因為這些異常在實際與使用者互動時，最終會影響你的軟體行為。

可觀測性有助於在程式碼提交至版本控制系統之前，就編寫和部署更優質的程式碼，它涵蓋一整套工具、流程和企業文化，讓工程師能迅速地定位程式碼中的錯誤。

開發週期中的可觀測性

乾淨俐落地捕捉錯誤、迅速解決它們，並防止它們成為拖累開發過程的技術債務積壓，都依賴於團隊能夠立刻找到這些錯誤的能力。然而，出於各種原因，軟體開發團隊往往削弱他們這樣做的能力。

例如，某些組織中，軟體工程師不需要負責在營運環境中運行他們的軟體。這些工程師將他們的程式碼合併到主要分支，祈禱這次更改不會是那個破壞營運環境的更改，然後實質上等待在問題發生時被叫醒。有時他們在部署後不久就會收到通知。然後進行回滾部署，並檢查觸發更改以找出錯誤；但更有可能的是，在程式碼合併後的幾個小時、幾天、幾週或幾個月內都無法檢測到問題。到那時，要找出錯誤的起源、回溯當時的需求，或破譯寫出這段程式碼或發布的原因，就變得極其困難。

快速解決錯誤，在很大程度上取決於原作者仍然能夠清晰地在腦海中時檢查問題；再也沒有比程式碼剛撰寫和發布當下，更容易找出問題的時候了。之後，事情只會越來越困難，因此速度至關重要。在舊的部署模型中，你可能已經合併更改，等待專案經理在未知時間執行發布，然後等待一線運營工程師呼叫軟體工程師來修復它，很可能連最初寫這段程式碼的工程師都不是同一人。從無意間發布錯誤，到檢查該錯誤程式碼問題之間的時間越長，浪費在眾人身上的時間也會成倍增加。

乍看之下，可觀測性與編寫較好的軟體之間可能沒有明顯的聯繫，但正是對快速除錯的需求，使得這兩者深深相互交織。

根因定位

初次接觸可觀測性的人，往往會誤以為可觀測性是一種類似於使用高度詳細日誌的程式碼除錯方法。雖然可以使用可觀測性工具來除錯程式碼，但那並非它們的主要目的。可觀測性運作在系統層次，而非功能層次，若每一行程式碼都輸出足夠的細節以可靠地除錯，將產生大量輸出，導致大多數可觀測性系統在儲存和規模方面難以負擔。為此支付一個功能強大的系統不切實際，因為它的成本可能是你系統本身的一到十倍。

可觀測性並不是用來除錯你的程式碼邏輯，可觀測性是為了找出你需要除錯的程式碼，位於系統中的哪個位置，它能迅速地幫助你縮小問題可能發生之處，錯誤源自哪個組件？延遲在哪裡產生？這條資料在哪裡出錯了？哪個階段占用最多處理時間？等待時間是否在所有使用者之間均勻分布，還是只有部分使用者遇到？總之，可觀測性有助於你在調查問題時，找到可能的來源。

通常，可觀測性還能幫助你了解受影響組件內外可能發生的情況，指出錯誤可能為何，甚至提供有關錯誤發生之處的線索：是在程式碼、平台的程式碼，還是更高層次的架構物件中等等。

一旦你找到錯誤位置以及它產生的一些特點，可觀測性的工作就完成了。接下來，如果你想深入研究程式碼本身，需要的工具是傳統除錯器，例如 GNU 除錯器、GDB；或新一代的分析器。當你在想要如何重現問題時，可以啟動本地程式碼的實例，從服務中複製完整的上下文，並繼續調查。儘管它們之間存在關連，但可觀測性工具和除錯器的區別在於規模層次；就像望遠鏡和顯微鏡一樣，它們可能有一些重疊的用途，但主要仍是為不同目的而設計的。

以下是你在除錯和可觀測性方面可能採取的不同方法示例：

- 你發現延遲突然激增，於是從系統邊緣開始，將問題按照不同端點，例如 API 接口分類；計算各端點的平均延遲、第 90 百分位延遲和第 99 百分位延遲，找出一批較慢的請求，然後選擇跟蹤其中一個。結果顯示，延遲問題起源於 service3。接著，你將跟蹤請求的相關資訊複製到本地 service3 檔案中，並使用除錯器或分析器嘗試重現問題。

- 你發現延遲突然激增，於是從系統邊緣開始，將問題按照不同端點分類，計算不同端點的平均延遲、第 90 百分位延遲和第 99 百分位延遲，然後發現只有寫入類型的端點突然變慢。接著，根據資料庫主機分組，發現慢速查詢只出現在部分而非全部資料庫主節點上；在這些受影響的主節點中，問題只發生在某些特定的實例類型或特定區域。最後，你得到結論，這不是程式碼方面的問題，而是基礎設施。

微服務時代下的除錯方法

從這個角度看，可以明白為什麼微服務和可觀測性越來越重要。過去的軟體組件比較少，所以比較容易理解，工程師可以用簡單方式找出所有可能的問題，為了了解程式碼邏輯，他們通常使用除錯器或整合開發環境。但是，當單一的大型系統拆分成很多微服務時，除錯器就不再那麼好用了，因為它無法穿越網路找出問題。

微服務的概念還沒有流行時，當時的人試圖使用一種工具來了解系統的內部運作，他們以 strace 追蹤軟體系統的運作細節。「可觀測性」一詞出現後，就開始使用這個詞來描述更完整、更具系統性的理解軟體系統方式。

當服務請求需要透過網路來完成時，許多其他操作、架構、基礎設施等方面的複雜性，就與不小心產生的邏輯錯誤緊密相連。

在一個大型單體系統中，如果某個功能在修改程式碼後變慢，除錯器很容易找到問題。但現在，這種情況可能有很多表現方式，可能是某個特定的服務變慢了，或者一組相互依賴的服務變慢了，又或者超時的次數增加了；有時候，問題可能只出現在用戶的抱怨，誰知道呢？

無論系統出現了什麼問題，你的監控工具都無法確定原因為何，可能來自於以下任何一個因素：

- 程式碼中存在錯誤
- 特定使用者改變他們的使用模式
- 資料庫超出容量
- 網路連線限制
- 錯誤配置的負載平衡器
- 服務註冊或服務發現的問題
- 上述因素的某些組合

如果系統沒有足夠的可觀測性，就只能看到整個系統在某個時間點上的性能表現趨勢，而沒有更具體的細節和資訊。

如何檢測以推動可觀測性？

可觀測性有助於找出問題的起源、常見的異常情況，以及必須同時符合 6 個或更多條件才會出現的錯誤等等。可觀測性也非常適合快速識別問題是否僅限於特定的構建 ID、一組主機、實例類型、容器版本、核心修補程式版本、資料庫副本或其他任何數量的架構細節。

然而，可觀測性的一個必要組件，是創建有用的自動化檢測功能，良好的檢測功能才能推動可觀測性。在考慮檢測的用途時，可以將其想像成軟體開發過程中在 Git 上的拉取請求，在提交或接受拉取請求之前，應該先自問：「我如何知道這個更改是否按照預期工作？」

在開發自動化檢測套件時，實用目標是建立更強大的反饋機制和減少反饋時間。簡單來說，就是要讓開發人員在編寫程式碼後，更快地了解到程式碼可能會產生的問題或錯誤；這也意味著讓軟體工程師隨時待命，以便在問題出現時能夠迅速解決。

簡單來說，要達到這個目標的一種方法，是在程式碼合併並部署到營運環境後，自動通知負責該部分程式碼的開發人員。在大約 30 分鐘到 1 小時的短時間內，如果營運環境出現警報，會直接通知相關開發人員，當開發人員親自在營運環境中看到自己編寫的程式碼出現問題時，他們也就更有能力和動力，馬上找出問題並解決它。

這個反饋迴圈的目的不是懲罰，而是對自己設計出來的程式碼具有當責意識；如果沒有辦法從錯誤中學習，就很難培養出寫出高品質程式碼的能力和經驗。每個工程師都應該自行檢測程式碼，以便在部署後能夠立刻回答以下問題：

* 程式碼是否按照你的預期運行？

* 與之前版本相比如何？

* 使用者是否正在使用你的程式碼？

* 是否出現任何異常情況？

還有一種更先進的方法，是讓工程師在真實營運環境中的一小部分流量上測試他們的程式碼；有了充足的檢測，就可以透過把程式碼部署到營運環境，來了解它在營運環境中的表現。這可以用幾種控制方法來實現，例如，在某個功能標誌下部署新功能，只讓部分使用者使用；或者，把功能直接部署到營運環境，讓特定使用者的部分請求使用新功能。這些方法會讓反饋迴圈變得更短，只需幾秒鐘或幾分鐘，而不是通常等待發布所需的較長時間。

如果在處理請求時能獲得足夠的檢測資訊，在解決問題時，就不需要猜測、依賴直覺或是倚靠過去經驗，而可以從問題的起點開始，一步步找到正確答案。這是可觀測性相對於傳統監控系統的一項重大進步，讓運營工程更加偏向科學方法，而不是神祕力量和直覺。

左移可觀測性

雖然 TDD 能確保開發出的軟體符合特定規範，但可觀測性驅動的開發則能確保軟體在複雜且混亂的實際營運環境中正常工作。現在，軟體分散在各種複雜的基礎設施上，隨時可能遇到不穩定的負載，而某些使用者的行為也很難預料。

在開發過程的早期就將檢測工具整合到軟體中，可以幫助工程師更輕鬆評估，並快速了解在運行環境中所做的小改動影響。如果團隊只專注於遵循特定的規範，無意間就創造了一個環境，會阻礙他們看到軟體在現實世界中與眾多不確定因素打交道的混亂情況。正如之前章節所述，傳統的監控方法僅能提供一個綜合性角度，這些量測資料是為了回應已知問題而觸發的警報所設定的。講到準確地理解複雜的現代軟體系統中真正發生的事，傳統工具在這方面的能力十分有限。

由於無法準確地理解運行環境的運作方式，團隊可能會將其視為玻璃城堡，他們長時間為此努力而有了成果，但害怕得不敢去碰觸它，因為一點意外就可能導致整個結構破碎。而透過培養撰寫、部署並使用優秀的遙測和可觀測性，來理解運行環境行為的工程技能，能夠讓團隊更理解運行環境中真正發生的事情；這樣一來，他們便能在開發過程中更加深入考慮，如何檢測和解決那些潛藏在系統中的不確定問題。

可觀測性驅動開發，讓工程師把他們的產品從脆弱的玻璃城堡，變成可以互動的遊樂場。實際運行環境並非一成不變，而是充滿變化，工程師應該有信心在各種情況下都能取得成功。但要達到這個目標，可觀測性就不能只是某些特定專業，如 SRE、基礎設施工程師或運營團隊的專屬領域。軟體工程師需要採納可觀測性的概念，將其融入到開發過程中，這樣在面對營運環境變更時，才能不再感到恐慌。

使用可觀測性加速軟體交付

當工程師在新功能中加入遙測，即觀察系統運行情況的工具時，就能更快地把功能呈現給使用者。如第 4 章所言，利用功能標誌和漸進式交付等方法，讓工程師可以在新功能逐漸上線時，觀察並了解其表現。

在軟體產業中，需要在速度和品質之間做出取捨是一個常見的觀念：你可以快速地推出軟體，或是推出高品質軟體，但兩者無法兼得。然而，《加速：構建和擴展高性能技術組織》（*Accelerate: Building and Scaling High Performing Technology Organizations*）一書的關鍵發現是，這種互斥關係其實是個誤解或迷思[3]。對於優秀的工程師來說，速度和品質並行且能相互加強，當速度提高時，失敗越小、發生頻率也越低；而且當失敗發生時，復原也更容易。相反地，對於動作較慢的團隊來說，更容易頻繁地發生失敗，復原所需的時間也更長。

有些工程師會把產品運行營運環境視為一座非常脆弱的城堡，不敢輕易動手，一旦出現任何潛在的問題跡象，就會立刻撤回已經部署的產品版本。由於他們不知道如何進行小幅度修改、調整設定、優雅地降級服務，或根據自己對問題的深刻理解進行漸進式變更，所以寧可停止進一步的部署或變更，同時回滾到他們對當前變更沒有完全理解的部分。這種與情況相反的反應，並不利於解決問題。

衡量工程團隊的健康狀態和有效性的重要指標，是將程式碼編寫完成到交付上線所需的時間，每個團隊都應該關注此指標並試圖改進。

使用可觀測性驅動的開發，搭配功能標誌和漸進式交付模式，可以為工程團隊提供所需的工具，使他們在發布新功能時，不再本能地回滾部署版本，而是進一步調查發生問題的真正原因。

以上所提到的方法能幫助加快程式碼上線的速度，但這些方法的實行前提是，團隊必須具備以相對快速的速度將程式碼上線的能力；如果你的團隊目前還沒有這樣的能力，以下是幾種可以幫助加快程式碼上線速度的方法：

3　Nicole Forsgren et al., *Accelerate: Building and Scaling High Performing Technology Organizations* （*https://oreil.ly/vgne4*）（Portland, OR: IT Revolution Press, 2018）.

- 每次只上線一份完整的程式碼變更，並由單一工程師進行一次合併。部署失敗並需要花費數小時或幾天進行排查和回滾的主要原因，是很多人在很多天中批量修改程式碼。

- 投入足夠心思與努力來改進部署流程和程式碼，應該指派經驗豐富的工程師負責，而不是交給實習生等較無經驗的人。此外，應確保每個人都能理解部署流程，並且有能力持續改進流程，不要讓這些流程成為單一工程師或團隊的專利，而是讓每個人都參與其中並做出貢獻。如果想要讓每個人都能理解流程提示，可以參考第 14 章。

總結

在軟體開發的早期階段就應該使用可觀測性。測試驅動開發是一種檢查程式碼是否符合規範的工具；可觀測性驅動的開發，是一種在實際營運環境中檢查程式碼行為的工具。

過去，軟體工程師無法真正了解營運環境的運作方式，因此營運環境對他們來說就是一座玻璃城堡。透過觀察新功能在營運環境中的行為，可以改變這種看法，讓營運環境視為可以互動的遊樂場，藉此了解使用者使用軟體的方式。

可觀測性驅動的開發對實現高效軟體工程團隊至關重要。所有軟體工程師都應該把可觀測性當作實踐中必不可少的一部分，它不僅僅是 SRE、基礎架構工程師和運維團隊的專屬領域。

第 12 章

使用服務水準目標來提高可靠性

儘管可觀測性和傳統監控可以共存，可觀測性仍然提供了使用更先進且互補的監控方式機會。接下來的兩章，將顯示如何將可觀測性和服務水準目標（SLO）結合，以提高系統的可靠性。

本章將了解傳統基於閾值的監控方法為團隊帶來的常見問題，以及分布式系統如何加劇這些問題，使用基於 SLO 的監控方法又要如何解決這些問題。以下會以一個實際案例來說明，如何用 SLO 替換傳統基於閾值的警報。第 13 章將探討如何透過可觀測性，使基於 SLO 的警報變得可操作（actionable）以及可調試（debuggable）[1]。

首先，就先來了解監控和警報的角色，以及過去對它們的應對方法。

---

1 譯者註：「可操作」意味著警報在觸發時提供足夠資訊，能夠立即判斷需要採取的行動以解決問題；「可調試」指的是系統具有足夠可觀測性，以便工程師能夠找出問題的根本原因並修復。

傳統監控方法會導致危險的警報疲勞

在基於監控的方法中，警報通常測量最容易測量的事情。指標用於追蹤可能表明服務的底層系統運行不良，或可能預示問題的簡單系統狀態，舉例來說，這些狀態可能在以下情況會觸發警報：CPU 使用率超過 80%、可用記憶體低於 10%、磁碟空間即將用完、正在運行的執行緒超過某個特定數量，或其他簡單的底層系統條件。

雖然這種簡單的「潛在原因」指標容易蒐集，但它們無法產生有意義的警報供你採取行動。CPU 使用率的偏差可能也表示備分過程正在運行，或者垃圾蒐集器正在進行清理工作，或者系統上可能發生其他現象。換句話說，這些條件可能反映了許多系統因素，而不僅僅是真正令人關心的問題。基於底層硬體的這些指標觸發警報會產生大量的偽陽性。

擁有豐富經驗的工程團隊，在維運實際營運環境中的軟體時，通常會學會忽略或甚至抑制這類警報，因為它們非常不可靠。常常這樣做的團隊，採用的說法會是「別擔心那個警報，這個過程會不時地用光記憶體」等。

習慣容易出現偽陽性警報是眾所周知的問題，也是危險的做法。在其他行業中，這個問題可稱為偏差正常化（normalization of deviance），是針對挑戰者號（Challenger）的災難調查所出現的用語[2]。當組織中的個人經常關閉警報，或習慣在警報發生時不作為，最終都會對偏離預期反應的行為麻木，以至於不再覺得有什麼不對勁。運氣好的話，這些「以為是正常」且遭忽視的失敗只是背景噪音；但運氣不好的話，它們會導致連鎖式系統失敗所引發的災難性疏忽。

在軟體產業中，基於監控的警報所產生的訊號與噪音比例不佳，通常會導致**警報疲勞**，使得眾人對所有警報的關注都逐漸減少，因為太多警報都是虛驚一場，無法採取行動或根本沒意義。不幸的是，基於監控的警報中，事故發生時這個問題往往會變得更嚴重，因為事後的檢討通常會建立更新、看似更重要的警報，理論上能及時提醒以防止問題發生，但也導致下一場事故發生時，產生更多警報。這種升級模式不斷增加警報數量，也不斷增加工程師對故障的認知負荷，使他們難以判定哪些警報重要，哪些不用理會。

2　*https://pubmed.ncbi.nlm.nih.gov/25742063*

這種訊號與噪音比例失調的問題在軟體產業中非常普遍，以至於許多監控和事故應對工具供應商，都自豪地提供標為「AIOps」的各種解決方案，以對警報負荷分類、抑制或以其他方式處理（參見第 93 頁「AIOps 的誤導性承諾」）。工程團隊已經習慣了警報噪音，這種情況現在可說是正常現象。如果在營運環境中，運行軟體未來仍然必須產生如此多的噪音，以至於非人工處理不可，就可以肯定地說，這已經超出所謂的偏差正常化範疇。現在，產業供應商已將這種偏差產品化，並樂意向你出售解決方案來處理這種情況。

我們認為，這種類型的比例失調之所以存在，是因為使用度量和監控工具所限制的局限性，而它曾經是了解營運系統狀態的首選。這個產業現在深受集體斯德哥爾摩症候群的困擾，只是此時遇到眾多問題的冰山一角。現代化系統架構變得越來越複雜，對其在故障下持續正常運作的能力要求也越來越高，這使得過去可容忍的比例失調，現在變得無法忍受。

現今的分散式系統需要一種替代方法。以下探討為什麼在大規模的情況下，監控單體應用的方法會失效，以及可以如何改善。

閾值警報僅適用於無法掌握的故障

在封閉式系統中，預測故障模式比分散式系統容易得多。因此，對於每種已知的故障模式，添加監控以預期其發生似乎是合理的，支援封閉式實際運行系統的運營團隊可以為每種具體狀態編寫特定的監控檢查。

然而，隨著系統越來越複雜，它們會產生組合爆炸的潛在故障模式。習慣於處理較不複雜系統的運營團隊會依賴他們的直覺、最佳猜測和過去故障的記憶，來預測他們能夠想像到的任何系統故障可能性。雖然在小型系統中使用傳統監控的方法可能有效，但現代化系統中的複雜性爆炸要求團隊編寫和維護數百甚至數千個精確的狀態檢查，以應對每種可能的情況。

這種方法將難以持續。這些檢查很難維護，知識與記憶通常無法轉移，而過去的歷史行為不一定能預測未來可能發生的失敗。傳統的監控心態通常是關注預防失敗，但在由數百甚至數千個組件構成、為實際營運環境流量提供服務的分散式系統中，故障是不可避免的。

現今，工程團隊常常將負載分散到多個不同的系統上，他們會將資料切分、分散、水平分割，或是根據地理位置複製到多個系統中。雖然這些架構決策能夠優化效能、彈性和可擴展性，但也可能導致系統性失敗難以偵測或預測，新興的故障模式可能會在傳統用來偵測的探針顯示出異常之前，就已經對使用者造成了影響。傳統的服務健康量測，對整個系統的行為變得越來越無關緊要。

傳統的系統指標通常無法偵測分散式系統中的意外故障模式。例如，一個元件上運行的執行緒數量有異常，可能意味著正在進行垃圾回收，或者可能預示著上游服務的回應時間可能變慢。此外，系統指標偵測到的條件可能完全與服務變慢無關，但是，在半夜收到有關這些異常執行緒數量的警報時，系統操作員不知道哪些條件是真實的，需要他們自行推斷相關性。

此外，分散式系統的設計著重於鬆散耦合組件的韌性。借助現代基礎架構工具，可以自動修復許多常見的問題，而不需要叫醒工程師。你可能已經使用了一些當前和普遍的方法，將韌性建構到系統中：自動擴展、負載平衡、故障轉移等等。自動化可以暫停壞掉版本的進一步部署，或者將其回滾。在雙主動（active-active）配置下運行，或自動化被動組件升級為主動組件的過程，確保 AZ 失敗只會造成短暫的損害，自動修復的失敗**不應該觸發警報**。（據說，有些團隊為了建立有關服務內部運作的有效「直覺」而這樣做。但相反的，這種噪音只會耗盡團隊對沒有自動修復的服務內部運作組件直覺的時間。）

這並不是說你不應該排除自動修復的失敗，**在正常工作時間內**，你絕對應該排除這些失敗。警報的最終目的是引起對無法等待的緊急情況的注意，在半夜觸發警報，叫醒工程師以通知他們短暫的失敗，只會產生噪音並導致疲憊不堪。因此，需要一種策略來定義問題的緊急性。

在複雜且相互依賴的系統時代，團隊很容易因大量警報而疲勞。這些警報不一定總是能可靠地指示客戶當前使用你的業務依賴的服務的問題；與客戶體驗沒有直接關連狀態的警報，很快就會成為背景噪音。這些警報已不再發揮其既定目的，更有甚者，它們實際上引起反作用：分散團隊對真正重要警報的注意力。

如果你希望運行一個可靠的服務，你的團隊必須消除任何不可靠或嘈雜的警報。然而，許多團隊害怕刪除這些不必要的干擾，通常主要的擔憂是，刪除警報後，團隊將無法學習有關服務降級的資訊。但重要的是意識到，這些傳統警報只有在檢測無法掌握的故障時才有用：也就是你知道可能會發生什麼問題，但不確定何時會發生。這種警報覆蓋範圍提供一種虛假的安全感，因為它在準備應對新興故障，或渾然未知（unknown-unknowns）的故障沒有任何幫助。

實踐可觀測性的專家正在尋找這些渾然未知的情況，他們已經超越了那些只有固定故障集才會發生的系統。雖然將未知情況減少到無法掌握的故障，可能更接近於擁有較少組件的傳統獨立軟體系統 3，但對現代化系統來說絕非如此。然而，許多組織仍然猶豫不決，不願刪除與傳統監控相關的許多舊警報。

本章之後會探討如何大刀闊斧地刪除無用的警報。現在，先來定義有幫助的警報標準，Google SRE 書籍指出，一個好的警報必須反映出對使用者的緊急影響，必須是可操作、新穎的，並且必須經過調查而不是例行動作 4。

警報準則可定義為兩部分。首先，它必須是你的服務用戶體驗處於降級狀態的可靠指標；其次，它必須能解決問題。必須有一種系統性（但不是純粹自動化）的方法來處理和解決警報，而不需要回答者去猜測正確的應對方式。也就是說，必須能夠清楚地知道如何解決問題，而不是只發現問題，如果這兩個條件不成立，那所配置的任何警報都不再能發揮其預期作用。

用戶體驗是重要的引導指標

引 Google SRE 書籍所言再次強調，潛在原因警報與真正問題之間較無關連，但針對使用者痛點的警報，則更能幫助你了解客戶所體驗到的系統狀態和影響。

所以，該如何設置警報來檢測對用戶體驗產生影響的故障呢？這就需要改變傳統的監控方法。傳統基於指標的監控方法，依賴使用靜態閾值來定義最佳系統狀態，然而，現代化系統的性能，即使是基礎設施層面，不同工作負載下通常也會動態變化，使得靜態閾值根本無法勝任監控用戶體驗影響的任務。

3　譯者註：傳統的獨立軟體系統在設計上較為簡單，組成部分較少。這種系統的所有功能和組件都內建在同一個軟體中，且相對較少的組件間有相互依賴關係。

4　Betsy Beyer et al., "*Tying These Principles Together*"（*https://oreil.ly/vRbQf*），in Site Reliability Engineering（Sebastopol, CA: O'Reilly, 2016），63–64.

設置傳統警報機制來監控用戶體驗，意味著系統工程師必須選擇任意的常數，以預測何時會出現體驗不佳的情況，例如，這些警報可能在「10 個用戶經歷了緩慢的頁面加載時間」，或「第 95 百分位的請求持續超過一定毫秒數」時觸發。在基於指標的方法中，系統工程師需要推斷哪些精確的靜態指標表明正在發生無法接受的問題。

然而，隨著不同用戶在不同時區以不同方式與你的服務互動，系統性能在一天之中會有顯著變化。同時間只有少量用戶在使用服務時，假如其中有 10 個用戶遇到了緩慢的頁面加載時間，可能就是一個比較重要的指標；而在高峰期，成千上萬的用戶同時使用服務，若有 10 個用戶遇到緩慢頁面加載的情況，就不再是一個重要指標了。

在分散式系統中，故障不可避免，總會發生一些小的瞬時失敗，而不一定能引人注意。常見的例子包括：一個請求失敗了，但重試後就成功了；一個關鍵過程一開始失敗，但它的完成只是受到延遲，路由到新建的主機上即可；或者一個服務無法回應請求，但路由它的請求到備分服務即可。這些暫時性失敗會引入額外延遲，可能在高峰時段的正常操作中無法察覺；但在低流量時期，p95 反應時間將對個別資料點更為敏感。所以設置警報時需要考慮這些情況，並且要保留一些靈活性和容錯能力。

同樣地，這些例子還說明了基於時間指標的粗糙度。假設在 5 分鐘內評估 p95 回應時間。每 5 分鐘，系統會檢查一下這段時間的運行表現，然後報告一個數字，如果這個數字超過設定好的靜態閾值，系統會發出警報，將整個 5 分鐘標記為「有問題」；反過來說，如果數字沒有超過界限，那這 5 分鐘就會認定為「沒問題」。這種警報指標會導致高偽陽性率和偽陰性率，也具有不足以診斷問題何時和何地發生的細粒度。

在動態環境中，靜態閾值過於僵硬和粗糙，無法可靠地指示用戶體驗下降，它們缺乏上下文，可靠的警報需要更細緻的粒度和可靠性，這就是 SLO（服務水準目標）能夠提供幫助的地方。

什麼是服務水準目標？

服務水準目標（SLO）是衡量服務健康狀態的內部目標。Google SRE 書籍[5] 推廣，SLO 是設定服務提供者和客戶之間外部服務水準協議的關鍵部分，這些內部措施通常比面向外部的協議或可用性承諾更嚴格。藉由增加嚴格程度，SLO 可以提供保障措施，幫助團隊在外部用戶體驗達到不可接受的水平之前識別和補救問題。

 在此推薦 Alex Hidalgo 的書籍《實施服務水準目標》（*Implementing Service Level Objectives*，O'Reilly 出版社），以更深入了解這個主題。

許多文章已經闡述了使用 SLO 來提高服務可靠性的方法，雖然這不是可觀測性領域獨有的；然而，使用基於 SLO 的方法來監控服務健康狀況，需要將可觀測性納入應用程式中。SLO 也可以在沒有可觀測性的系統中實現，但這樣做可能會帶來嚴重的意外後果。

使用 SLO 提供可靠的警報

服務水準目標（SLO）是以關鍵的終端用戶旅程為基礎，量化服務可用性的目標。使用服務水準指標（SLI）來量測目標，將系統狀態分類為良好或不良，SLI 有兩種：基於時間的量測，例如「在每個 5 分鐘的時間窗口中，第 99 百分位的回應時間不應超過 300 毫秒」；和基於事件的量測，例如「在給定的滾動時間窗口內，持續時間小於 300 毫秒的事件比例」。

兩者都試圖表達對終端用戶的影響，但不同之處在於關於傳入用戶流量的資料是否已經被時間段預聚合。這裡建議設置使用基於事件的量測，而非基於時間量測的 SLI，因為基於事件的量測提供的是更可靠、更細顆粒度的方式來量化服務狀態。下一章將會討論其原因。

5　*https://landing.google.com/sre/sre-book/chapters/service-level-objectives*

以下是一個如何定義基於事件的 SLI 例子。你可以將良好的客戶體驗定義為，「用戶應該能夠成功加載你的主頁，並快速查看結果的狀態。」透過 SLI 表達這一點，意味著要對事件進行資格篩選，確定它們是否符合條件。在這個例子中，你的 SLI 將依序執行以下操作：

- 查找任何請求路徑為 /home 的事件。

- 篩選出事件回應時間小於 100 毫秒的符合條件事件。

- 如果事件回應時間小於 100 毫秒並成功提供，則認為它是正常的。

- 如果事件回應時間大於 100 毫秒，即使返回成功狀態，也將該事件視為錯誤。

任何視為錯誤的事件，都會消耗 SLO 允許的錯誤預算，下一章節會仔細研究主動管理 SLO 錯誤預算和觸發警報的模式。現在先總結一下，即如果出現足夠的錯誤數量，你的系統可能會警告你可能違反 SLO。

SLO 將你的警報範圍縮小到僅考慮影響服務使用者體驗的症狀。如果一個潛在的狀況影響「用戶加載主頁並迅速看到內容」，就應該觸發警報，因為這需要調查原因。但是，我們對服務性能為何和如何受到影響沒有任何相關的解釋或聯繫，只能知道有問題存在。

相比之下，傳統的監控依賴於基於原因的方法：檢測到已知的原因，例如，異常的執行緒數量，表示用戶可能會遇到頁面加載緩慢等不良症狀，這樣的方法將情況的「內容」和「原因」結合在一起，試圖找出應該從哪裡開始精確地定位調查。但是，正如你所看到的，你的服務遠不止於已知的正常、異常或緩慢狀態，新出現的故障模式可能在偵測的探針告訴你之前，就已經長時間影響到你的用戶了。將「內容」與「原因」解耦是良好監控最重要的區別之一，因為它可以最大限度地捕捉有用的資訊，並減少不必要的噪音。

警報的第二個準則為必須是可行動的。系統層級的潛在原因警報，例如 CPU 過高，無法讓你得知用戶是否受到影響，以及你是否應該採取行動。相比之下，SLO 的警報是基於症狀的：它能告訴你出現了問題，是可行動的，因為現在由回應者決定為什麼用戶會看到影響並加以減緩。然而，如果你無法充分調試系統，解決問題將會具有挑戰性。這就是為什麼轉向可觀測性是如此至關重要的原因：在實際營運環境中調試必是安全且自然。

在基於 SLO 的世界中，你需要可觀測性：這意味著能夠對你的系統提出新問題，而不必添加新的檢測功能；正如本書所示，可觀測性讓你可以從第一原則開始調試。透過豐富的遙測資料，你可以從廣泛的範圍開始篩選，以減少搜索範圍。這種方法意味著你可以響應任何問題的源頭，無論故障的新穎及緊急程度。

在封閉式、不變的系統中，如果擁有長期有效的警報集合，就可能有大量與所有已知故障相對應的警報；理論上，如果有足夠的資源和時間，甚至可以減輕乃至預防所有這些已知的故障。那為什麼還是有很多團隊沒有這樣做呢？因為現實情況是，無論自動修復多少已知故障，現代分散式系統帶來的新穎故障模式都無法預測，你無法回到過去，在意外中斷的系統部分周圍添加指標，以防它們突然出現故障。當任何事情都可能隨時出問題時，就需要了解所有相關資料，請注意，是所有相關資料，而不是所有警報。每件事情都有警報必不可行，因為正如所見，這會讓整個軟體行業淹沒在噪音中。

可觀測性是應對新穎和突發性故障模式的必要條件。藉由可觀測性，可以逐步且系統化的質詢系統：提出一個問題並檢查結果，之後，再提出另一個問題，以此類推。你不再受傳統監控警報和儀表板的限制；相反的，還可以靈活應對並調整解決方案，以找到系統中的任何問題。

提供豐富且有意義的遙測資料的檢測方法是這種方法的基礎。能夠快速分析遙測資料以驗證或證明假設，是使你能夠有信心刪除嘈雜和無用警報的原因。當使用基於 SLO 的警報與可觀測性並行時，就可能將警報的「內容」與「原因」解耦。

當大多數警報都無法採取行動時，很容易產生警報疲勞，為了避免這個問題，要適時刪除所有無法行動的警報。

如果你仍然不確定是否能說服團隊刪除所有無用的警報，以下是一個實際例子，可看出需要哪些文化變革才能實現這一目標。

改變文化以實現基於 SLO 的警報：案例研究

只擁有可查詢的遙測資料和豐富的內容，可能並不足以讓你的團隊有信心刪除所有現有的無用警報，這是來自 Honeycomb 的經驗，當時的我們實施了 SLO，但團隊對於 SLO 的信任度不高，因此即使 SLO 警報出現了，團隊仍然依賴傳統的監控警報。在這個過渡期，SLO 警報一直放置在低優先級的收件箱中，而不是當成重要警報處理；直到有幾次 SLO 警報在傳統警報之前標記出了問題，團隊才開始建立起對 SLO 的信任。

為了說明這種變化，以下是一個發生於 2019 年底的事件，本書作者之一的 Liz 開發了 SLO 功能，並關注 SLO 警報，而團隊的其餘成員則專注於傳統警報。發生故障後，負責處理所有客戶資料的 Shepherd 服務開始出現 SLO 警報，並發送一個警報到 SLO 測試頻道。服務很快就恢復了：這 20 分鐘的 1.5% 故障，因為耗盡 30 天預算的大部分，而讓 SLO 的錯誤預算因此減少；但是，問題似乎自行解決了。

當地時間凌晨 1:29，SLO 警報叫醒值班工程師，但他看到服務運作正常，迷迷糊糊地認定這可能只是一個小問題，因為 SLO 警報雖然觸發了，但需要連續多次探測失敗的傳統監控沒有檢測到問題。當 SLO 警報在當地時間上午 9:55 第 4 次觸發時，可知這絕對不是巧合。在那個當下，即使傳統監控仍未檢測到問題，工程團隊也願意宣布這個事故。

在調查事件時，另一位工程師想要檢查處理程序的正常運行時間（圖 12-1），藉此，他們發現一個處理程序出現記憶體洩漏的問題。集群中的每台機器都會因記憶體不足而同步失效並重啟。一旦發現這個問題，就能很快將其與新部署相關連，並回滾錯誤，讓事件於上午 10:32 宣告解決。

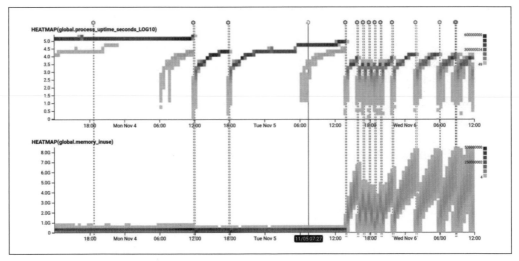

圖 12-1　這個熱點圖顯示一個崩潰的機器群體正常運行時間，它們在大約 18:30 同時重啟，而記憶體儀表板顯示了洩漏並觸發記憶體不足的狀態。

此時要承認的是，許多閱讀這個故事的工程師，可能會質疑在這種情況下傳統基於原因的警報是否足已發揮作用？為什麼不警報記憶體使用量，以便在系統記憶體不足（OOM）時發出警報呢？在回答這個挑戰時需要考慮兩點。

首先，Honeycomb 的工程師早已不再追蹤 OOM。因為應用程式需要使用系統記憶體進行快取、垃圾回收和備分等操作，因此「記憶體不足」的情況很常見。考慮到架構，即使有某些處理程序偶爾崩潰，只要不是所有處理程序同時崩潰，就不會對系統造成致命影響。因此，追蹤這些單獨的故障沒什麼意義，要關心的是整個叢集的可用性。

鑑於這種情況，傳統的監控警報根本沒有，也永遠不會注意到這種逐漸惡化事件。這些簡單的偵測探針只能檢測到完全停機，而無法檢測到 50 個探針中的一個失敗然後恢復的情況；在這種情況下，機器仍然可用，因此服務是正常運作的，大部分檢測資料都能夠通過。

其次，即使有可能引入足夠複雜的邏輯，讓只有特定類型的 OOM 被檢測到時才觸發警報，也需要早在特定問題發生之前，就預測這個精確的故障模式，才能制定出適當的條件，以觸發有用的警報。那個理論的咒語可能會在這個特定問題中偵測到這一次，但通常存在的只會是產生噪音和過多的警報。

儘管傳統監控無法檢測到逐步惡化的情況，SLO 也沒有說謊：用戶確實感受到實際影響，有些進來的用戶資料被丟棄了，這從一開始就幾乎完全耗盡了我們的 SLO 預算（圖 12-2）。

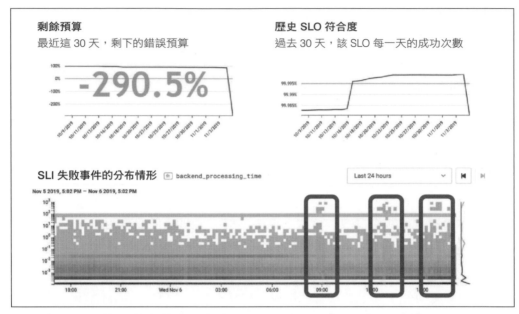

圖 12-2　SLO 的錯誤預算從開始時就降低了 566%，事件結束時，合規性從 99.995% 的目標下降到 99.97%。時間軸上的方框顯示標記為不良事件，而這些事件發生得相當均勻，並且在糾正之前以相當規律的間隔發生。

到了這個階段，如果團隊開始將基於 SLO 的警報視為主要警報，就不太可能再尋找外部和暫時的解釋；而是相反的，會開始修復問題，或至少回滾最新的部署。SLO 已經證明它們檢測故障的能力，並能提示適當反應。

那次事件改變我們的文化。一旦 SLO 消耗警報證明其價值，工程團隊開始與重視傳統警報一樣，重視基於 SLO 的警報。經過一段時間後，團隊越來越信任僅基於 SLO 資料進行警報的可靠性。

此時，我們刪除了所有基於過去 5 分鐘內流量錯誤百分比、在一段時間內發生的錯誤總數，或更低級別系統行為的傳統監控警報，轉而依賴基於 SLO 的警報，作為主要防線。

總結

本章提供關於 SLO 作為一種比傳統閾值監控更有效的警報策略的簡要概述。傳統監控解決方案所採取的潛在原因導向方法，可能會導致軟體行業中普遍存在的警報疲勞問題。

著重於建立符合兩個標準的有用警報，是解決警報疲勞的方法。第一，它們必須可靠地觸發，表明你的服務的用戶體驗處於降級狀態；第二，它們必須可操作。不符合這些標準的任何警報都不再具有其目的，應該刪除。

SLO 將事件警報背後的「內容」和「原因」分開。專注於基於用戶體驗中的實際問題警報，意味著 SLO 可以成為用戶體驗的可靠指標。當 SLO 由基於事件的量測驅動時，它們的偽陽性和偽陰性程度要低得多，因此，基於 SLO 的警報可以成為減少干擾、更具可行性和更及時的警報方式，它們可以幫助區分系統問題和偶發的故障。

單獨使用基於 SLO 的警報可以告訴你出現問題，但無法告訴你發生原因。為了讓基於 SLO 的警報具有可操作性，營運環境系統必須具有足夠的調試除錯能力；在使用 SLO 時，系統的可觀測性是成功的關鍵。

下一章將深入探討 SLO 消耗預算的內部運作方式，並以更多技術細節來檢視它們的使用情況。

第 13 章

基於 SLO 的警報行動和除錯

上一章介紹了 SLO，和一種基於 SLO 的監控方法，這種方法可以使警報更具可操作性和可調試性。使用傳統監控資料即指標，來創建警報的 SLO，無法針對根本問題提供解決方案，因此不具有可操作性；再說，使用可觀測性資料來創建 SLO，會使其更加精確且更容易調試。

雖然與實踐可觀測性無關，但使用 SLO 來驅動警報可能是一種有效的方法，使警報減少噪音，更具可行性。SLI 的定義為，以與業務目標直接相關的方式來量測服務的客戶體驗，錯誤預算（error budget）[1] 在業務利益相關者和工程團隊之間設定明確期望，錯誤預算燃盡警報（burn alert）使團隊能夠保證客戶滿意度，在達到業務目標的同時，對營運環境的問題做出適當反應，而不是像基於症狀的警報 [2] 那樣，會有過度警報的混亂狀況。

1　譯者註：1 個 SLO 是 99.9% 的服務，則該服務有 0.1% 的錯誤預算。參考自《網路可靠性工程工作手冊》〈附錄 R：範例錯誤預算政策〉（*https://sre.google/workbook/error-budget-policy/*）。

2　譯者註：這種警報只在問題出現時觸發，通常會導致大量警報，形成所謂的「警報風暴」，造成莫大干擾。但如果使用錯誤預算燃盡警報，就可以避免這種情況，讓警報更具針對性，更能有效指出問題所在。

本章將研究錯誤預算的作用，以及在使用 SLO 時觸發警報的機制。內容包括研究何謂 SLO 錯誤預算及其運作原理，可以使用哪些預測計算來預測 SLO 錯誤預算將耗盡，以及為什麼需要使用基於事件的可觀測資料，而不是基於時間的指標來進行可靠計算。

在錯誤預算用盡之前發出警報

一個錯誤預算，代表業務所能容忍的最大系統無法使用時間。如果 SLO 是確保 99.9% 請求成功，基於時間的計算會說明，在一個標準年度中，系統所能容忍的無法使用時間將不超過 8 小時、45 分鐘、57 秒；也就是每個月只有 43 分鐘、50 秒。如前一章所示，基於事件的計算考慮每個單獨的事件是否符合資格標準，會總計並留存「好」的事件，與「壞」的或錯誤事件運行。

由於可用性目標以百分比表示，因此與 SLO 相對應的錯誤預算基於在該時間段內進入的請求數量，在任何給定的時間段內，只能容忍有限的錯誤數量；當系統的整個錯誤預算已用完時，它便不符合其 SLO。從你計算的總錯誤預算中減去失敗（已用盡）請求數量，這就是俗稱的剩餘錯誤預算的數量。

為了積極管理 SLO 的合規性，需要在整個錯誤預算用盡之前就意識到，並解決應用程式和系統問題。時間不等人，為了採取避免燒掉預算的校正措施，你需要在它發生之前，就知道是否正在消耗整個預算。SLO 目標越高，能反應的時間就越少，圖 13-1 就是一個示例圖表，顯示錯誤預算的燒盡。

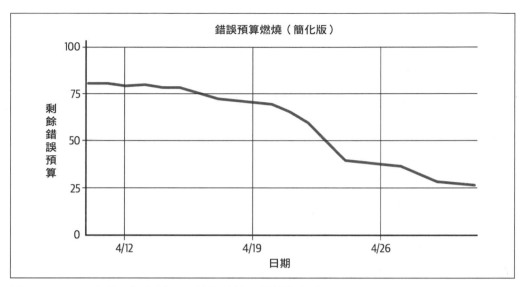

圖 13-1　顯示大約 3 週內錯誤預算燃燒情況的簡化圖表

如果 SLO 的目標為 99.95% 或更低，表示每個月最多可以容忍 21 分 54 秒的完全停機時間，這樣的時間對於你的團隊來說應該夠合理。在整個錯誤預算完全用完之前，你的團隊有足夠時間得到潛在問題的警示，並採取積極行動。

錯誤預算燃燒警報的設計目的，是假設如果當前的燃燒速率持續下去的話，能提前提供對未來 SLO 違規的警告。因此，有效的燃燒警告必須預測在未來某一時刻，也就是從現在算起的幾分鐘到幾天內，系統將會燃燒掉多少錯誤預算。計算的常使用方法很多，都能決定何時對錯誤預算燃燒速率發出警告。

在繼續之前，要注意的是，這種預防性的計算最適合用於預防 SLO 達到 99.95%（即前例）的違規情況。對於超過 99.95% 的 SLO 目標，這些計算的預防作用會比較小，但仍可以用來報告和警告系統的劣化情況。

> 更多關於解決這種情況的資訊，請參閱 Betsy Beyer 等人編著的《The Site Reliability Workbook》，之中的第 5 章〈Alerting on SLO〉。實際上，建議想更深入這個主題的人，閱讀該章節的全部內容。

本章接下來將仔細檢視和對比各種有效計算觸發錯誤預算燃盡警報的方法，以研究如何讓一個錯誤預算燃燒警報開始運作。首先，你必須設定一個時間範圍，以考慮相對而言的時間維度。

將時間定為滑動窗口

第一個選擇是分析你的 SLO 使用的是固定窗口，還是滑動窗口。固定窗口指的是按照日曆時間的固定週期，例如從每個月的第一天到最後一天；相對之下，滑動窗口則是查看任一天往前數的 30 天期間（參見圖 13-2）。

圖 13-2　滾動式 3 天視窗（左），和重置式 3 天視窗（右）

對於大多數的 SLO，30 天的窗口期是最實際的選擇。短一點的窗口期如 7 天或 14 天，無法讓客戶對你的服務可靠性產生記憶，或能呼應產品規劃週期；而 90 天的窗口期就太長了，你可能在單單一天就用掉了 90% 的誤差預算，並且在技術上仍然滿足你的服務水準目標，即使客戶並不認同，長時間的窗口期也意味著事件不會以夠快速度滾動並消失。

你可能會一開始選擇固定時間窗口，但實際上，固定時間窗口的可用性目標並不符合客戶的期望。如果某個嚴重故障發生在月底的最後一天，你可能會向客戶退款，但客戶並不會因此神奇地容忍下個月的第二天再次發生故障，即使第二次故障在法律上屬於不同的時間窗口。

正如第 12 章所述，SLO 應用於量測客戶體驗和滿意度，而非法律限制。更好的 SLO 應該考慮人類情感、記憶和近期偏差，人的情緒可不會在月底自動重置。

如果你使用固定窗口來設置錯誤預算，這些預算將帶來戲劇性後果，任何錯誤都會消耗一小部分預算，累積效應逐漸倒數到零。這種逐漸惡化的情況不斷地削弱你的團隊預防性應對問題的時間；然後，到了下個月的第一天，所有東西都重置，週期重新計算。

相反，使用滑動窗口來追蹤你在過去一段時間內消耗的錯誤預算，可以提供更平穩的體驗，更符合人性化。在每個間隔中，錯誤預算可能會稍微燃燒或恢復一點。低水平的恆定燃燒永遠不會完全消耗錯誤預算，即使一定幅度的下跌，也會在足夠穩定的時間後逐漸償還。

在計算燃燒軌跡時，正確的第一選擇是將時間作為滑動窗口，而不是靜態固定窗口。否則，在窗口重置後，就沒有足夠的資料得到有意義的決策。

使用預測警報預測

有了時間範圍後，就可以設定一個觸發器，來通知你關心的誤差預算狀況。最容易設定的警報是零等級警報，也就是當你的整個誤差預算用盡時觸發的警報。

錯誤預算用盡時會發生什麼事？

錯誤預算用盡時，需要轉變為優先處理服務穩定性的工作，而不是優先處理新功能的工作。本章的涵蓋內容無法包括錯誤預算用盡後會發生的事，但這是你的團隊目標，本來就應該是防止錯誤預算完全用盡。

當錯誤預算超支時，會採取嚴格的行動，例如在產品運營中長時間停用功能，一旦預算用盡，SLO 模型會創造最小化危害服務穩定性的行動激勵措施。至於如何在這些情況下改變工程實踐，又要如何設置適當策略的詳細分析，建議閱讀 Alex Hidalgo 的書籍《實施服務水準目標》（*Implementing Service Level Objectives*）。

預防性的警報都比較難設定，如果你可以預見到會耗盡錯誤預算，就有機會採取行動並引入修正措施，以防止它發生。藉由盡早修復最嚴重的錯誤來預防，可以防止決定放棄任何新功能工作，而轉向可靠性改進；在確保團隊士氣和穩定性方面，規劃和預測總比英雄主義來得好。

因此，一種解決方案是追蹤你的錯誤預算燒盡速率，並注意可能會消耗整個預算的巨大變化。可以使用至少兩種模型來觸發超過零級別的燃燒警報。第一種是選擇非零閾值進行警報，例如，在剩餘錯誤預算下降到 30％以下時發出警報，如圖 13-3 所示。

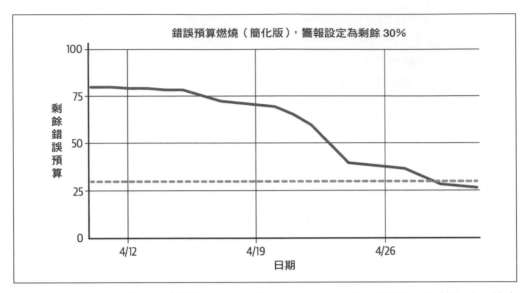

圖 13-3　在這個模型中，當剩餘的錯誤預算（實線）低於選定的閾值（虛線）時，就會觸發警報

這種模型的挑戰在於，它實際上只是藉由設定不同的耗盡閾值來移動目標。這種「預警」系統在一定程度上可能有效，但過於粗糙，實際操作中，一旦超過該閾值，團隊就會行動起來，好像整個誤差預算都已經花完了。此模型的優化目的是為了確保有一點點的寬餘空間，使你的團隊能夠達成其目標。但這卻以放棄本可以用來開發新功能的額外時間為代價。也因此，你的團隊會停止開發新功能，等待剩餘的誤差預算回升至任意設定的閾值以上。

觸發零級以上警報的第二個模型是創建**預測性燃燒警報**（見圖 13-4），這些警報會預測目前的狀況是否會導致耗盡你所有錯誤預算。

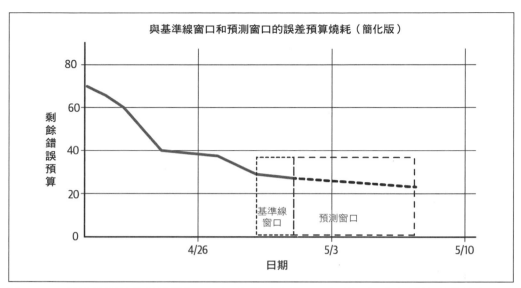

圖 13-4 對於預測性的燃燒警報，需要在模型中使用一個最近過去資料的基準線窗口，以及決定預測能延伸到未來多遠的預測窗口

在使用預測性燃燒警報時，需要考慮預測窗口和基準線（或回溯）窗口：模擬預測的未來時間範圍是多少？應該使用多少最近的資料以預測？以下先從預測窗口開始，因為它比較簡單。

預測窗口

在預測模型中，可以看出並不是每一個對於錯誤預算的影響都需要叫醒團隊成員。例如，假設你的服務有 99.9% 的 SLO 目標，現在因為引入了性能回歸問題，將在一個月後達到 99.88% 的可靠度，而這並不是一個需要立即處理的緊急情況，可以等到下一個工作日再讓團隊成員調查並修正軌跡，以在整個月分達到 99.9% 的可靠度。

相反地，如果你的服務遇到大量的請求失敗，以至於你在一個小時內就要降到 98% 的可靠度，這就應該需要喚醒當班工程師。如果不加以修正，這樣的故障可能會在幾小時內燒盡整個月、季度或年度的錯誤預算。

這兩個例子都說明很重要的一點，就是要根據目前的趨勢知道錯誤預算是否會在未來某個時間點會耗盡。在第一個例子中，這種情況會在數天內發生；在第二個例子中，這種情況會在幾分鐘或幾小時內發生。但是，不管是什麼情況，「根據目前的趨勢」到底是什麼意思呢？

在預測中，目前趨勢的範圍取決於想要預測多久的未來。在宏觀尺度上，大多數營運環境流量模式都表現出週期性的行為，和在其利用率曲線上的平滑變化，這些模式可以在幾分鐘或幾小時的週期中出現，例如，一個定期的定時工作，在你的應用系統中運行固定數量的交易而沒有抖動，可以以每幾分鐘重複的方式預測地影響流量。週期性模式也可以按天、週或年出現，例如，零售業會經歷季節性的購物模式，主要節假日附近會有顯著的峰值。

在實際應用中，這種週期性行為意味著某些基準線窗口比其他視窗更適合使用。過去 30 分鐘或 1 小時的表現，在某種程度上可以代表接下來的幾個小時，但是，當考慮到每分每秒的微小變化時，將焦點放在每個小時的表現上，並推斷未來幾天的整體表現，可能會變得不穩定，且反覆在警報和非警報狀態之間出現。

同樣地，反過來也很危險。當出現新的錯誤狀況時，等待一整天的過去表現資料再來預測未來幾分鐘可能會發生事，相當不切實際；等你做出預測的時候，錯誤預算可能已經用光了整整一年。因此，你的基準視窗應該與預測視窗相當。

實務中可發現，在不需要加入季節性補償，例如一天中的尖峰／離峰時段、平日與週末、月初月底等的情況下，一個特定的基準線窗口最多可以線性預測未來 4 倍的時間。因此，透過過去 1 小時的觀測性能，推斷未來 4 小時內是否會耗盡錯誤預算，就可以得到足夠準確的預測。詳細的推斷機制可見第 153 頁「根據上下文的燃燒警報」的更詳盡說明。

從當前燃盡速率推測未來

在預測未來可能發生的狀況時，先估算將會發生在預測窗口的事情是一個簡單的計算。如前文所述，這種方法是基於當前燃盡率對未來結果進行推算：還能使用多久的錯誤預算呢？

現在你已經知道要用作基準的大約量級，就可以推斷結果並預測未來。圖 13-5 說明如何從所選的基準線中計算軌跡，以確定何時會完全耗盡整個錯誤預算。

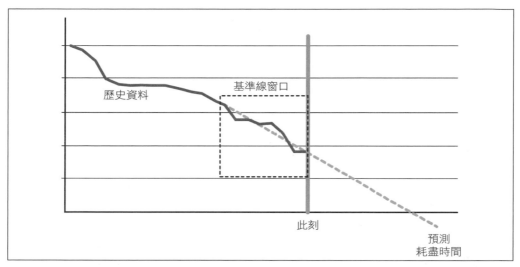

歷史資料

基準線窗口

此刻

預測
耗盡時間

圖 13-5　這張圖表顯示時間（x 軸）和剩餘的錯誤預算水平（y 軸）的關係。藉由推斷基準線，可以預測錯誤預算完全耗盡的時間

這種線性外推的技術常常出現在容量規劃或專案管理等領域中。例如，在工單系統中使用加權系統來估算任務的長度，你可能已經使用這種方法來推算未來 Sprint 計畫可以交付功能的時間。對於 SLO 和錯誤預算燃燒警報，同樣的邏輯可應用於幫助優先處理需要立即解決的營運環境問題。

計算第一次猜測相對簡單。但是，當推測預測性燃燒警報以確定未來的預測質量和準確性時，必須考慮額外的細微差別。

在實際應用中，可以使用兩種方法來計算預測燃燒警報的軌跡。短期燃燒警報僅使用最近時間段的基準線資料進行線性外推，而不使用其他資料；根據上下文的燃燒警報則考慮歷史表現，使用 SLO 的整個追蹤窗口中成功和失敗事件的總數來計算。

要使用哪種方法通常會受到兩個因素影響。第一個因素是計算成本和敏感度或特異性之間的權衡，根據上下文的燃燒警報比短期燃燒警報的計算成本更高。第二個因素則是立場考量，指剩餘的錯誤預算總量是否應該影響你對服務退化的反應速度。如果在燃燒預算只剩下 10% 時解決一個重大錯誤，比在燃燒預算剩餘 90% 時解決來得更加緊急，就比較適合使用根據上下文的燃燒警報。因此，你的選擇將根據這些因素來決定。

在接下來的兩節中，單位指的是用於 SLO 燃燒警報計算的細粒度構建塊。這些單位可以由時間序列資料如指標組成，像指標這樣的粗略度量具有聚合細度，將時間單位例如分鐘或秒標記為良好或不良。這些單位也可以由事件資料組成，個別事件對應於可以標記為良好或不良的用戶交易。第 159 頁「使用可觀測資料與時間序列資料來定義 SLO 的差異」，將探討使用哪種資料類型的影響。現在，範例將使用任意特定的單位，每分鐘對應一個資料點，並且不依賴於資料類型。

以下是使用這些方法時如何做出決策的例子。

短期燃燒警報

使用短期或非歷史性的燃燒警報時，需要記錄實際失敗的 SLI 單位數量，以及觀察到的基準線窗口中符合 SLI 資格的總數；然後使用這些資料來做出預測，並計算耗盡錯誤預算需要的時間（以分鐘、小時或週計算）。計算時，需要假設在基準線窗口中觀察到的事件之前沒有發生任何錯誤，且 SLO 具有固定的測量單位。

如以下這個例子。假設有一個服務，其 SLO 目標是在移動的 30 天視窗中，有 99％ 的單位成功。在一個典型的月分中，這個服務會有 43,800 個單位，過去的 24 小時中，這個服務看到了 1,440 個單位，其中 50 個失敗了；過去 6 小時中，這個服務看到了 360 個單位，其中有 5 個失敗了；但為了實現 99％ 的目標，每個月只允許 1％ 的單位失敗。根據典型的流量數量，也就是 43,800 個單位，只能有 438 個單位允許失敗，這就是你的錯誤預算。你想知道，如果以這個速率繼續下去，你是否會在接下來的 24 小時內耗盡錯誤預算。

一個簡單的短期燃燒警報計算發現，在過去的 6 小時內，你只燃燒了 5 個單元；因此，在接下來的 24 小時內，你將再燃燒 20 個單元，總計 25 個單元。由於 25 個單元遠小於 438 個單元的預算，所以可合理預測，不會在 24 小時內用完錯誤預算。

而一個簡單的短期燃燒警報計算也會考慮過去的 1 天中，你已經燃燒 50 個單元，因此，接下來的 8 天內將再燃燒 400 個單元，總計 450 個單元，超過 438 個單元的錯誤預算，所以可合理預測，8 天內會用完錯誤預算。

這個簡單的計算只用來說明預測機制，實際情況往往更為複雜，因為 SLI 合格流量通常會在一天、一週或一個月中波動。換句話說，如果錯誤發生在服務接收流量峰值之外，例如在夜間、週末，或當服務接收的流量只有中位數的 1/10 時，你無法可靠地預估過去 6 小時的 1 個錯誤，是否會導致未來 24 小時發生 4 個錯誤。如果錯誤發生在服務接收流量的 1/10 時，可能會預期在未來 24 小時內會看到接近 30 個錯誤，因為曲線將隨著流量增加而平滑。

到目前為止，這個例子一直在使用線性推算來簡化計算；但是，實際應用中，比例推算更加有用。請考慮以下對前面例子的修改。

假設服務 SLO 目標是在 30 天的移動窗口中成功率達到 99%，每個月，該服務處理大約 43,800 個單元，在過去 24 小時中，該服務處理 1,440 個單元，其中有 50 個失敗了。在過去的 6 小時中，該服務處理 50 個單元，其中有 25 個失敗了。為了達到 99% 的目標，每個月只允許 1% 的單元失敗。根據典型的流量數量，即 43,800 個單元，你的錯誤預算為 438 個單元。於是，在這樣的速率下，是否會在未來 24 小時內用完錯誤預算。

如果採用線性推算，過去 6 小時的 25 個失敗單元，意味著未來 24 小時將有 100 個失敗單元，總數為 105 個，遠低於 438 個。

如果使用比例推算，可以計算出任何 24 小時內的單元量為 43,800 單元 / 30 天，即 1,440 個單元。在過去的 6 小時內，50 個單元中有 25 個失敗了，失敗率 50%，如果失敗率在未來 24 小時中持續為 50%，你將耗盡 1,440 單元的一半，即 720 個單元，遠超過預算 438 個單元。透過比例計算，可以合理預測錯誤預算將在半天內用盡，此時，系統應該觸發警報，通知值班工程師立即調查。

根據上下文的燃燒警報

當使用具有根據上下文或歷史紀錄的燃燒警報時，需要保持整個 SLO 窗口，例如 30 天內發生的所有事件；而不僅僅是基準線窗口，例如 24 小時內發生的所有事件。本節將解釋有效燃燒警報所需的各種計算方法，但是，在實踐這些技術時需要謹慎，因為每個評估間隔計算這些值的計算成本可能會變得很高。從 Honeycomb 的經驗教訓可知，小型的 SLO 資料集也可能突然產生超過 5,000 美元 AWSLambda 費用的情況，因此成本壓力非常大。:-)

想了解根據上下文的燃燒警報的不同考慮因素，可以看這個例子。假設有一個服務的 SLO 目標為在移動的 30 天窗口內，有 99% 的單元會成功。在一個典型的月分中，該服務會看到 43,800 個單元。在過去的 26 天中，37,960 個單元中已經失敗了 285 個；過去 24 小時內，該服務已經看到 1,460 個單元，其中有 130 個失敗了。為達到 99% 的目標，每個月只允許失敗的單元占比 1%，根據典型的流量數量，即 43,800 單元，只允許失敗的單元數量為 438，這就是錯誤預算。所以你想知道，在這樣的速率下，是否會在未來 4 天內用完錯誤預算。

這個例子中需要根據天數以預測。根據之前提到的最大可行外推因子 4，你設置一個基準線窗口，檢查最近一天的資料，然後從現在開始預測未來 4 天的情況。

此外，你還需要考慮所選尺度對滑動窗口的影響。如果你的 SLO 是一個滑動的 30 天窗口，則調整後的回溯窗口將是 26 天：26 個回溯天數 +4 天外推 =30 天滑動窗口，如圖 13-6 所示。

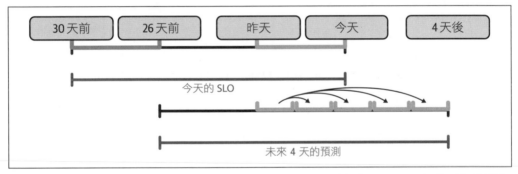

圖 13-6　調整後的 SLO 30 天滑動窗口。從現在開始預測未來 4 天，必須將回顧期縮短到今天往前的 26 天，因為要藉由複製基準線窗口的結果，並將其添加到調整後的滑動窗口中，以預測未來 4 天的情況

有了這些調整過的時間範圍，就可以計算從現在開始 4 天後的情況。計算時需要執行以下步驟：

1. 檢查在過去的 26 天中發生的 SLO 事件映射表中的每一個條目。

2. 記錄過去 26 天中發生的所有事件總數和錯誤總數。

3. 重新檢查最後 1 天內發生的映射表條目，以確定基準線窗口的故障率。

4. 藉由假定未來 4 天的行為與 1 天的基準線窗口類似,來推斷未來 4 天的表現。

5. 計算調整後的 SLO 30 天滑動窗口,以預測從現在開始 4 天後的情況。

6. 如果錯誤預算會在 4 天內用盡,則觸發警報。

使用 Go 程式碼範例,如果有一個包含每個窗口中失敗和成功數量的時間序列 map,就可以完成這個任務:

```go
func isBurnViolation(
  now time.Time, ba * BurnAlertConfig, slo * SLO, tm * timeseriesMap,
) bool {
    // 針對 map 中的每一個紀錄,如果它在調整窗口內,加至總數上。
    // 如果它在預測窗口內,則儲存該速率。
    // 然後向前預測並做 SLO 計算。
    // 然後發送適當的警報。

    // 計算將用來做預測的窗口,預測偏移量為最早的邊界。
    pOffset := time.Duration(ba.ExhaustionMinutes/lookbackRatio) * time.Minute
    pWindow := now.Add(-pOffset)

    // 將總窗口的結束設定為 SLO 時間區段開始的時間,加上耗盡分鐘。
    tWindow := now.AddDate(0, 0, -slo.TimePeriodDays).Add(
      time.Duration(ba.ExhaustionMinutes) * time.Minute)

    var runningTotal, runningFails int64
    var projectedTotal, projectedFails int64
    for i := len(tm.Timestamps) - 1; i >= 0; i-- {
      t := tm.Timestamps[i]

        // 從時間序列資料的最後一個時間點向前掃描,
        //   一旦達到時間窗口內的第一個時間點,就可以停止掃描了。
        if t.Before(tWindow) {
          break
        }

      runningTotal += tm.Total[t]
      runningFails += tm.Fails[t]

        // 如果在投影窗口內,使用該值預測未來,
        // 將這個時間點的資料計算多次(次數是 lookbackRatio)。
        f t.After(pWindow) {
      projectedTotal += lookbackRatio *  tm.Total[t]
        projectedFails += lookbackRatio *  tm.Fails[t]
      }
```

```
    }

    projectedTotal = projectedTotal + runningTotal
    projectedFails = projectedFails + runningFails

    allowedFails := projectedTotal * int64(slo.BudgetPPM) / int64(1e6)
    return projectedFails != 0 && projectedFails >= allowedFails
}
```

為了計算這個示例問題的答案,需要注意過去的 26 天中,已經有 37,960 個單位,其中 285 個失敗,將使用 1 天的基線窗口來預測未來 4 天,在基準線窗口開始時,你已經處於資料集合的第 25 天(1 天前)。

將結果可視化為圖形,如圖 13-7 所示,你會看到當一天的基準線窗口開始時,你仍有 65% 的錯誤預算剩餘。現在,你只剩下 35% 的錯誤預算,而一天內已經耗盡了 30% 的錯誤預算,如果繼續以這種速度耗盡錯誤預算,它將在不到 4 天的時間內耗盡。所以應該觸發一個警報。

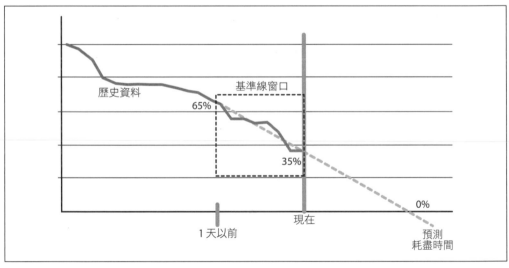

圖 13-7 在一天前,錯誤預算剩下了 65%。現在,只剩下了 35% 的錯誤預算。如果以目前的速率繼續消耗,錯誤預算將在不到兩天內用盡,你應該觸發警報

基準線窗口

在考慮了預測窗口以及它的使用方式後,現在請將注意力轉回到基準線窗口。

在基於現有的資料，預測未來的趨勢或結果時，基準線使用多長的時間窗口是一個有趣的問題。如果營運環境的服務表現突然下降，你希望盡快知道這一點；同時，你也不希望設置太小窗口，以免引起噪音警報。如果你使用 15 分鐘的基準線來推算未來 3 天的表現，那即使出現一個小錯誤，也可能會觸發假警報；相反的，如果你使用 3 天的基準線來預測一個小時後的表現，可能在關鍵失敗發生之前就無法察覺。

先前描述的是實用的選擇，將考量進去的時間線視為 4 的因數，你可能會發現可以使用其他更精密的算法，但從經驗中可知，4 的倍數通常最可靠。基準線的 4 倍數值也提供了方便的啟發式規則：一個 24 小時的警報基於最近 6 小時的資料，一個 4 小時的警報基於最近 1 小時的資料，以此類推。當首次接觸 SLO 燃燒警報時，這是一個好的起點。

設置基準線窗口比例時，不能不提到一個奇怪的影響，使用不同的預測窗口大小，來設置多個 SLO 燃燒警報很常見，因此，可能會出現警報以看似不合邏輯的順序觸發情況。例如，系統問題可能會觸發一個燃燒警報，說明你將在兩個小時內用完預算，但不會觸發一個說明你將在一天內用完預算的燃燒警報，這是因為這兩個警報的推算來自不同基準線。換句話說，如果你繼續以最近 30 分鐘的速度燃燒預算，將在兩個小時內用完預算；但如果你繼續以最近一天的速度燃燒預算，未來 4 天內都將處於正常範圍內。

因此，你應該同時測量兩者，並且在任何一個預測觸發警報時採取行動，否則可能要等待幾個小時後，才能在一天的燃盡時間尺度上暴露問題，而以小時為粒度的燃燒警報可以更快地發現。此時啟動糾正措施也可以避免觸發一天的預測警報，但相反地，雖然每小時的視窗允許團隊對燃燒速率的突然變化作出反應，但它太嘈雜了，無法促進在更長的時間尺度上的任務優先級，例如短程計畫。

最後一點值得細看。為了理解為什麼應該考慮兩個時間尺度，請看一下當觸發 SLO 燃燒警報時應採取的行動。

對 SLO 消耗警報採取行動

收到 SLO 燃燒警報時，通常團隊需要採取調查性回應。關於如何回應的更深入討論，同樣可以參考 Hidalgo 的書籍《實施服務水準目標》（*Implementing Service Level Objectives*）。這個章節將討論幾個問題，能在考慮如何回應燃燒警報時幫助你更全面性思考。

首先，你應診斷收到的燃燒警報類型，發生的是否為一種全新且出乎意料的燃燒情況？或者更為平緩且預期中？先來看看消耗錯誤預算的各種模式。

圖 13-8、13-9 和 13-10 顯示在 SLO 窗口期間，隨時間消耗的錯誤預算。大多數現代營運系統的特徵是，以緩慢但穩定的步調發生平緩的錯誤預算燃燒，你期待一定的性能閾值，只有少數例外會跌破這個閾值，在某些情況下，特定期間的干擾可能會導致例外集中發生。

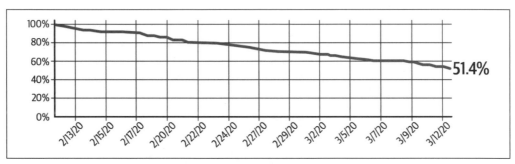

圖 13-8　平緩的錯誤預算燃燒速率，剩餘 51.4%

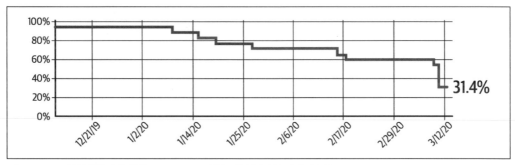

圖 13-9　剩餘錯誤預算為 31.4%，錯誤預算是集中燃燒的

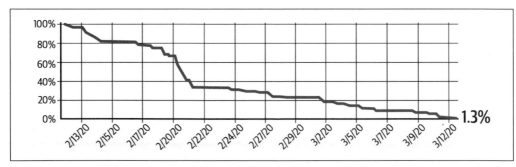

圖 13-10　一個通常慢慢燃燒但曾有一次事故一次性燃燒大部分錯誤預算的系統，只剩下 1.3% 的錯誤預算

當觸發一個燃燒警報時，你應評估它是否為突發狀況的一部分，或者可能是一次性燃燒大部分錯誤預算的事件。比較當前情況與歷史資料，可以為評估其重要性提供有用的背景。

與圖 13-9 中展示的即時剩餘 31.4% 和過去 30 天的消耗情況不同，圖 13-11 放大觀察過去 90 天內每一天的 SLO 的 30 天累積狀態。在二月初左右，這個 SLO 開始恢復到其目標閾值以上，其中一部分原因可能是一次大幅度的性能下滑事件已經從 90 天窗口中消失。

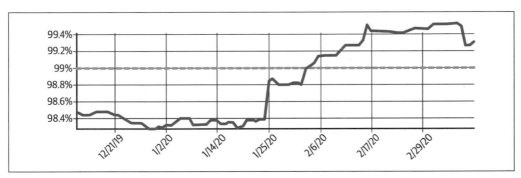

圖 13-11 一個 SLO 的 90 天滑動視窗，在二月初之前表現低於 99% 的目標，之後開始恢復

理解 SLO 的一般趨勢也可以回答關於事件感覺上的緊急性，並且可以提供解決問題的線索。一次性燃燒大量預算，與慢慢地隨著時間燃燒預算，這兩種情況暗指不同類型的失敗。

使用可觀測資料與時間序列資料來定義 SLO 的差異

對於 SLO 使用時間序列資料引入了一些複雜性。之前的段落使用一個通用的單位來考慮成功或失敗，在事件驅動的世界中，這個單位是一個單獨的用戶請求：這個請求成功還是失敗了？在時間序列的世界中，這個單位是一段特定的時間：在這段時間內，整個系統成功還是失敗了？當使用時間序列資料時，將會測量系統性能的匯總視圖。

使用時間序列資料的問題在於嚴格的 *SLO* 情況下特別明顯，尤其是那些目標為99.99% 可用性及以上。對於這些 SLO，錯誤預算可能在幾分鐘或幾秒鐘內就被耗盡，遇到這種情況，每一秒都很重要，並且必須實施幾個緩解步驟，例如自動化補救措施才能達到該目標。如果回應的人需要 3 分鐘才能確認警報、打開筆記型電腦、登入並手動運行想出的第一個修復措施；加上如果問題很複雜的話，還會需要進一步調試，也就需要更多時間。這樣，在一秒鐘與一分鐘之間找出關於重大錯誤預算燃燒的差異，將不會造成太大影響。

另一種緩解方式是透過使用事件資料來實現 SLO，而非使用時間序列資料。考慮在嚴格的 SLO 情境下時間序列評估的運作方式，例如，假設你有一個 SLI，指定請求的 p95 必須小於 300 毫秒，然後，計算錯誤預算需要將短時間內的狀況分類為良好或不良，當以每分鐘為基礎評估時，計算必須等到過去的一分鐘結束才能宣布它是否良好；但如果這一分鐘宣布告不良，你也已經失去那一分鐘的響應時間。當錯誤預算可以在幾秒鐘或幾分鐘內耗盡時，就是無法啟動快速警報工作流程的開始。

「良好的 1 分鐘」或「不良的 1 分鐘」，精細度皆不足以衡量 4 個 9（99.99%）的 SLO。以前例來說，如果只有 94% 的請求低於 300 毫秒，則整個分鐘都會宣告為不良，這一個評估就足以一次性燒掉你每月 4.32 分鐘錯誤預算的 25%。而且，如果你的監控資料僅蒐集於 5 分鐘的時間窗口，正如在 Amazon Cloud Watch 的免費版本預設值，使用這樣的 5 分鐘窗口評估良好 / 不良，只要一個評估窗口出錯，就會違反你的 SLO 目標。

在使用時間序列資料進行 SLO 計算的系統中，一種緩解策略可能是設置一個系統，一旦有 3 個合成探針（synthetic probe）[3] 失敗時，就會部署自動化的補救措施，然後預期在這之後再次檢查結果；另一種方法是使用指標來量測在較短時間窗口內，有多少百分比的請求正在失敗，前提是流量要夠高。

比起在「良好 1 分鐘 / 不良 1 分鐘」的情況下做出整體決策，使用事件資料來計算 SLO，可以讓你具有以請求級別的精細度來評估系統健康狀態。以前面的 SLI 為例，任何少於 300 毫秒的單一請求都可視為良好，而任何超過 300 毫秒的請求則皆視為不良。在一個 94% 的請求少於 300 毫秒的情境中，只有 6% 的請求會從你的 SLO 錯誤預算中扣除，不像如果使用 p95 這樣的時間序列度量方式時，會扣除 100%。

3　譯者註：合成探針是一種模擬用戶行為以評估系統性能、可用性或一致性的工具。例如，它可能模擬登入操作、購買流程等真實用戶可能進行的操作。這些探針可以定期運行，或在需要評估特定性能指標時執行，主要優勢是能在真實用戶遇到問題前，預先識別和解決可能的問題或故障。

在現代的分散式系統中，百分之百的全面故障比部分故障，即通稱的降載來得少見，所以基於事件的計算更為有用。例如，一個 99.99% 可靠性的系統出現 1% 的降級狀況，與 99% 可靠性的系統出現 100% 的停機，實際上在衡量時是非常類似的。衡量部分停機，可以有更多的時間來應對問題，好像它是一個 SLO 較低的系統全面停機一樣。在這兩種情況下，都有超過 7 小時的時間來解決問題，才會用完月度的錯誤預算。

記錄實際用戶與你的服務互動經驗的可觀測性資料，比粗糙匯總的時間序列資料更能準確地反映系統狀態。在決定用哪種資料進行可行的警報時，使用可觀測性資料可以讓團隊更專注於那些更接近業務真正關心的事實：也就是現在正在發生的整體使用者體驗。

讓你的可靠性目標與團隊能實現的範圍保持一致很重要。對於非常嚴格的 SLO，例如 5 個 9（99.999%）的系統來說，你必須部署所有可用的緩解策略，例如根據極其細緻和精確的測量資料自動修復，這種方法繞過了傳統需要人工介入、可能需要幾分鐘甚至幾小時的修復工作。然而，即使對於 SLO 較不嚴格的團隊，使用粒度細緻的基於事件的量測，一般來說，也能創造比基於時間序列量測有更多反應時間緩衝。這種額外的緩衝確保可靠性目標的實現性，無論團隊的 SLO 目標如何。

總結

前面已經探討錯誤預算的角色，以及使用 SLO 時可用來觸發警報的機制，有好幾種可用的預測方法可以預測何時會消耗完錯誤預算，每種方法都有其考量和權衡，希望本章節能幫助你決定要使用哪種方法，以盡可能滿足組織需求。

SLO 是一種現代化的監控形式，能解決之前提到的許多問題。SLO 並不特定於可觀測性，特定於可觀測性的是事件資料對 SLO 模型的額外加強能力。在計算誤差預算燃燒率時，事件提供了對營運服務實際狀態的更準確評估，此外，僅知道 SLO 有違規的風險，並不一定能提供你需要的洞察，以確定哪些用戶受到影響，哪些相關服務受到影響，或者哪些用戶行為的組合正在觸發你的服務中的錯誤。將可觀測性資料與 SLO 結合使用，可幫助你在觸發預算燃燒警報後，看到故障發生的時間和地點。

將 SLO 與可觀測性資料一起使用，是 SRE 方法和可觀測性驅動開發方法的重要組成部分。正如在前幾章中所言，分析失敗的事件可以提供豐富而詳細的資訊，包括出錯處以及出錯原因，有助於區分系統性問題和偶一為之的零星失敗。下一章將探討如何使用可觀測性，來監控開發應用系統的另一個關鍵組件：軟體供應鏈。

第 14 章

可觀測性和軟體供應鏈

這章節特別邀請 Slack 資深主任軟體工程師
Frank Chen 撰寫

本書作者 Charity、Liz、George 想說的話

迄今為止，本書已經探討了觀察程式碼在正式營運環境中運行的相關內容，但在營運環境中運行只是你的程式碼生命週期中的一個階段，在進入營運環境之前，使用構建流水線自動測試和部署程式碼是常見的做法。深入研究特定的持續整合（CI）/ 持續部署（CD）架構和實踐超出本書範圍，除了觀察能夠用於除錯流水線問題之外。

營運環境並非程式碼唯一需要面臨不斷變化的環境，用來運行構建流水線的系統，也可能會以意想不到且通常無法預測的方式變化。就如同本書討論的應用程式，構建系統的架構也可以多種多樣：從單一節點的單體式，到大規模並行處理的龐大構建農場。架構較簡單的系統可能透過推理潛在失敗情況，更容易除錯，但是，一旦系統達到一定的複雜程度，可觀測性就可能成為理解 CI/CD 流水線發生什麼事的不可或缺、甚至有時是必需的除錯工具。就像在營運環境中一樣，糟糕的整合、看不見的瓶頸以及無法偵測問題或除錯其原因等問題，也可能困擾你的構建系統。

本章由 Frank Chen 撰寫，詳細介紹 Slack 如何使用可觀測性來管理其軟體供應鏈。我們很高興邀請到他，因為這是使用可觀測性建立大規模系統的絕

佳範例，能幫助了解在構建流程中使用跨度和可觀測性來排除問題，以及在此情境下特別有用的檢測資料類型。

一般會用具有大規模軟體供應鏈的組織角度來看 Slack 故事，但我們相信它也具有可適用於任何規模的經驗法則，第四部分將具體探討實施大規模可觀測性時出現的挑戰。

我非常高興能分享這一章節，包括介紹如何在軟體供應鏈中整合可觀測性的實務與使用案例。軟體供應鏈包括「從開發、通過 CI / CD 流水線，直到進入實際營運環境的一切」[1]。

過去三年，我花很多時間建立和學習系統和人力流程，以提供頻繁、可靠和高質量的版本發布，為 Slack 的客戶提供更簡單、更愉悅和更高效的體驗。對於從事軟體供應鏈工作的團隊來說，支持整個組織使用的 CI / CD 流水線和工具，是實際營運時需要管理和維護的產品。

Slack 早期投資在協作的 CI 開發和 CD 的軟體發布方面。CI 是一種開發方法論，要求工程師盡可能頻繁地將新程式碼建立、測試，並整合到共享程式碼版本控制中，將新程式碼集成到共享程式碼版本控制並驗證其正確性，增加客戶使用時，新程式碼不會出現非預期故障的信心。CI 系統可以讓開發人員在提交新程式碼時自動觸發構建，測試，並獲得反饋。

想更深入了解持續整合的相關知識，可以參考 Murat Erder 和 Pierre Pureur 在 ScienceDirect 網站上的文章〈Continuous Architecture and Continuous Delivery〉[2]。此外，Atlassian 網站上，由 Sten Pittet 所撰寫的〈如何開始進行持續整合〉（How to Get Started with Continuous Integration）[3]，也是一份非常好的指南。這些資源可以幫助你更深入地了解如何實施持續整合，以及持續整合對軟體供應鏈的重要性。

---

1   Maya Kaczorowski, "*Secure at Every Step: What is Software Supply Chain Security and Why Does It Matter?*"（*https://oreil.ly/3UZm4*）, GitHub Blog, September 2, 2020.

2   *https://oreil.ly/ewm0i*

3   *https://oreil.ly/Dv4Zm*

Slack 最初是使用單一的 Web 應用程式 PHP monorepo，現在大部分改用 Hack[4]，隨著時間的推移演變為使用多種語言、服務和客戶端來滿足各種需求。Slack 的核心業務邏輯仍然存在於 Web 應用程式中，並路由到下游服務，例如 Flannel[5]。Slack 的 CI 工作流程包括單元測試、整合測試和各種基準程式碼的端到端功能測試。

為了呼應本章宗旨，重點會放在如何觀察 CI / CD 系統，以及 Web 應用程式的 CI，因為在 Slack，這是大部分工程師花最多時間關注的地方。Web 應用程式的 CI 生態系統涵蓋 Checkpoint、Jenkins 建構器和測試執行器，和 QA 環境，每個環境都能執行 Slack 的 Web 應用程式碼並導向支援相關服務。Checkpoint 是一個內部開發的服務，用於編排 CI / CD 工作流程，提供 API 和前端以編排複雜的工作流程，例如測試執行和部署。它還會在 Slack 中向使用者發送更新，例如測試失敗和拉取請求（PR）審查的事件。

圖 14-1 端到端的 Web 應用程式測試的工作流程範例。用戶向 GitHub 推送提交，Checkpoint 從 GitHub 收到有關基準程式碼相關事件的 Webhooks，例如新的提交。Checkpoint 然後向 Jenkins 發送請求，要求 Jenkins 執行建構和測試工作流程。在 Jenkins 的建置執行器和測試執行器內部，我們使用一個名為 CIBot 的基準程式碼，它執行構建和測試腳本，並將其與主分支合併（然後與 Checkpoint 溝通以進行工作編排和測試結果的發布）。

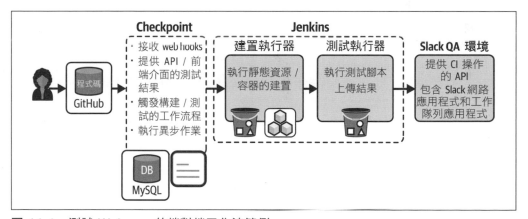

圖 14-1　測試 Web app 的端對端工作流範例

4　*https://hacklang.org*

5　*https://slack.engineering/flannel-an-application-level-edge-cache-to-make-slack-scale*

為什麼 Slack 需要可觀測性？

隨著使用者數量和基準程式碼的增加，Slack 在其生命周期中也不斷成長，雖然這令人興奮，但成長也有不好的一面，會導致系統更加複雜，界限更為模糊，也會將系統推向極限，測試套件的執行量曾經一天只有數千次，現在已增長到數十萬次。這些工作量在基準程式碼和許多團隊中具有不同且多樣化的性質，在這樣的規模下，必須使用適應性容量和超配策略（oversubscription）[6] 來控制成本和計算資源。

 在 Slack 的 CI 系統中，控制成本的策略也非常重要，可在 Slack 工程部門的部落格文章〈Infrastructure Observability for Changing the Spend Curve〉[7] 中找到更多有關此主題的細節。

在開發環境中測試和部署程式的工作流程，可能會比某些營運服務更加複雜，基礎架構類型或運行時版本的底層依賴關係，可能會意外變化並引入意外失敗。例如，Slack 依賴於 Git 進行版本控制，當合併程式碼時，不同版本的 Git 可能具有截然不同的性能特徵，在 CI 上進行異常檢測可能涉及到除錯問題，而這些問題可能存在於你的程式碼、測試邏輯、相關服務、底層基礎架構或其任何排列組合中。當發生問題時才知道，它們可能隱藏在許多不可預測的地方，因此，Slack 很快就意識到需要在軟體供應鏈中引入可觀測性。

不論是 Slack 還是你的業務，在軟體供應鏈中加入檢測功能都是一種競爭優勢：更快的開發速度＋更快的發布週期＝提供給客戶更好的服務。可觀測性在 Slack 對問題的理解，以及在 CI／CD 投資的決策過程中扮演了重要的角色，接下來的章節，將介紹關於 Slack 在 2019 年將 Checkpoint 添加分散式追蹤的檢測套件功能，以及 2020 年和 2021 年針對特定問題解決方案的案例研究。

---

6 譯者註：通常是基於預測任務使用率的行為模式，跟可用資源相比，超配策略將更多任務分配給這些資源，因為有些任務只有在特定時間才需要使用到資源。超配可以提高資源利用率和效率，但也需要考慮可用資源的限制，和避免過度負載導致系統性能下降。

7 *https://slack.engineering/infrastructure-observability-for-changing-the-spend-curve*

內部工具通常需要經過和營運系統相同的多個關鍵系統，但又會對開發系統進行額外的複雜操作，包括建立和測試程式碼合併。內部工具提供了不同於營運環境服務的視角：雖然基數顯著較低，但單一事件和跨度的重要性顯著較高。任何依賴系統的失敗都代表開發速度的減慢，造成團隊困擾，最終導致將軟體交付給客戶的速度變慢。換句話說，如果軟體供應鏈的第一部分速度慢或容易出錯，那軟體供應鏈其餘依賴這個關鍵的部分都將成為瓶頸[8]。

在分散式系統中，「它太慢了」是最難排查的問題，「它很容易出錯」是支持內部工具的團隊最常聽到的問題，這兩者的共同挑戰是如何在高複雜性的系統之間進行問題的相關性分析。例如，當基礎架構或測試不穩定時，開發人員的程式碼撰寫能力就會下降，對工具的信任也會逐漸消失，導致挫折感。這種複雜性促使 Slack 投資於構建共享的可觀測性流水線，Slack 的 Suman Karumuri 和 Ryan Katkov 撰寫的第 18 章，會有更多關於可觀測性流水線的細節。下一節，你將了解到如何透過「維度性」來解決這個問題。

檢測功能：共享客戶端套件和維度

在 Slack 的 CI 過程中，主要的挑戰一直是複雜性。在端到端測試中出現的失敗，可能是多個交互的程式所導致，需要查看程式碼變更、基礎架構變更和平台運行時間等多個方面。在 2020 年，對於一個 Web 應用程式開發者的單次提交，我們的 CI 流水線將執行多個依賴於 GitHub 的測試套件，這些測試套件是由三個平台團隊：性能、後端和前端構建的流水線，並跨越 20 個有不同需求和專業領域的團隊 / 服務。到了 2020 年中，隨著測試執行量每月以 10% 的速度增長，我們的 CI 基礎設施開始達到極限，多個下游服務在擴大規模以滿足測試執行帶來的額外需求時遇到了困難。

2019 年，Slack 試圖通過分散式追蹤（distributed tracing）來解決一系列的瓶頸。Slack 的 CI 基礎架構大部分是由 CTO 和早期員工所建立的，並且多年來一直保持著功能，但是這個基礎設施開始顯示出成長的痛點，以及對許多工作流程缺乏可觀測性。

---

[8] 譯者註：因為內部工具服務的使用頻率低，同時使用人數也較少，相對於營運環境基數較低。關鍵性和跨度指的是當發生問題時，該問題的影響範圍和影響程度有多大。內部工具的任何一個失敗都可能導致整個軟體供應鏈的失效。

在應用追蹤到多跳躍（multihop）的建構系統[9]後，本團隊能夠在增加檢測功能後的幾個小時內，解決 CI 工作流程中的多個挑戰：

- 2019 年第二季的某個下午，在原型中對 CI 運行器（runner）加入了檢測功能。與其他追蹤用例相似，在得到追蹤資料的幾分鐘內，就發現了 Git checkout 的異常運行時間。藉由查看底層主機，發現它們沒有像其他主機那樣在自動擴縮群組（ASG）中進行更新，並很快從 ASG 中移除。對於那些並未導致錯誤或失敗，但仍然呈現出慢速而因此不夠好的用戶體驗工作流程來說，這找到了一個簡單的解決方案。

- 2019 年第三季，團隊正在處理一場持續多天／涉及多個團隊的事故。我們實施了第一個分散式追蹤，從 CI 運行器到測試環境，發現 Git 大文件儲存（LFS）的問題，這使系統的吞吐量變慢。最初，團隊四處奔波，試圖控制多個超載的系統，因為系統的一部分將失敗傳播到其他系統。在添加簡單的檢測探針，借用 CI 運行器，並且發現一組主機無法從 Git LFS 取得工件的情況下，我們只花不到兩小時，就解決了這個問題。

圖 14-2 可以看到在使用者將程式碼推送到 GitHub 後進行測試運行的簡化視圖。此測試運行由 Checkpoint 編排執行，然後傳遞到建構步驟和測試步驟，每個步驟都由 Jenkins 執行器執行；在每個階段中，你可以看到提供 CI 執行上下文[10]的額外維度。然後，Slack 的工程師使用單個或多個維度作為「線索的麵包屑」，當在營運環境中出現性能或可靠性問題時，就可以探索執行過程。每個額外維度都是問題調查中的方向和線索。可以結合這些線索，逐步深入特定在部署的程式碼中的問題。

9　譯者註：多跳躍的建構系統指在建構過程中，工作流程可能會經過多個獨立的系統或服務，每個「跳躍」都可能是工作流程中的一個步驟，例如拉取程式碼、運行測試、建構軟體或部署應用程式。

10　譯者註：CI 過程中的執行上下文，就是在不同的建構與測試步驟，加入版本控制系統中的提交者資訊，建構時間，建構版本，工具版本，運行環境資訊等，有助於更好地定位與解決問題。

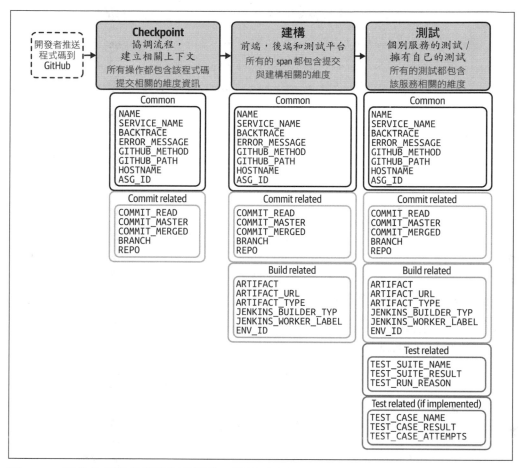

圖 14-2　簡化的端對端測試運行概覽，這個測試運行由 CI 協調層編排，強調工作流程中共享的一些常見維度，以幫助我們更能理解和分析測試的運行情況

客戶端的維度是在每個追蹤中進行設定的，如圖 14-3 顯示的示例維度。Slack 使用 TraceContext 單例物件來設置這些維度，每個 TraceContext 都會建立一個初始的追蹤，其中包含一些常見的維度，然後再建立一個新的追蹤。每個追蹤由多個 span 組成，而每個 span 上也會有一系列特定的維度；每個 span，例如在圖 14-4 中的 `runner.test_execution`，都可以包含有關原始請求的內容，並將感興趣的維度添加到根 span。隨著添加更多維度，將為問題調查提供更多的上下文和豐富性。

Glen Mailer 在 Honeycomb 網站上發布的影片「CircleCI: The Unreasonable Effectiveness of a Single Wide Event」[11] 可以讓你更了解有關廣泛資訊的跨度事件（Wide event）的更多資訊。

```
enum ServiceName: string as string (
  CHECKPOINT_BG = 'ci_checkpoint_bg';
  CHECKPOINT_APP = 'ci_checkpoint_aa';
  CHECKPOINT_ENV_CONTROL = 'ci_checkpoint_env';
  CIBOT_RUNNER = 'ci_cibot_runner';
  CIBOT_BUILDER = 'ci_cibot_builder';
  DB_CLIENT = 'ci_db';
  DEFAULT = 'ci_defaut';
  ROOT = 'ci_root';
)

enum ServiceName: string as string (
// Global
  NAME = 'name';
  SERVICE_NAME = 'service_name';
  BACKTRACE = 'backtrace';
  ERROR_MESSAGE = 'error';
  IS_SYNTHETIC_SPAN = 'is_Synthetic_span';
  METHOD = 'method';
  STATUS_CODE = 'status';
)

// Commit related
  COMMIT_HEAD = 'commit_head';
  COMMIT_MASTER = 'commit_master';
  COMMIT_MERGED = 'commit_merged';
  BRANCH = 'branch';
  REPO = 'repo';
)

// Host related
  EVN_ID = 'env_id';
  HOSTNAME = 'hostname';
  ASG_ID = 'asg_id';
)
```

```
/ /Build
  ARTIFACT = 'artifact_id';
  ARTIFACT_URL = 'artifact_url';
  ARTIFACT_TYPE = 'artifact_type';
  JENKINS_BUILDER_TYPE = 'jenkins_builder_type';
  JENKINS_WORKER_LABEL = 'jenkins_worker_label';

// Test run
  TEST_SUITE_NAME = 'test_suite';
  TEST_SUITE_RESULT = 'test_suite_result';
  TEST_RUN_REASON = 'run_reason';

// Test case
  TEST_CASE_NAME = 'test_case_name';
  TEST_CASE_RESULT = 'test_case_result';
  TEST_CASE_ATTEMPTS = 'test_case_attempts';

// Orchestration
  ENTRYPOINT = 'entrypoint';
  REQUEST_ID = 'request_id';
  PATH = 'path';
  AUTH_METHOD = 'auth_method';

// Clients
  DB_QUERY = 'query';
  DB_TABLE = 'query_table';
  GITHUB_METHOD = 'github_method';
  GITHUB_PATH = 'github_path';
  /* [... Other dimensions ...] */
)
```

圖 14-3　在 Slack Hack 程式碼庫中常見的維度，可以作為在 span 和 CI 中結構化維度的參考範例。

例如，Slack 的工程師可能想要沿著常見的維度，如主機名稱或一組 Jenkins 工作機來識別併發性問題。TraceContext 已經提供一個主機名稱標籤，然後，CI runner 客戶端附加一個標籤，用於 Jenkins 工作機標籤。使用這兩個維度的組合，Slack 的工程師可以將具有運行時問題的個別主機或一組 Jenkins 工作機分組。

11　*https://hny.co/resources/the-unreasonable-effectiveness-of-a-single-wide-event*

同樣的，Slack 的工程師可能會想要找出常見的建構失敗情形。CI runner 客戶端會對最新的提交或者在 main 分支上的提交加上 Git tag，這樣的組合可以讓人們找出哪些提交可能導致了建構失敗。

圖 14-3 中的各種維度，會使用於多個腳本和服務呼叫中，讓它們能夠互相溝通，以完成一次測試運行（如圖 14-4 所示）。

Span 名稱	服務名稱	0s 100s 200s 300s 400s 500s 600s 700s 828.4s
2 ci_root	ci_root	828.402s
● checkpoint_int	ci_root	1.005s
6 ci_cibot_runner	ci_cibot_runner	827.368s
● runner.init	ci_cibot_runner	24.31ms
● runner.checkout	ci_cibot_runner	18.214s
● runner.test.config	ci_cibot_runner	0.1310ms
● runner.checkout.more	ci_cibot_runner	92.0μs
● runner.test_execution	ci_cibot_runner	809.037s
● runner.reult_reporting	ci_cibot_runner	0.7630ms

圖 14-4　一個名為 backend-php-unit 的後端測試套件的 CI 執行過程追蹤

接下來的章節將分享 Slack 如何利用追蹤工具和查詢來理解供應鏈，以及溯源證明如何產生可操作的警報來解決問題。

案例研究：實現供應鏈

透過分析指標、事件、日誌和追蹤組成的遙測資料建立可觀測性，是模擬內部使用者體驗的重要組成部分，對於 Slack 的基礎設施工具和人員來說，關鍵在於持續學習，和將可觀測性融入到工具中。本節介紹將可觀測性引入 Slack 開發人員工作流程的案例研究，分享 Slack 解決這些問題的方法後，希望你可以重複使用這些模式，應用在自己的內部開發中。

透過工具理解上下文

CI 運作於一個複雜的分散式系統中，多個微小更改可能會累積對 CI 用戶體驗產生影響。傳統上，多個團隊在各自領域中獨立解決性能和韌性問題，以為客戶提供更好的服務，例如後端、前端和中間件。然而，對於正在進行開發和運行測試的 CI 客戶來說，用戶體驗最好以最差表現或最不穩定測試來代表，當運行相同的代碼產生不同結果時，就可認定這個測試不穩定。了解某個操作或過程的詳細資訊與背景，這樣的上下文對於識別瓶頸至關重要。

本節的其餘部分將藉由一個案例研究，講述 Slack 團隊如何一起解決測試不穩定的問題，並從中了解上下文。Slack 團隊能夠顯著減少這個問題對內部客戶的影響，是因為聚焦以下幾個關鍵原則：

- 使用追蹤工具檢測測試平台，以捕捉之前未能充分探索的運行時變數
- 實施基於可觀測性的小型反饋迴圈，以探索有趣的維度
- 在與不穩定的測試配置相關的維度上運行可逆實驗 [12]

2020 年，由於不穩定的端對端測試運行，使得 Slack 工程師對此感到越來越挫敗。當工程師提交程式碼到 GitHub 後，直到所有測試執行完畢返回的時間（p95）始終超過 30 分鐘。在這段時間內，大部分的 Slack 程式碼測試都是由端對端測試驅動，以確保工程師將其程式碼合併到主幹之前的程式碼品質。許多端對端測試套件的平均執行失敗率接近 15 %。這些不穩定的測試執行累積起來，每週消耗 10 萬小時的計算時間，最終都付之闕如。

到了 2020 年中期，以上這些指標的組合導致 Slack 的自動化團隊開啟每日 30 分鐘的分類會議，以深入研究特定的測試問題。自動化團隊的負責人猶豫是否引入任何額外的變異來使用端到端測試平台 Cypress，他們相信測試本身的問題才是導致不穩定的原因；但是，沒有任何證據可以支持或或排除這個說法。

到了 2020 年底，透過追蹤可觀測性，已經在識別其他內部工具的基礎設施瓶頸方面取得了巨大的潛力和影響。內部工具和自動化團隊，開始為 Cypress 添加一些運行時參數和跨度的追蹤功能。

12　譯者註，可逆實驗指的是可以反轉或回滾的實驗，也就是可以輕易地回到之前狀態的實驗。這種實驗通常用來探索新的想法或方法，因為即使結果不如預期，也可以輕鬆回復到之前狀態，並且不會對系統造成多大影響。

在加入追蹤工具的幾天內，多個維度與具有較高失敗率的測試套件關係密切。團隊的工程師查看這些檢測資料，發現測試平台的使用者和測試套件的擁有者具有截然不同的配置。在這個發現過程中，將額外的遙測添加到 Docker 運行時以增加一些詳細資訊。在擁有資料的支持下，這些工程師進行了實驗，以為該平台設置更好的預設值和測試配置設置防範措施。在這些初始調整之後，許多用戶的測試套件失敗率顯著下降，從 15% 降至不到 0.5%，如圖 14-5 所示。

因為各個端到端測試套件之間的運行方式並不相同，而沒有一個中央團隊可以對其全面監控，所以在不同測試套件之間蒐集上下文資訊是如此重要，才能確定造成測試失敗的特定因素。

> 若想深入了解 Slack 如何轉變其測試策略和安全文化，請參閱 Slack 的部落格文章〈在 CI／CD 中平衡安全性和速度〉[13]。這篇文章中，Slack 詳述工程師發起一個專案，改變測試流程，並減少為了程式碼安全而進行的端對端測試。這大大減少使用者面臨的不穩定性，並在 2021 年提高開發速度。

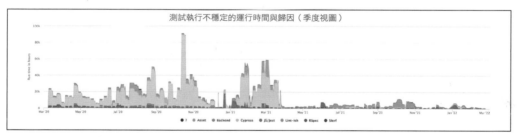

圖 14-5　Web 應用程式在主要測試運行類別之間耗費的時間。淺色條形圖顯示來自 Cypress 平台測試的不穩定測試執行時間

有了透過工具獲得共同的前後關係共識後，Slack 接下來的步驟是透過警報，嵌入可操作的工作流程。

13　*https://slack.engineering/balancing-safety-and-velocity-in-ci-cd-at-slack*

嵌入可操作的警報

Slack 整合了自己的產品，讓工程師在基礎設施中處理開發和疑難問題時使用。透過追蹤的可觀測性在幫助工程師處理問題時扮演著關鍵的角色，藉由在 Slack 訊息和設定好的儀表板中指引人們，讓工程師能更有效率地工作。

以下是一個關於測試執行的案例研究。一個單獨的測試套件執行可能會因程式碼、基礎架構或產品功能的不同，而有不同理解方式，每個團隊或平台可能會有多個關於測試執行不同部分的 SLO。如下面這些例子：

- 測試套件的擁有者或平台團隊可能關心測試的失敗率、可靠性或內存使用情況

- 測試基礎架構團隊可能關心特定操作，如 Docker 操作或每個測試成本的性能和可靠性

- 部署負責人可能關心的是哪些程式碼已測試、哪些修補程式即將通過 CI，以及何時可以進行部署

- 內部工具團隊可能關心測試結果處理通過 CI 的吞吐量

識別問題的提示可能是針對高層次商業指標的異常檢測警報，或是基於特定測試套件的問題（例如圖 14-6）。我們的可觀測性工具的連結，可能會引導使用者到一系列基於 `test_suite` 維度的可視覺化工具。

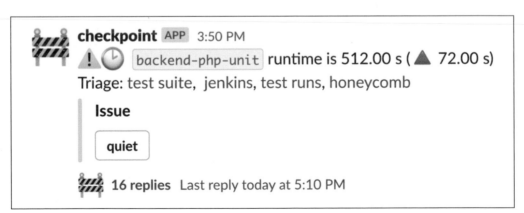

圖 14-6　圖表顯示的是一個測試套件的運行時間在某個時間點上升，且其程度超過所有運行時間 50% 的套件

在 Slack 內部鼓勵團隊根據特定使用情境製作儀表板。Honeycomb 連結可以從我們的 CI 服務追蹤儀表板（圖 14-7）中呼叫一個查詢，並將一些參數設定為測試套件潛在問題的指標。這個訊息有助於通知響應者有關特定問題的資訊，例如，名為 *backend-php-integration* 的測試套件顯示運行時間較長的跡象，響應者可能會使用 Honeycomb 來檢查相關的追蹤，以尋找潛在問題。

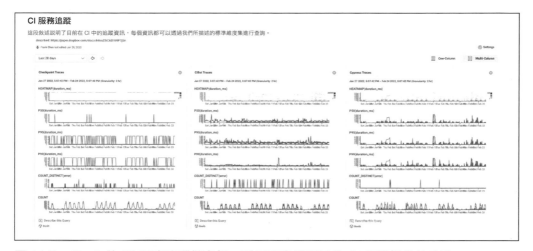

圖 14-7　Slack 的 CI 服務追蹤儀表板，顯示可查看不同的 CI 相關操作的查詢

在圖 14-8 中，可以看到一個查詢的範例，從整體上觀察一個速率、錯誤和執行時間的查詢，負責處理警報事件或問題的團隊可能會使用這些查詢。

Checkpoint 追蹤

資料視覺化	條件	分組	...
熱力圖（duration_ms） P50（duration_ms） P95（duration_ms） P95（duration_ms） 計算不同錯誤的數量（error） 總數	主機名稱 hostname 的開頭是 checkpoint	方法 服務名稱	

圖 14-8　顯示了一個查詢範例，透過將 Checkpoint 中各個服務之間的單個方法分組，並設定一些指標和分組條件，可以從整體上了解速率、錯誤和執行時間等指標。這種查詢方法大致符合「Rate, Error, Duration」（RED）[14] 儀表板的標準

現在透過可操作警報，就可以理解哪裡有所改變。

理解哪裡有所改變

讓我們以前面介紹的一些想法，探討另一個案例。2021 年 8 月，Slack 發生一起事故，我們使用應急指揮系統 [15] 來處理，當檢測到服務中斷或降級時，緊急事件處理就會啟動。緊急事件處理以一個新的公共 Slack（對話）「群組」開始，然後指揮官會將來自多個團隊負責處理問題的相關人員加入頻道，以協調應對和糾正事故。

在這種情況下，多個使用者注意到，在執行後端單元測試套件和整合測試套件時，由於記憶體不足錯誤（OOM）的失敗率高，而受到阻礙。每個後端單元測試套件可能會運行數萬個測試，而測試套件執行偶爾會單獨地通過。

在事故發生初期，一名相關人員發現前一天出現一個異常，那是一個較高的不穩定測試（Flaky Test）比率（參見圖 14-9 中的異常類型），可能指出在那段時間發生的一些變化。在事故發生期間，相關人員查看了後端測試的測試用例追蹤資訊，以了解測試用例的記憶體足跡的變化情況。可以看到過去幾個月中，記憶體

14　譯者註：RED 是一種常見的監控儀表板，用於評估系統的健康狀況。這種儀表板最初由微服務架構的倡導者 Tom Wilkie 提出，特別適用於基於服務的架構。

15　https://response.pagerduty.com

使用情況在 p50、p95 和 p99[16] 上都有多次增加，而且能確定具體時間點的記憶體使用量變化。

利用這些資料，能夠找出前一天以及前幾個月可能導致記憶體使用量增加的相關 PR（程式碼變更提交）。對於大型基準程式碼或測試套件中的錯誤或性能下降等問題來說，因為變更速度快且包含很多基準程式碼與基礎架構中的各種元素或參數，所以通常很難找出因果關係。

條件

– 後端（Hack）的單元 / 整合測試由於主機出現記憶體耗盡（OOM）的情況，而以相當高的失敗率失敗

– 理論上，測試中的記憶體使用量已增加到無法在同一主機上並行運行這麼多測試的程度

– 已經找出過去一個月中，記憶體使用量大幅上升的幾個轉捩點

圖 14-9　展示該事件中的條件 / 操作 / 需求（Conditions/Actions/Needs, CAN）[17] 流程中的條件部分。事故症狀是多個測試套件由於記憶體不足（OOM）而失敗，並且正在調查一個進行中的理論

進行事故調查時，有時會因為變數太多而無法立即確定根本原因，因此在進行變更後，通常會先觀察一段時間，以確認系統是否正常運作。在這次事故中，有幾個可能的罪魁禍首提交已撤銷。圖 14-10 顯示了一串很長的討論串，他們能夠迅速測試假設，並使用分散式追蹤工具，在近乎實時的情況下查看系統健康狀態。

這些資料讓 Slack 能夠隨著時間查看具有背景資訊的遙測資料，這是 Slack 日常運營中使用觀測技術的眾多範例之一。你可以採用類似的方法，藉由將可觀測性嵌入你自己的調查中，來識別變化和故障；換句話說，這個案例表明在運營過程中使用觀測技術的價值，它能夠幫助你更了解系統的狀態，並迅速應對任何問題。

16　譯者註：統計上分位數的術語，例如 p50 指的是所有位於中位數位置的資料。

17　譯者註：「Conditions / Actions / Needs」（CAN）是一種用於描述事件的流程。「Conditions」是對事件當前狀態的描述，「Actions」是已經採取或正計畫採取的行動，而「Needs」是解決問題所需要的資源或行動。

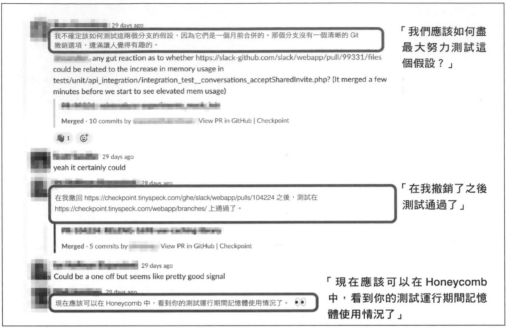

圖 14-10　事故調查期間的 Slack 對話，從測試假設開始、操作、使用可觀測性來驗證假設。（回應者的名字因隱私政策而模糊處理）

總結

本章節說明可觀測性在軟體供應鏈中的應用，分享 Slack 如何為 CI 流水線建立了自動化檢測功能，以及最近解決分散式系統錯誤的案例。對於試圖了解程式碼在實際營運環境中行為的應用程式開發者而言，除錯分散式系統的複雜性通常是最令人頭痛的問題。但在進入實際營運環境之前，其他分散式系統的調試可能同樣具有挑戰性，需要適當的工具和維度來幫助了解和解決問題。

透過軟體供應鏈中的可觀測性，Slack 工程師能夠解決之前無法看到或檢測到的複雜問題，包括應用程式速度慢或 CI 測試失敗等問題。可觀測性能夠幫助開發者在高度複雜的系統中找到關係並解決問題。我們鼓勵各位開發者在調試問題時，採用類似方法，將可觀測性融入調查過程中，以迅速解決問題。

第四部分

大型系統中的可觀測性

第三部分著重於克服開始時的障礙，以及改變溝通互動和文化實踐的新工作流程，以推動你的可觀測性採用計畫；本部分中將探討在可觀測性採用成功，並在大規模實施時需要考慮的因素。

當涉及到可觀測性時，「大規模」可能比大多數人想像的要大，粗略估計，當每天產生的遙測事件數量高達數億或低達數十億時，你可能會面臨規模性的問題。本章探討的概念在規模化運營可觀測性解決方案時最為顯著，然而，這些經驗教訓對於任何走上可觀測性之路的人都是普遍有用的。

第 15 章探討購買或自行建立可觀測性解決方案的決策。在足夠大的規模下，隨著商業解決方案的費用不斷增加，團隊將開始考慮是否可以透過自行建立可觀測性解決方案，來節省更多費用。本章提供有關如何應對這項決策的最佳指南。

第 16 章探討資料儲存系統在滿足可觀測工作負載需求時應如何配置。為了滿足迭代和開放式調查的功能需求，需要滿足幾項技術標準。本章以 Honeycomb 的 Retriever 引擎為案例研究，作為滿足這些需求的模型。

第 17 章介紹如何在大規模下減少管理大量遙測資料的開銷。本章提出幾種技術，以確保高品質的可觀測性資料，同時減少必須在後端資料儲存中捕捉和儲存的事件數量。

第 18 章介紹另一種在大規模下管理大量遙測資料的技術，即藉由流水線管理。這是由 Slack 公司的高級軟體工程師 Suman Karumuri 和工程總監 Ryan Katkov 共同撰寫的專題章節，詳細介紹 Slack 如何使用遙測管理流水線，在大規模下路由可觀測性資料。

本書的這一部分關注的是可觀測性概念，在任何規模下都有用，但在大規模使用案例中變得至關重要。第五部分將探討在任何規模下推廣可觀測性文化的技術。

第 15 章

購買和自己建立的抉擇
以及投資報酬率

到目前為止，本書中已經探討了可觀測性的技術基礎，以及實施實踐所需考慮的團隊協作和組織文化的因素。這一部分，將探討實施大規模可觀測性時需要考慮的因素，聚焦於實現之前所描述的，可觀測性工作流所需的功能要求。

在足夠大的規模下，許多團隊都會面臨一個問題，那就是他們應該購買或自行建立一個可觀測性解決方案？對於相對小的規模來說，從供應商那購買可觀測性解決方案似乎相對便宜，然而，隨著用戶流量增長，你的應用程式所生成的基礎架構規模和事件量也會隨之增加，當需要處理大量的可觀測性資料，並從供應商那裡看到一個龐大帳單時，團隊會開始考慮是否可以自己建立一個可觀測性解決方案，以省下金錢。

另一方面，當一些組織認為供應商無法滿足他們特定的需求時，就會考慮建立一個可觀測性解決方案。當你擁有軟體工程師可以建立起想要的確切事物時，為什麼還要屈就於不完整的需求呢？由此可知，團隊應該建立解決方案還是購買解決方案的決策，背後都有許多考慮因素。

這一章將深入探討團隊在決定是否應該自建或購買可觀測性解決方案時需要考慮的問題。同時會看待可量化和無法量化的因素，當考慮投資報酬率（ROI）時。自建或購買的選擇並非二選一；某些情況下，可能希望購買並同時自行建構。

這章將從審視購買與建立的真實成本開始，然後考慮可能需要選擇其中一種的情況，也會探討可能在全然自行建構和只使用供應商解決方案之間找到平衡的方式。這一章的建議比較適用於大型組織，但任何規模的團隊在考慮這個決定時，這些建議都適用。

如何分析可觀測性的投資報酬率？

首先，別忘了這本書的作者群就是一家可觀測性軟體供應商的員工，很顯然的，我們已有偏見。儘管如此，仍然可以使用組織和結構化的方式，來分析和解決這個問題，並從量化成本開始。

沒有一個萬用答案可以告訴你可觀測性將花多少錢，但可以做出一些廣泛的推測。最容易開始的地方也是最顯眼的因素：你從商業可觀測性供應商那裡拿到的帳單；在供應商的關係中，理財成本更容易看見，因為它們就是一個項目裡。

當你剛開始調查可觀測性供應商的解決方案，尤其是那些僅將可觀測性的標籤套用在幾十年傳統工具上的監控和 APM 解決方案時，總價可能會讓你感到驚訝。部分原因是因為新用戶會拿這個價格，與他們可能自己構建的開源且「免費」方案比較。然而，一般人往往忽略時間成本。當搭建一些基礎設施並配置軟體需要花費一小時，自己做的解決方案就看似免費了。

但實際上，持續維護的成本，切換上下文所浪費的時間，所有工程師花在對核心業務價值無關事物上的機會成本，所有被「免費」解決方案吸走的時間，幾乎總是過於低估；實際上，就算你認為你有考量到這種低估，你可能仍然會低估。只要是人，對於維護成本的直覺感覺往往過度樂觀，甚至到了有飄飄然的感覺，可說是既可以理解也可以原諒的出發點。

即使超越那個起點，有時自建解決方案的衝動也可能源於預算的不匹配。獲得用於購買軟體的費用批准，可能比讓你雇用的工程師花時間建立和支持一個內部替代方案更為困難，然而，落入這個類別的組織往往不願意承認這種「免費」的努力，實際上對他們的業務成本有多少影響。克服預算不匹配可能會促使最初的自建決定，但從長期來看，這個決定會替組織帶來大量的成本，而這些成本在最初決定自建之後通常不會有人追蹤。

要分析建立或購買可觀測性工具的投資報酬率（ROI），首先你必須真正理解這兩個決策的成本。計算總擁有成本（Total Cost of Ownership, TCO）需要考慮很多因素才能精確，但你可以用一般指導原則開始。

自行建立的真實成本

讓我們從機會成本開始。資源是有限的，每一個花費金錢或時間的決定都會影響到你的業務能夠達成的事情。機會成本是做出一個決定時，下一個最好選擇的價值，也就是說，選擇要走這條路時，你放棄了什麼回報呢？

你的業務是建立可觀測性解決方案嗎？如果這個問題的答案是否定的，那建立一個定制的可觀測性工具，可能會讓你的公司從核心目標上分心；因此，選擇自行建立的機會成本會比較巨大。

地球上最稀有的自然元素，是周期表上原子序數為 85 的「砈」，地殼深處的「砈」數量在任何時候都少於 1 克；第二稀有的元素，就是未分配的工程時間。當然，這只是玩笑話，但如果你是一個產品或工程經理，你聽到這個笑話可能會覺得「哭笑不得」（對不起，各位經理！）在任何一家公司，無窮無盡的競爭需求都在爭奪工程資源，作為領導者和工程師，你的工作就是過濾噪音，並優先考慮需要解決的問題，這些解決方案將推動業務向前發展。

作為軟體工程師，你的工作是寫程式，當你的才能用於解決可能遇到的任何挑戰時，就會產生機會成本的問題，也就是任何時候都可能發生。出現問題時，如果你首先和最主要的傾向就是寫一些程式來解決它，你可能就沒有考慮到機會成本，因為雖然寫程式快且便宜，但維護這些程式也許極其耗時且成本高昂。工程師常常太過專注於是否能做某件事，而忘了停下來思考，是否應該這麼做。

要計算機會成本，必須首先計算每個選擇的金錢成本，量化這些選擇得到的收益，然後比較兩者。以下就以計算自行建構的成本為例開始。

使用「免費」軟體的隱藏成本

你可以選擇使用開源組件，來自己構建可觀測性堆疊。簡單起見，假設這就是你選擇的方式，而不是從頭開始創建每一個堆疊組件，因為這樣的成本至少高出一個量級。為了說明實際運營成本，這裡將舉一個真實的例子。

我們曾與一位工程團隊的經理談過，他在考慮是否要投資一個商業可觀測性堆疊，當時他的團隊已經自行搭建了一個 ELK Stack。我們給他的報價大約是每月 8 萬美元，以為他的組織提供可觀測性，他立即對這近乎 100 萬美元的年度解決方案價格感到震驚，並說明他的團隊已經在內部運行的免費 ELK Stack。

然而，他沒有計算運行該 ELK Stack 專用硬體的成本，即每月 8 萬美元；也沒有計算他必須招聘 3 位額外工程師，以協助運行的成本，即每人每年 25 萬到 30 萬美元；以及達到該目標所必需的所有一次性成本，包括招聘費用，占年收入 15% 到 25%，大約每人 7 萬 5 美元；再加上花在僱用和培訓他們，以使其發揮作用，那儘管可以量化但難以計算的組織時間與成本。

看似免費的解決方案，其實他的公司每年已經花費超過 200 萬美元，比商業選項的成本高出兩倍，他只是在組織中以較不顯眼的方式花掉這筆錢。工程師的成本高昂，招聘他們也很困難，為了節省這一些錢，而把他們的才能用於定制的解決方案，但實際情況往往與真相相去甚遠，讓這一切看起來特別浪費。

LaunchDarkly 的首席開發倡導者 Heidi Waterhouse 表示，開源軟體可說是「免費的最貴」（free as in puppies, not free as in beer）[1]，就前面的例子而言，這位工程經理花了兩倍的錢去做稱不上是關鍵性的工作，而且沒有提升公司的核心競爭力。

理解投資報酬率的第一步，就是要真正明確運行所謂免費軟體的隱藏和較不明顯的成本。這並不是說你不應該運行開源軟體，而是說運行開源軟體時，你應該徹底搞清楚它實際上花了你多少錢。

---

1 譯者註：用來描述開源軟體的成本觀念。「free as in beer」的意思是這杯啤酒是別人買單的，不需付費，享受啤酒就好。而「free as in puppies」則指，如果有人送你一隻小狗，表面看似免費，但實際上，你需要付出時間、精力去餵食、照顧和訓練牠。

自己建立的好處

在許多組織中，資源分配的決定性因素往往與預算相關，例如如何規劃明確的支出。如果預算與需求之間出現不一致，投入時間和人力資源來打造並維護內部解決方案，往往比另外設一筆預算購買外部軟體更讓人接受。雖然在這種情況下對於實際成本的評估可能有所偏差，但建造自家軟體的過程也會帶來一些額外優勢，可能有助於緩解這種矛盾。

打造自家軟體同時意味著在組織內部累積專業知識。當你決定要打造一個客製化的解決方案時，對組織需求的深入理解，以及將這些需求轉化成實際的功能需求，就成了必要工作。在與內部相關者合作以滿足各方需求時，你將學會如何填補技術與業務需求之間的差距。

打造自家的可觀測性解決方案，需要你內化並實施許多優化手段，這些手段涵蓋由事件所產生資料的細節，自動化的核心分析過程，以及優化資料儲存，以便更有效地處理大量不可預測的高基數資料。然而，這些解決方案將會深深地根植在你的工作中，因為它們是針對你的組織需求而實現的。

透過與開發團隊的無數次嘗試和處理許多實際問題，將幫助你學習如何有效地利用分散式追蹤來滿足你的應用程式需求。在直接面對這些問題，並了解它們在除錯過程中的限制時，你也會明白哪些指標能夠對你的業務服務有所貢獻，哪些又不能。此外，你也會學會如何調整錯誤預算的消耗警報，以便在出現服務中斷時，能對服務水準目標（SLO）做出及時且恰當的反應。

隨著時間推移，你將逐漸深入理解組織面臨的挑戰。你可能會建立一個專門的團隊，負責為軟體工程團隊撰寫自動化檢測套件，並提出簡化複雜問題的有效策略。這個可觀測性團隊將制定組織內部的命名規則，靈活地處理更新和升級，並與其他工程團隊協作，以使程式碼的監控達到最大效益。經過幾年的發展，隨著你的客製化解決方案成熟且可觀測性團隊的擴大，該團隊可能得以將其工作重心從開發新功能和持續支援，轉向尋找簡化流程和減少瓶頸的方式。

監控能為組織帶來競爭優勢[2]。建立自家的可觀測性解決方案，更可以打造一個深入反映自己實踐和文化的工具，並充分利用組織內部的知識和經驗。相對於使

2　Dustin Smith, "2021 Accelerate State of DevOps Report Addresses Burnout, Team Performance"（*https://oreil.ly/h958I*），Google Cloud Blog, September 21, 2021.

用通用的預製軟體，這些軟體的設計目的就是要適應各種工作流程和實現方式，你可以依據自家規則和需求，客製化解決方案，以更深度地整合到你的業務中。

自己建立的風險

打造自家的可觀測性解決方案並建立內部專業知識，是許多企業常見的做法，然而，這種做法並非沒有風險。其中最主要且明顯的風險，就出在產品管理的專業知識和能力，我們需要自問，無論名義上或實際上，可觀測性團隊是否有一位產品經理負責與使用者訪談、確定使用情境、管理團隊的功能開發、交付最小可行產品、蒐集反饋以進行迭代，並在商業需求與各種限制之間取得平衡，以制定符合業務需求的功能路線圖？

以產品為主導的組織，將擁有使自家開發的客製化監控產品成功的內部產品專業知識。然而，是否要將這些產品管理專業知識從核心業務目標中分離出來，投入到建立內部工具中，這又是另一個問題了。打造自家可觀測性解決方案最大的風險，是最終交付的產品能否完全滿足內部使用者的需求。

在組裝解決方案時，可以透過整合各種開源元件來降低風險，然而，這些元件各自都有設計的使用者體驗和內建的工作流程假設。作為打造自家監控技術堆疊的工程團隊，你的任務是利用整合套件來減少這些元件間的衝突，以實現符合自家團隊需求的工作流程。你的工作就是打造易於使用的使用者介面，否則很可能會面臨使用率低下的風險。

當決定打造自家的可觀測性解決方案時，必須實事求是地看待你的組織能力，以及開發出比商業系統更理想商品的可能性。你的組織是否有能力交付一個具備易用的使用者介面、靈活的工作流程，以及足夠的速度，來鼓勵全組織使用的系統？如果答案是否定的，表示你很可能已經投入時間、金錢，甚至錯失業務機會，卻開發出一個除了對其缺點和變通方法非常熟悉的人以外，其餘人皆無法廣泛使用的解決方案。

假設你的組織有能力提供更好的解決方案，將時間因素納入考量也是判斷成功機會的另一個因素。自行建立解決方案和自訂整合需要時間，將延遲你的可觀測性採用計畫。你的業務是否能夠承受等待數個月，只為了建立一個功能性解決方案，而不是立即開始使用已經建立好的商業解決方案？這就像辦公大樓還沒有建造出來以前，就詢問業務是否應該開始做生意一樣。在某些情況下，考慮長期影響可能會仰賴這種方式，但在商場上，以最快方式回本，往往更吸引人。

自行建立可觀測性產品也不是一勞永逸的解決方案，它需要持續支援，你自行建立的軟體也需要維護，你使用的堆疊中的第三方組件將會獲得軟體更新和修補，組織的工作流程和系統不斷演進。引入底層組件的更新或增強功能將需要內部開發工作，這些工作都必須考慮進來。除非這些組件和整合保持更新，否則自訂解決方案有過時的風險，你還必須考慮到持續支援和維護所帶來的風險。

很不幸地，許多企業常見的實施模式，是將開發工作投入到建立內部工具的初始版本，然後轉向下一個專案。因此，企業放棄他們自行建立的解決方案是很常見的情況，一旦開發停滯不前、採用率低，且和競爭利益相比，投入時間和努力，都無法滿足使其符合當前需求的優先順序時。

購買商業軟體的真實成本

先從購買軟體的最明顯成本開始：財務成本。在供應商關係中，這種成本最為具體，每次軟體供應商送帳單來時，你都會看到確切的財務成本。

現實生活裡，軟體供應商必須賺錢才能生存，他們的定價策略考量一定會納入利潤率。換句話說，你支付給供應商使用他們軟體的費用，會高於他們為你建立和維護該軟體的成本。

商業軟體的隱藏財務成本

雖然供應商設定能夠回收他們提供市場就緒解決方案成本的價格，可能是公平且必要的，但真的不公平之處在於他們隱藏實際成本、避免透明度，或者設定太多的價格維度，讓消費者無法合理預測未來使用模式將會花費多少。

有一種常見的模式是利用隱藏總擁有成本（TCO）的價格策略，例如每個座位、每台主機、每個服務、每次查詢，或者是其他任何無法預測的計量機制。隨付隨用的價格在一開始可能看起來很親民，除非你對某一個工具的使用量爆炸性增長，這樣它的成本就會遠高於所能為你帶來的收入。

這並不是說按照實際使用量付費的定價策略不公平，只是這樣對未來的預估更加困難。作為消費者，在使用監控工具的預定用途時，成本卻不成比例地增加，這樣的定價策略當然要避免，你可能最初選擇的是入門門檻較低的定價，但無意中將自己鎖定在一個隨著成功使用該工具，就會逐漸增長的預算中，所以要學習如何預測隱藏的成本，以來避免這種情況。

你的團隊規模會隨著你的新創企業更成功而有所變化嗎？很有可能會。因此，你可能認為選擇每位使用者授權的工具是合理的：這表示當你的公司更有盈利能力時，你也願意付出更多。你的新創企業將來會大幅增加主機數量嗎？可能吧，很有可能，但實例調整大小也可能是一個因素。會有更多的服務嗎？不太可能。也許你將推出一些需要更多服務的新產品或功能，但這很難說。你運行的查詢數量呢？如果成功使用這個工具，那答案幾乎是肯定的。這樣成長會是線性的還是指數的？如果你決定將單體應用分解為微服務，會發生什麼事？如果你沒有注意到的相鄰團隊也發現這個工具有用，又會發生什麼事？

未來無法預測。但是，談到可觀測性，無論生產服務如何變化，你都能並且應該預測你成功採用它時，使用狀況的變化方式。給定相同的可觀測性資料，推薦做法是用越來越強的好奇心去分析它，隨著組織中可觀測性文化的傳播，你應該可以看到資料查詢的指數增長。

例如，可觀測性在你的持續整合 / 持續部署（CI / CD）構建流水線中是有用的（參見第 14 章），正如接下來幾章將會提到的，分析觀測性資料對於產品、支援、財務、執行部門，或任何遠遠超出工程範疇的業務團隊都是有用的。你會希望以許多不同方式、在許多不同的維度上，對你的可觀測性資料進行不同方向上切分和分析，以挖掘可能隱藏在你的應用系統中的任何效能異常。

因此，你應該避免使用那些對採用和好奇心設定懲罰性價格的可觀測性工具。最好能確保在你的公司內，有越多人能夠以盡可能多的方式理解客戶的軟體使用情況。

作為消費者，你應該要求供應商透明化，並幫助你計算隱藏成本和預測使用模式，請他們詳細帶你了解現在的起點，和未來可能的使用模式成本估算。對於任何不願詳細提供隨著業務需求增長，可能產生價格變化資訊的供應商，都應該保持警惕。

要考慮到商業可觀測性解決方案的隱藏財務成本，可以從現有實際使用成本計算。這樣的價格應用有一個邏輯規則：如果你想確保有盡可能多的人，能以盡可能多的方式理解客戶的使用軟體情況，那這個工具將花你多少錢？這能幫助你用花費的錢來量化成本。

商業軟體的隱藏非財務成本

商業解決方案的另一項隱藏成本是時間。當然，購買現成的解決方案可以節省時間以獲取價值，但在選擇這種方式時，應該意識到一個隱藏的陷阱：供應商鎖定。一旦你選擇使用這種商業解決方案，你需要花多少時間和精力，才能轉移到另一種解決方案呢？

在談到可觀測性時，採用最勞動密集的部分是透過為應用程式裝配以發送遙測資料。許多供應商利用創建專有的代理或自動化檢測套件，來縮短這種時間，這些自動化檢測套件已經預先構建好，以其專有方式生成遙測資料，供他們的工具預期查看。雖然其中一些專有代理可能更快上手，但任何為使它們工作而付出的時間和努力，在考慮評估可能的替代可觀測性解決方案時都必須一再重複。

第 7 章的開源項目 OpenTelemetry（簡稱 OTel），藉由提供許多可觀測性工具支持的開放標準來解決這個問題。OTel 讓你也可以透過使用 OTel 發行版（或 distros）來快速實現專有工具的價值；OTel 發行版允許產品供應商在標準 OTel 核心套件之上，添加預先設置插件的配置和功能。

作為消費者，避免供應商鎖定的策略應該是在應用程式中默認使用原生 OTel 功能，並依賴發行版來處理供應商配置。如果你希望評估或轉移到其他工具，可以用不同的發行版替換配置，或配置 OTel 出口商，將你的資料發送到多個後端。一開始使用 OTel 時會有一個初期時間成本，這點和任何檢測方法一樣，如果未來希望使用其他解決方案，大部分對現在方案的投資，在未來也應該是可以重複利用的。

購買商業軟體的好處

購買可觀測性解決方案的最大好處就是「讓時間有價值」，你無需自行開發一套方案；你購買的是一套即刻可以使用的方案。在大多數情況下，你只需幾分鐘或幾個小時就可以開始使用，並透過監控來了解你的產品狀況，這和以前沒有監控軟體的情況將有明顯不同。

快速啟動的可能之一，是因為商業解決方案通常比開源解決方案擁有更精簡的用戶體驗。開源解決方案通常設計為一種可以自行設計工具鏈來組裝的構建基石；而商業軟體通常更具有主導性，傾向於是一種具有特定工作流程的成品。產品設計師努力簡化使用流程，並最大化地讓時間有價值。商業軟體一定要比免費的替代品更快、更易於學習和使用。否則，為什麼要為它們付費呢？

也許你會付費購買商業軟體，是因為可以把維護和支援的工作交給了供應商，這樣可以節省時間和精力，不必花費自己的工程時間，而是付錢給別人來幫你承擔這個負擔，將能享受更好的規模經濟效益。通常選擇商業解決方案都是為了提高速度和降低組織風險，雖然可能需要承擔更高的成本。

但是，購買商業解決方案還有一個常讓人忽視的好處：因為購買一家專注於特定問題公司的工具，你可能會獲得一個擁有多年專業知識的合作夥伴，他們已經用各種方式解決這個問題。你可以利用這種商業關係，來獲取在可觀測性領域的寶貴專業知識，畢竟，這些知識如果靠你自己去累積，可能需要花費多年的時間。

購買商業軟體的風險

最後一個好處也是購買商業軟體的其中一個較大的風險：因為把責任推給供應商，你可能會冒著無法培養自己內部可觀測性專業知識的風險。單純地使用現成解決方案時，你的組織可能不需要深入探討問題領域，去理解可觀測性如何應用於你的特定業務需求。

商業產品是為廣大客群所打造的，儘管他們有其自己的設計理念，但一般也會適應各種用戶需求；按定義來說，商業產品就是指非滿足你特殊需求而打造的商品。對你來說重要的功能，對供應商來說可能並不那麼重要，他們可能會緩慢地把那些功能列為路線圖優先項目，而你可能在等待對你的業務至關重要的功能。

但是，有一種方法可以減輕這些風險，並在採用可觀測性工具時仍然發展內部專業知識。

購買與建立並非只能擇一

在選擇可觀測性工具時，建造或購買的選擇其實並不是一種二分法，你的選擇不僅僅限於這兩種，還有第三種選擇，即購買和建造，事實上，我們建議大部分組織採取這種方法。你可以將內部機會成本降到最低，並建造出符合你組織獨特需求的解決方案。以下是一個可觀測性團隊在大多數組織中的工作方式，來實際看看它的運作方式。

購買供應商的解決方案並不一定意味著你的公司就不需要一個可觀測性團隊。該團隊可以在供應商和你的工程組織之間作為一個中介的整合點，而不是從頭開始建造你的可觀測性工具或組裝開源組件，其明確目標是使這個介面無縫且友好。

我們已經從行業研究中知道，外包工作成功的關鍵是仔細策劃該工作如何回流到組織中[3]。外包貢獻應嵌入於負責將該工作整合回更大組織的跨功能團隊，這項研究特別著眼於合約交付物，但該模型也適用於與你的供應商互動。

高效能的組織使用優質的工具。他們知道工程週期稀缺且寶貴，將最大火力集中在解決核心商業問題上，並為工程師配備最好的工具，幫助他們提高效率和效能。他們只在特定問題，或所建造的特定工具已經成為阻礙核心商業價值傳遞的障礙時，才投資解決該問題。

表現較差的工程組織只滿足於使用中等工具，或者他們照搬舊工具而不加質疑，他們在採用和淘汰用於解決核心業務問題的工具上，缺乏紀律和一致性。由於他們嘗試自行解決大部分問題，因此在整個組織中流失許多工程時間，缺乏聚焦力，因此難以產生強大的影響力，以傳遞核心業務價值。

你的可觀測性團隊應該寫出程式，並提出簡化複雜問題的有效策略，標準化整個組織的命名方案，優雅地處理更新和升級，並與其他工程團隊磋商如何為其程式碼加入自動化檢測套件，以達到最大效用（請參見 248 頁「使用案例：Slack 的遙測管理）。他們應該管理供應商關係，決定何時採用新技術，並尋找簡化及減少摩擦和成本的方法。

對於那些著重能夠滿足其特定需求，而自行搭建可觀測性堆疊的組織來說，這種方法特別有效。利用可觀測性團隊在靈活供應商解決方案的基礎上搭建，可以將阻礙傳遞核心業務價值的沉沒成本降至最低。你的可觀測性團隊可以搭建整合，將車輪安裝到你已經建造且正在快速移動的車上，而不是重新發明輪子。

實現這種平衡的關鍵，是確保你的團隊使用具有完善 API 產品，讓他們能夠對你的可觀測性資料進行配置、管理和運行查詢。你應該能夠以程式方式獲取結果，並將這些結果用於自定義的工作流程中。最後一哩路的問題解決需要相對較少的投入，讓你可以只搭建你需要的組件，而購買大部分你的公司不需要自行搭建的東西。在尋找商業工具時，你應該尋找那些具有靈活性，讓你根據看到的情況操縱和調整你的可觀測性資料的產品。

---

3   Nicole Forsgren et al., *Accelerate State of DevOps*（*https://oreil.ly/2Gqjz*），DORA, 2019.

總結

這一章節提供的是一般性建議，每個人的情況當然都可能有所不同，在自行評估是自建還是購買時，你必須首先確定兩種選項的實際總成本（TCO）。從最明顯的可以量化的成本，即考慮自建時的時間、購買時的金錢等開始，然後注意每種選項的隱藏成本，也就是考慮自建時的機會成本和不易察覺的花費，及購買時的未來使用模式，和對供應商的依賴。

在考慮使用開源工具自建時，確保你全面衡量隱藏成本的影響，如招聘、雇用和培訓必要的工程師，以開發和維護定制解決方案，包括他們的薪資和基礎設施成本，以及將這些工程師投入到不產生核心業務價值的工具的機會成本。在購買可觀測性解決方案時，確保供應商對於複雜的價格結構足夠透明，能讓你理解，並在考慮到系統架構和組織採用模式時，能用合理標準來確定你未來可能的成本。

這些不易察覺的成本都加起來時，可以更適當比較免費解決方案與商業解決方案的總成本，然後還可以考慮每種方法不易量化的好處，以確定最適合你的方式。但要記住，你也可以既購買又自建，以獲得兩種方法的好處。

請謹記，作為軟體供應商的員工，由我們來這個討論會有一些內在偏見；即使如此，我們還是在這一章節給出公平且有方法的建議，同時除了生產者，我們也是可觀測性工具的消費者，這些建議也與過去經驗一致。大部分時間，對於專注於提供業務價值的團隊來說，最好的答案是購買可觀測性解決方案，而不是自己建立一個。然而，這個建議帶有一個前提，那就是你的團隊應該建立一個整合點，使得商業解決方案能夠根據你的業務需求調整。

下一章節，如果你決定建立自己的可觀測性解決方案，可以將研究優化資料存儲以滿足可觀測性工作負載需求的方法。

第 16 章

高效資料儲存

這一章節將探討在最需要時，有效率的儲存和檢索你的可觀測性資料所必須面對的挑戰。資料儲存和檢索的效能常常是眾人關心的問題，但還有其他功能約束也帶來了必須在資料層面解決的重要挑戰，在大規模情況下，可觀測性的固有挑戰變得尤其突出。這章將列出啟用可觀測性工作流程所必需的功能需求，並以 Honeycomb 專有的 Retriever[1] 資料儲存實現為靈感，檢視真實生活中的權衡和可能解決方案。

你將學習到在儲存和檢索層面必須考慮的各種因素，以確保你的可觀測性資料的速度、可擴展性和持久性。你也將了解一種名為欄位資料的儲存方式，以及它為何特別適合用於可觀測性資料，如何處理查詢工作負載，以及如何讓資料儲存系統具有持久性和查詢的效能。本章節介紹的解決方案並非你可能遇到的各種權衡唯一可能解決方案，然而，在建立可觀測性解決方案時，它們呈現出來的是達到所需結果的實戰例子。

---

1 譯者註：Retriever（*https://www.honeycomb.io/blog/solving-murder-mystery-columnar-datastore*）是 Honeycomb 開發的一種自定義欄位資料儲存系統，可用於儲存所有用戶事件，並處理用戶的查詢。這個系統能快速且可靠地處理大量資料，同時保證資料持久性與查詢效能。

實現可觀測性的功能要求

當你的線上系統故障時，時間就變得異常珍貴，你需要從可觀測性資料中迅速取得查詢結果。換言之，如果你在等待查詢結果時還能泡一杯咖啡，表示你正在使用的工具可能不夠快速，這在實際營運系統中將無法取得成功（詳見第 88 頁「從第一原則排錯」）。只有當你能在幾秒鐘內獲得結果時，可觀測性才能真正成為實用的除錯工具，讓你能迅速地反覆嘗試，直到找到有意義的答案。

正如第二部分所提及的，事件是可觀測性的核心，而追蹤則是一組相互關連的事件（或追蹤範疇），為了在這些事件中找到有意義的模式，你需要能處理高基數和高維度的資料，任何事件或任何追蹤範疇中的欄位都應該可以查詢。這些事件無法在事先組合起來，因為在你實際調查的時候，你無法事先知道哪些欄位會有關連，所有的遙測資料都應該可以查詢，在沒有事先聚合的情況下，不論其複雜程度如何，否則你可能會在調查過程中遇到死胡同。

此外，因為你不能預知在事件中的哪些維度可能有關連，你不能對任何特定維度的資料查詢效能有偏好，它們都應該有相同的查詢速度。因此，所有可能需要的資料都應該建立索引，儘管這樣的成本通常很高；不然就是，資料查詢必須在沒有索引的情況下仍能快速進行。

在一般的可觀測性工作流程中，使用者通常會想要查詢特定時間範圍內的資料，這意味著時間維度是唯一可以得到特別待遇的維度，查詢必須返回在指定時間範圍內記錄的所有資料，因此你必須確保時間能適當地索引。在這方面，時序資料庫（TSDB）看起來似乎是一個理想的選擇，但是，如你將在本章後面所見，使用 TSDB 從事可觀測性工作可能會帶來一些無法避免的限制。

另一方面，由於你的可觀測性資料用於除錯線上運營環境中的問題，因此確定你採取的特定行動是否能解決問題非常重要，過時的資料可能會導致工程師在無關緊要的問題上浪費時間，或對他們的系統當前狀態做出錯誤的判斷。因此，一個有效的可觀測性系統不僅需要包含歷史資料，還需要包含近乎實時反映當前狀態的最新資料。資料在接收到系統與可以查詢之間，應該只有幾秒鐘的時間差。

最後，你的資料儲存必須具有持久性和可靠性，不能失去在關鍵調查過程中所需的可觀測性資料，也不能因為你的資料儲存中的任何組件故障而延遲關鍵調查。你採用的任何獲取資料機制都必須具有容錯能力，並在即使底層工作節點故障的情況下仍能快速返回查詢結果。你的資料儲存持久性也必須能夠承受自己的基礎設施中發生的故障，否則，當你試圖調試追蹤的營運環境的服務為何無法操作時，你的可觀測性解決方案也可能無法運作。

考慮到這些為實現實時調試工作流程所必需的功能需求，傳統的資料儲存解決方案通常不足以滿足可觀測性的要求。在規模較小時，可以透過調整儲存系統的參數來達成，然而，本章將討論當資料儲存需求增大到需要使用多台機器，也就是超越單一機器或單一節點的儲存能力時，這些挑戰和問題將如何呈現。

時序資料庫對於可觀測性的不足

在可觀測性中，可觀測性資料的本質由表示程式執行資訊的結構化事件所組成。如第 5 章所見，這些結構化事件本質上是鍵 - 值對的集合，在追蹤情況下，結構化事件可以相互關連，以視覺化追蹤跨度之間的父子關係，部分欄位可能是「已知的」（或可預測的），從第 7 章看到的自動化檢測探針一例可知。然而，最有價值的資料通常是針對你特定應用程式的自訂資料，這類自訂資料常常是臨時生成的，這意味著用來儲存它的結構通常是動態的或靈活的。

如第 9 章所討論，時間序列資料（指標）將系統性能匯總為簡單的度量。指標將特定時間窗口內的所有基礎事件，匯總為一個簡單且可分解的數值，並帶有一組標籤。這種方式可以減少傳送到遙測後端資料儲存的資料量，並提高查詢效能，但也限制了可以從資料中推導出的答案數量。儘管某些指標資料結構，例如用於生成直方圖的結構可能稍微複雜，但基本上它們將相似的數值範圍分為一組，並記錄具有相似數值的事件數量。

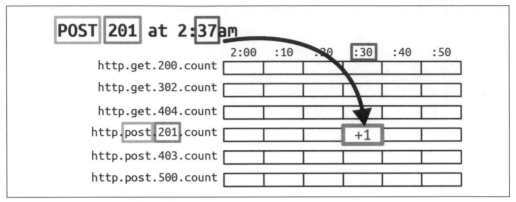

圖 16-1　顯示一個典型的時序資料庫（TSDB），展示有限基數和維度，例如以時間戳分桶的 HTTP 方法和狀態碼標籤

傳統上，TSDB 用於儲存聚合的指標資料，時間序列資料儲存機制的目標是減少頻繁出現新的聚合資料和標籤組合，以降低處理更多資料所需的成本；每個獨特的時間序列創建一個紀錄（或資料庫行）的成本很高，但將測量出來的數值添加到已存在的時間序列的成本很低。在查詢方面，TSDB 的主要資源成本在於找出哪個時間序列與特定的表達式匹配；由於可以將數百萬個事件壓縮為較小時間範圍內的計數，因此掃描結果集的成本相對較低。

在理想的情況下，你可以簡單地切換到使用同一個 TSDB 來記錄結構化事件。然而，功能性可觀測性對於在高基數和高維度資料中顯示有意義模式的需求，使得使用 TSDB 變得難以負擔。雖然你可以將每個維度轉換為標籤名稱，並將每個值轉換為標籤的值，但這將為每個獨特的標籤值組合創建一個新的時間序列（見圖 16-2）。

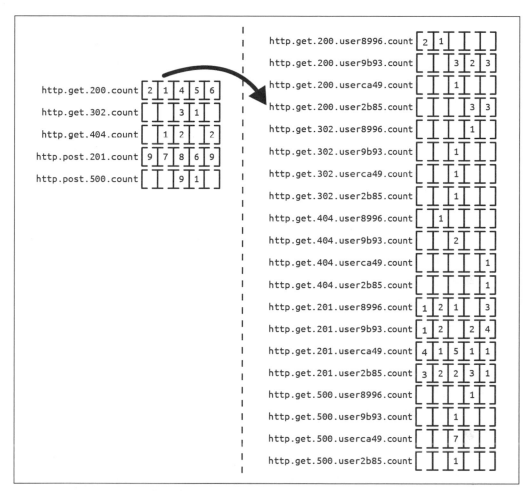

圖 16-2　添加高基數索引 userid 時，時間序列數量的快速增加

只有在頻繁重複使用並增加相同的標籤時，創建新的時間序列成本才能在各個測量之間平均到 0。但每個結構化事件通常都是唯一的，這將導致資料行創建的開銷與接收的事件數量線性相關，因此，這種基數爆炸問題說明 TSDB 不適合用來儲存結構化事件，我們需要另一種不同的解決方案。

其他可能的資料儲存方案

乍看之下，儲存結構化的鍵 - 值對集合似乎與其他可以使用通用型 NoSQL 資料庫，例如 MongoDB 或 Snowflake 處理的工作負載類似。然而，雖然事件遙測資料或事件的輸入非常適合使用這些資料庫，但因為可觀測性的功能需求，該資料的輸出模式或事件查詢與傳統工作負載截然不同。

如第 8 章所描述，這種迭代分析方法要求同時理解多個維度，而不論這些維度中可能包含多少個不同的值；換句話說，你必須可以查詢具有任意維度和基數的資料。對於這種任意查詢，除非查詢僅使用已經建立索引的特定欄位，否則通用型 NoSQL 資料庫往往效能較慢。但是預先建立索引無法讓你任意切割和分析資料；只能一次在一個維度上切割和分析，而且只能在事先記錄索引或預先聚合的維度上操作。如果每個值都是唯一的，建立索引所需的空間將與原始資料表中的空間相同，如果對每個欄位都建立索引，這樣索引集合將比原始資料更大。因此，試圖調整通用型 NoSQL 資料庫以優化其查詢並不會起作用。如果試圖讓所有查詢都能在合理時間內完成，而不僅僅是只有其中一部分能快速查詢，會有什麼樣的結果呢？

Facebook 的 Scuba 系統透過大量消耗 RAM 來實現全表檢索，有效地解決了實時可觀測性查詢的問題[2]。然而，它為了加快查詢速度，決定使用系統記憶體以儲存的性能權衡，這項決策使 Scuba 在 Facebook 之外的大規模採用就經濟角度來說已不可行。寫這篇文章時，1TB 的記憶體約為 4,000 美元，而 1TB 的固態硬碟大約需要 100 美元。如果嘗試使用 Scuba 作為資料儲存，組織將僅能查詢存放在記憶體中的資料量。對於大多數擁有合理規模基礎架構的大型組織來說，這將可查詢遙測資料的時間窗口限制為幾分鐘，而不是幾小時或幾天。

或許可以尋找其他用於儲存事件型資料的資料庫，尤其是用於追蹤解決方案的遙測後端。本文撰寫時，現存幾個開源實現的大規模儲存引擎，主要與 Jaeger 追蹤前端[3] 相互運作：Apache Cassandra、Elasticsearch/OpenSearch、ScyllaDB 和 InfluxDB，這些資料庫允許藉由使用結構來接收和持久儲存追蹤資料，但不一定是專門為追蹤而設計；而正如本章即將討論的，Grafana Tempo 是一個專為追

---

2   Lior Abraham et al., "Scuba: Diving into Data at Facebook"（*https://oreil.ly/j2OZy*），Proceedings of the VLDB Endowment 6.11 (2013): 1057–1067.

3   *https://www.jaegertracing.io/docs/1.17/features/#multiple-storage-backends*

蹤而設計的新實現，但它並不一定是為了可觀測性的功能查詢需求而設計。也許從長期來看，如同 SigNoz[4] 做法，採用像 ClickHouse[5] 或 Apache Druid[6] 這樣的欄位儲存方式，並針對追蹤的優化擴展是最好的開源方法。本文撰寫時，Polar Signals 宣布 ArcticDB[7]，這是一個針對分析和其他可觀測性資料的開源欄位資料儲存引擎。

下一節將探討儲存和查詢追蹤資料的技術需求，以滿足可觀測性的功能性需求。儘管技術上可以實現任何功能，但本章將探討在大規模情境下具有財務可行性的實現方式，以便你能夠儲存事件資料，並從中獲得超出僅檢查個別追蹤的洞察力。

資料儲存策略

從概念上講，廣泛的事件和它們代表的追蹤跨度可以視為具有行和欄位的表格，儲存表格的策略可分為兩種：基於行和基於欄位。對於可觀測性領域，行對應於個別的遙測事件，欄位則對應於那些事件的欄位或屬性。

*基於行的儲存*將每一行的資料保持在一起（如圖 16-3），以假設整行資料將一次性擷取；而*基於欄位的儲存*，則將資料欄位與其行分離儲存。兩種方法各有不同的利弊，以下以經過時間考驗的 Dremel[8]、ColumnIO，和 Google 的 Bigtable[9] 為例說明，代表更廣泛的計算和儲存模型，而不僅僅關注當今實際使用的特定開源遙測儲存解決方案。事實上，Dapper 追蹤系統 [10] 最初就是建立在 Bigtable 資料儲存上的。

---

4   *https://signoz.io/docs/architecture*

5   *https://clickhouse.com*

6   *https://druid.apache.org*

7   *https://www.polarsignals.com/blog/posts/2022/05/04/introducing-arcticdb*

8   *https://oreil.ly/TtCUa*

9   *https://oreil.ly/uILVW*

10   *https://oreil.ly/cW1Px*

idx	Col1	Col2	Col3	Col4	Col5	Col6	Col7	Col8	Col9	Cola	Colb	Colc	Cold	...
1														
2														
3														
4														
5														
6														
7														
8														
9														
10														

圖 16-3　基於行的儲存，可看出連續行為一個單元（一個區塊），而保持在一起以查找和檢索的切分方式

Bigtable 使用基於行的方法，表示檢索單個追蹤和跨度會很快速，因為資料是序列化的，且主鍵例如時間已建立索引，為了獲得一行或掃描連續幾行，Bigtable 服務器只需要檢索一組檔案及其元資料（一個區塊）。為了使追蹤效能高效，這種方法要求 Bigtable 維護一個由主要的行鍵，如追蹤 ID 或時間排序的列表，如果行鍵的到達順序不嚴格，則需要伺服器在適當的位置插入它們，這將在寫入時造成額外的排序工作，而這對於非順序讀取工作負載來說是不需要的。

Bigtable 是一種可變的資料儲存系統，它支援資料的更新和刪除，以及動態的重新劃分資料區塊；換句話說，Bigtable 在資料處理上具有高度靈活性，但付出的代價是複雜性和性能，當 Bigtable 需要更新資料時，會暫時地將資料更新視為一種存在記憶體中的變動紀錄（mutation log），同時也會維護一系列持續不斷的覆蓋檔案（overlay file），這些覆蓋檔案包含了許多鍵 - 值對，可以覆蓋掉在堆疊下方的資料。隨著時間推移，一旦這些更新累積到一定數量，覆蓋檔案就需要進行所謂的「壓縮」（compact）操作，重新整理覆蓋檔案並寫回到一個不變

的基底儲存層 [11]，這個過程會根據優先順序重新寫入紀錄，整個壓縮過程在磁碟 I/O 操作上需要相當高的成本。

對於可觀測性工作負載來說，這實質上是一種寫入一次、讀取多次的情況，而壓縮過程對於效能來說就成了一種困境。因為新添加的可觀測性資料必須能夠在幾秒鐘內查詢到，所以使用 Bigtable 的話，不是要持續不斷地運行壓縮過程，就是要在每次提交查詢時，都讀取堆疊中每一對不可變的鍵 - 值對。如果要分析任意欄位，而不讀取該行所有欄位來重現相關的欄位和值，這在實際操作上不切實際；同樣地，每次寫入後都進行壓縮也是不切實際的。

Bigtable 提供了選擇性的配置，讓你可以根據一個欄位家族（column family）中的一組欄位設置區域性群組（locality groups），並且可以與其他欄位家族獨立存儲。但即使從區位群組內的單一欄位檢查資料，也仍然需要讀取整個區位群組，並且會丟棄大部分的資料，這會拖慢查詢速度，而且浪費 CPU 和 I/O 資源。你可以在選定的欄位上添加索引，或依照預測的訪問模式分解區域群組，但這種解決方式與可觀測性的任意訪問需求將有所矛盾。在 Bigtable 中，區域群組欄位內的稀疏資料其成本相對低，因為欄位只存在於區域性群組內，但區域群組作為一體不能是空的，因為這會產生相當的成本。

若將每個欄位都新增索引，或將每個欄位存儲在單獨的區域群組中，費用會累加 [12]。值得注意的是，Google 的 Dapper 後端論文指出，僅嘗試在 3 個欄位：服務、主機和時間戳上生成 Bigtable 索引，就已經讓 Dapper Depots 產生的資料量達到原始追蹤資料的 76%[13]。因此，如果能完全消除索引需求，就有儲存分散式追蹤更實際的方法。

11　譯者註：SSTable（Sorted String Table）是 Bigtable 的底層儲存結構，SSTable 是一個排序的、不可變的（immutability）、持久化的鍵 - 值對的資料結構。STable 的不可變特性也意味著每次資料變更都會生成一個新的 SSTable，這些 SSTable 需要通過一個稱為「壓縮」的過程來整合，以減少存儲和提高查詢效率。這個過程會讀取多個舊的 SSTable，再將它們合併成一個新的 SSTable，並在這過程中刪除所有被標記為已刪除的鍵（key）。此特性在高併發讀取場景和簡單的資料恢復時非常有用，因此適用於建立高可靠性需求的系統。

12　Google, "Schema Design Best Practices"（*https://oreil.ly/8cFn6*），Google Cloud Bigtable website.

13　Benjamin H. Sigelman et al., "Dapper, a Large-Scale Distributed Systems Tracing Infrastructure," Google Technical Report (April 2010).

不依賴像 Bigtable 這樣的策略而是使用基於欄位的方法，可以快速查看只包含想要的資料子集，進來的資料會劃分到不同欄位中（如圖 16-4 所示），用一個合成的 id 欄位作為每一行的主鍵，每一個存有從主鍵到該欄位值的映射欄位檔案都單獨儲存下來，因此，可以獨立地查詢和訪問每個欄位的資料。

然而，基於欄位的方法無法保證特定行的資料會儲存在特定順序中。為了訪問一行的資料，可能需要掃描任意數量的資料，甚至可能需要掃描整個表格。Dremel 和 ColumnIO 儲存模型試圖藉由手動粗略地分割表格，例如，為 `tablename.20200820`、`tablename.20200821` 創建單獨表格，並讓使用者在查詢時識別並連接表格，以解決這個問題。然而，當資料量比較大的時候，這會極其難以管理；分片或許會變得過大而無法有效查詢，或是分成很多小分片，例如，`tablename.20200820-000123`，在構造帶有正確分片的查詢時造成會遇到困難。

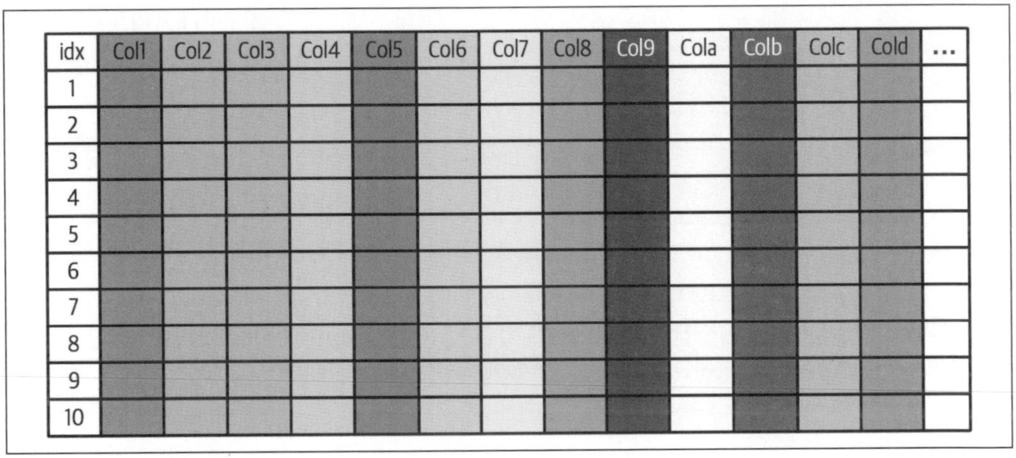

圖 16-4　欄位儲存展示的資料按照欄位而不是按行分解，每一組欄位都可以獨立訪問，但完整的行掃描需要拉取每個欄位檔案

基於行或基於欄位的方法都不能完全滿足可觀測性的功能需求。為了解決儲存和欄位儲存的權衡問題，有一種結合兩者優點，可以滿足可觀測性所需的跟蹤工作負載類型的混合方法，能有效地部分掃描行和欄位。記住，對於可觀測性工作負載，查詢結果的快速回傳比其完美性更重要。

為了說明如何在實際上達到這種平衡，以下將探討 Honeycomb 儲存引擎的架構，它代表了一種達到這些功能要求的方式。

案例研究：Honeycomb 的 Retriever 實現

這一部分將解釋 Honeycomb 的欄位儲存資料庫，也就是 Retriever 的實現，以說明如何透過類似的設計滿足可觀測性的功能需求。這個參考架構不是實現這些功能需求的唯一方式；正如前面所提，你也可以使用 ClickHouse 或 Druid 作為基礎來建立一個可觀測性後端。然而，這裡希望透過具體的實現和操作權衡，讓你明白在理論模型的抽象討論中可能看不到的內容。

按時間進行資料分區

先前討論行儲存與欄位儲存的挑戰時，曾建議使用一種混合方式，按時間戳劃分搜尋空間以減少搜尋範圍。然而，分散式系統中的時間永遠不會完全一致，而且追蹤跨度的時間戳可能是*開始*時間而不是結束時間，這意味著資料可能在當前時間之後的幾秒鐘或幾分鐘到達。在已經保存到硬碟上的資料中插入紀錄是不現實的，因為這會帶來重寫資料的成本。所以，應該如何分區，才能在資料亂序到達的情況下，使其有效且可行呢？

一種可以優化的方法，是假設事件的到達時間與實際產生的時間戳相當接近，並且可以在讀取時修正不按順序的到達，這樣可以繼續將儲存進來的資料檔案視為僅追加的（append-only），在寫入時可以顯著簡化過程中的負擔。

在 Retriever 中，特定租戶新到達的追蹤跨度，會插入到該租戶當前活躍的儲存檔案，或稱為段（segment）的尾端。為了在讀取資料時，能夠查詢到正確的儲存段，Retriever 會追蹤目前這個段內部最舊和最新的事件時間戳，創建一個可能與其他段的視窗重疊的視窗。然而，每個儲存段最終都需要結束並且封存，所以要先設定一些合適的閾值。例如，當一個小時已過去，已寫入超過 250,000 條紀錄，或者已寫入超過 1GB 時，Retriever 會將當前儲存段設定為唯讀，並且在該儲存段的元資料中記錄該段最終、最舊和最新時間戳。

如果採用這種窗口化的儲存段模式，讀取時，可以利用每個儲存段的元資料中的時間窗口，只獲取包含想查詢的相關時間戳和租戶資料集的儲存段（如圖 16-5 所示）。通常，一個可觀測性工作負載在執行查詢時，會尋找特定時間範圍內的資料，例如，「現在之前的兩小時」，或者「從 2021-08-20 00.01 UTC 到 2021-09-20 23:59 UTC」，任何其他時間範圍對查詢來說都是多餘的，有了這種實現，就不需要檢查與查詢時間無交集的不相關儲存段資料。

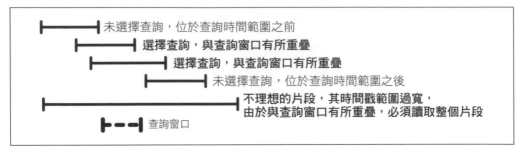

圖 16-5　挑選以查詢的儲存段，是那些與查詢時間窗口至少有部分重疊的儲存段；在查詢窗口之前開始並結束，或在查詢窗口之後開始並結束的儲存段，則會排除在分析之外

這種依時間劃分儲存段的優點有兩個：

- 個別事件不需要按照事件時間戳嚴格排序，只要每個儲存段的開始和結束時間戳以元資料儲存，並且事件按照一致的延遲到達即可。

- 每個儲存段的內容都是只追加（append-only）的產物，一旦完成就可以直接封存，而不需要作為可變的覆蓋／層並定期壓縮。

但這種儲存段劃分的方法也有一個潛在的弱點：當回填資料（backfilled data）與當前資料混雜時，例如，一個批次作業完成並報告數小時或數天前的時間戳時，每個寫入的儲存段都將有元資料，表示它涵蓋的時間窗口，不僅涵蓋數分鐘，而且可能涵蓋數小時或數天的時間。在這種情況下，對於該涵蓋時間窗口內的任何查詢，都需要掃描儲存段，而不僅僅是在兩個狹窄時間窗口，即當前時間以及回填事件發生的時間左右內掃描資料。雖然到目前為止，Retriever 的工作負載還不需要這樣做，但如果這成為一個重大問題，你可以增加更精密的儲存段劃分機制。

在儲存段中按欄位儲存資料

就像前面提到的以純粹 Dremel 式欄位為基礎的方法一樣，一旦時間排除在等式之外，接下來細分資料最具邏輯性的方式，就是將事件分解成其組成的欄位，並將每個欄位的內容與多個事件中的相同欄位一起儲存，這會讓磁碟上的布局是每個儲存段的每個欄位，都有一個附加檔案，再加上一個特殊的時間戳索引欄位，因為每個事件都必須有一個時間戳。隨著事件到來，你可以在它們引用欄位對應當前活動儲存段的每個檔案中，添加一個參考。

在執行前面章節所描述的儲存段時間過濾之後，可以透過存取適當欄位的檔案，將查詢時需要存取的資料量，限制在只有查詢中指定的相關欄位。為了能夠重建來源資料行，每一行都分配一個時間戳記和儲存段內的相對序列，每個欄位檔案都存在硬碟上，按照序列號形成一個陣列，交替儲存每一行的序列號，和每一行的欄位值。

例如，假設按照到達時間排序，這個來源資料行的集合可能會按照以下方式轉換：

```
Row 0: { "timestamp": "2020-08-20 01:31:20.123456",
 "trace.trace_id": "efb8d934-c099-426e-b160-1145a87147e2", "field1": null, ... }
Row 1: { "timestamp": "2020-08-20 01:30:32.123456",
 "trace.trace_id": "562eb967-9171-424f-9d89-046f019b4324", "field1": "foo", ... }
Row 2: { "timestamp": "2020-08-20 01:31:21.456789",
 "trace.trace_id": "178cdf06-dbc5-4c0d-b6b7-5383218e1f6d", "field1": "foo", ... }
Row 3: { "timestamp": "2020-08-20 01:31:21.901234",
 "trace.trace_id": "178cdf06-dbc5-4c0d-b6b7-5383218e1f6d", "field1": "bar", ... }

時間戳記索引檔案
索引 值
0 "2020-08-20 01:31:20.123456"
1 "2020-08-20 01:30:32.123456"  （註：時間戳記不需要按照時間順序排序）
2 "2020-08-20 01:31:21.456789"
3 "2020-08-20 01:31:21.901234"
[...]

欄位 field1 的原始儲存段檔案
（注意欄位值為遺失／空值時，並不會有行索引或值）
索引 值
1 "foo"
2 "foo"
3 "bar"
[...]
```

考慮到欄位的值往往可能是空值，或者可能是之前已經出現過的重複值，這裡可以使用基於字典（dictionary-based）的壓縮、稀疏編碼和／或運行長度（run-length）編碼，來減少每個值在序列化整個欄位時所占用的空間[14]。這不僅能減少需要在後端儲存系統中分層的資料量，還能減少檢索和掃描該資料所需的時間：

---

14 Terry Welch et. al., "A Technique for High-Performance Data Compression," *Computer 17*, no. 6 (1984): 8–19.

壓縮過的時間戳記索引檔案：

```
["2020-08-20 01:31:20.123456",
 "2020-08-20 01:30:32.123456",
 "2020-08-20 01:31:21.456789",

 "2020-08-20 01:31:21.901234",
 ...]
```

壓縮後的儲存段欄位檔案，附有字典，用於 example 欄位
```
dictionary: {
 1: "foo",
 2: "bar",
 ...
}

存在性：
[ 指示哪些行有非空值的位元遮罩 ]
非空行索引的資料：
[1, 1, 2, ...]
```

當一個欄位被壓縮後，它或包含一組欄位檔案的整個儲存段，會進一步使用像
LZ4 這類的標準演算法壓縮，以進一步減少它在存檔時所占用的空間。

在欄位儲存方式中，建立和追蹤一個欄位的成本，可以在所有寫入該欄位的值中
攤提；在指標世界裡的類比是行或一組標籤，其成本可以在所有值之間攤提。因
此，當你偶爾可能有非空值時，建立新的欄位是高效的，但對於只有一個行有非
空值的一次性使用欄位來說，效能並不好。

實際上，這意味著在寫程式碼時不需要擔心手動新增新的屬性 / 鍵名到你的跨度
或事件中，但你也不應該以程式方式創建一個名為 timestamp_2021061712345
的欄位，這個欄位只用一次寫入 true，然後再也不寫入更新；相反地，你應該
使用 timestamp 作為欄位的值，而將 2021061712345 作為該欄位的鍵。

執行查詢工作負載

利用類似 Retriever 的欄位儲存設計來查詢，總共包含 6 個步驟：

1. 根據查詢的開始 / 結束時間，和每個符合資格區塊的開始 / 結束時間，確定
   所有可能與查詢時間範圍重疊的儲存段。

2. 單獨查詢每個符合的儲存段：掃描查詢的篩選器，例如 WHERE，或用於輸出，例如作為 SELECT 或 GROUP 使用的欄位。為了掃描，記錄你目前處理的偏移量，首先評估當前偏移量欄位的時間戳，確認該欄位是否在查詢的時間範圍內，如果不在，則前進到下一個偏移量，並再試一次。

3. 對於落在時間範圍內的行，掃描每個作為輸入或輸出的欄位在該偏移處的值，當輸入過濾器匹配時，將輸出值發送到重新構建的行中。一旦行處理後，將所有開放的欄位值檔案的所有偏移量增加到下一行。個別行可以處理後丟棄，將保留在記憶體中的資料量最小化到僅一個值，而不是區段中該欄位的整個檔案的值。

   需要注意的是，對於原始時間範圍內需要子窗口的情況，例如，報告過去兩小時的 24 個 5 分鐘窗口，將在 timestamp 上進行隱式的 GROUP。

4. 在儲存段內聚合。對於每個 GROUP，合併步驟 3 中 SELECT 的值。例如，COUNT 操作只會統計每個分組值匹配的行數，而 SUM(example) 操作則會加總每個 GROUP 值的列 example 中的所有識別值。在分析完每個儲存段後，可以卸載其文件處理器。

5. 透過將結果發送到每個 GROUP 的單一工作流程來匯總跨儲存段。合併每個儲存段為每個的 GROUP 匯總值，並將它們匯總成一個值，或根據時間粒度分段的值集合，以供該時間範圍使用。

6. 排序匯總結果，並選擇前 K 個群組以顯示在圖表中。除非使用者有特別需求，否則應使用 K 的預設值，以避免將成千上萬的匹配群組作為完整的結果傳送。

可以利用虛擬碼來處理，基於保持累積總和或至今見過的最高值，計算 SUM（總和），COUNT（計數），AVG（平均值），MAX（最大值）等。例如，對欄位 a 和 b 分組，計算欄位 x 的值，其中 y 大於 0：

```
groups := make(map[Key]Aggregation)
for _, s := range segments {
  for _, row := range fieldSubset(s, []string{"a", "b", "x", "y"}))
    if row["y"] > 0 {
      continue
    }
    Key := Key{A: row["a"], B: row["b"]}
    aggr := groups[Key]
    aggr.Count++
    aggr.Sum += row["x"]
```

```
    if aggr.Max < row["x"] {
      aggr.Max = row["x"]
    }
    groups[Key] = aggr
  }
}
for k := range groups {
  groups[k].Avg = groups[k].Sum / groups[k].Count
}
```

對於營運環境的使用，這段程式碼需要泛化以支援對任意數量的群組編碼，任意過濾，以及多個值的聚合計算。但這個程式碼提供一種有效聚合計算的方式，以便平行處理。需要像是 *t*-digest 的分位數估計 [15]，和 HyperLogLog[16] 等演算法來計算更複雜的聚合，如 p99（一組數值的 99 百分位數）和 COUNT DISTINCT（計數不重複值）。可以進一步參考學術文獻來了解這些細微演算法。

用這種方式能夠高效率地處理高基數和高維度的問題。除了時間戳記外，沒有任何維度優於其他維度，所有的欄位或特徵（維度）都視為平等；換句話說，沒有任何一個欄位會賦予較高優先順序或重要性。可以透過一個或多個欄位的任意複雜組合過濾，因為過濾器在讀取時間會針對所有相關資料進行即時處理，所以可以用一個或多個欄位的任意複雜組合來過濾。只有相關的欄位會在過濾和處理步驟中讀取，而只有與匹配行 ID 對應的相關值，會從每個欄位的資料流中挑出，用於產生輸出值。

無需進行預聚合或對資料複雜性設定人為限制。任何追蹤範疇上的任何欄位都是可查詢的。在寫入時，每個紀錄轉化為各自的欄位都會有固定成本，且讀取的計算成本保持在合理範圍。

查詢追蹤資料

從這個欄位儲存設計中檢索追蹤是對這種欄位儲存的一種特定、退化型的查詢。要尋找根範圍，可以查詢 WHERE trace.parent_id 為 null 的範疇；要查找給定 trace_id 的所有範圍來組裝一個追蹤瀑布圖，可以查詢 SELECT timestamp, duration, name, trace.parent_id, trace.span_id WHERE trace.trace_id = "guid"。

---

15   *https://arxiv.org/abs/1902.04023*

16   *https://hal.archives-ouvertes.fr/hal-00406166*

有了欄位儲存的設計，可以得到對追蹤的見解，並能將追蹤分解為可以跨多個追蹤查詢的單個範疇。這種設計讓 Retriever 有能力在不同的追蹤中，查詢一個特定範疇或跨度的持續時間，並與其他相似範疇比較。

在其他在基數上更有限的解決方案中，`trace.trace_id` 可能會經過特殊處理，並用作索引或查找條件，且將與給定追蹤相關的所有跨度儲存在一起。雖然這確實提供可視化個別追蹤的更高性能，並創建一種特殊情況的路徑，以避免每個 `trace_id` 都是唯一的基數爆炸可能，但在分解追蹤為其組成的跨度的分析彈性上，卻有所不足。

即時查詢資料

如可觀測性功能需求中所述，資料必須能夠即時訪問。過時的資料可能會導致操作員在紅鯡魚（Red herring）[17] 上浪費時間，或者對他們系統的當前狀態做出錯誤結論。因為一個良好的觀測性系統應該不僅包括歷史資料，還應該包括剛出爐的資料，所以不能等待段最終確定、刷新和壓縮後，再將它們設定為可查詢的。

在實作 Retriever 時，要確保打開的欄位資料檔案也應該能夠查詢，並且查詢過程可以強制刷新部分檔案以讀取，即使它們尚未最終確定和壓縮。另一個可能的解決方案是，允許查詢尚未最終確定和壓縮的儲存段文件在 RAM 中的資料結構；還有一個開銷比較高的解決方案，是每隔幾秒鐘就強制刷新資料到硬碟上，不論已經到達的資料量為何，但這項解決方案在大規模情況下可能會最有問題。

第一種解決方案允許在擷取（ingestion）和查詢過程之間區分關注點。查詢處理器可以完全透過硬碟上的檔案操作，擷取過程可以專注於僅創建磁碟上的檔案，而不必也維護共享狀態，這是一種適合 Retriever 需求的優雅方法。

分層級儲存以求更經濟實惠

依據管理的資料量大小，使用不同層級（tier）的資料儲存，可以帶來相當明顯的成本節省，並非所有資料都需要樣頻繁地查詢，尤其是事故調查等情況下，可觀測性工作流更偏向於查詢較新的資料。如你所見，資料必須在擷取後的數秒內即可供查詢使用。

17　譯者註：一種比喻，意味著令人分心或誤導的東西。在這裡，可能指由於過時資料所引起的錯誤判斷，或無關緊要的問題。

最近的幾分鐘資料可能需要存放在查詢節點的本地 SSD 中，以便在序列化期間使用，而較舊的資料可以且應該轉移到更具經濟效益且彈性的資料儲存中。在 Retriever 的實作中，超過一定時間的已關閉儲存段目錄會整併壓縮，例如透過重新寫入包含存在或不存在條目的位元遮罩或壓縮，並上傳至更長期持久的網路檔案儲存，Retriever 使用 Amazon S3，但也可以選擇其他方案，例如 Google Cloud Storage。稍後，當需要再次查詢時，可以從 S3 中取回這些舊資料，載入到執行計算的記憶體中，若它是一組稀疏的檔案，則需要在記憶體中解壓縮，然後掃描每個符合條件的欄位和儲存段。

透過平行處理使其更快

在可觀測性的工作流程中，速度是另一個重要的需求：查詢結果必須在幾秒鐘內返回，以便進行迭代式的調查。這種需求不會因為查詢的資料範圍是過去的 30 分鐘，或者是整整一週而有所改變。使用者往往需要比較現狀與過去基準，才能準確地判斷當前行為是否異常。

在雲端檔案儲存系統中，使用無伺服器計算並採用映射 - 歸納模式（map-reduce-style）查詢資料時，其效能可能比對本地 SSD 中的序列資料使用單一查詢引擎工作節點執行相同查詢要來得快。對最終使用者來說，重要的是查詢結果返回的速度，而不是資料儲存的位置。

幸運的是，利用前面章節看到的方法，你可以對每個區段獨立計算查詢結果。只要有一個減少步驟，取出每個區段的查詢輸出並合併結果，就無需串行處理區段。

如果你已經將資料分層儲存在一個持久性的網路檔案儲存系統中，如我們的情況 S3，就不會有單一查詢工作節點持有硬碟上的位元組的鎖定問題。你的雲端服務供應商已經承擔以分散方式儲存檔案的負擔，這種方式不太可能有單點擁塞。

因此，結合映射 - 歸納模式的方法 [18] 以及無伺服器技術，能夠為「Retriever」得到分散式、平行化且快速的查詢結果，而不需要自行撰寫工作管理系統。雲端服務供應商管理一個無伺服器工作節點的池，我們只需要提供要映射的輸入清單，每個 Lambda（或無伺服器）功能都是一個映射器，可以獨立處理一個或多個儲

18　*https://oreil.ly/ivNPL*

存段目錄，並將其結果藉由一系列的中間合併步驟，傳送到中央的歸納工作節點，以計算出最終結果。

但是，無伺服器功能和雲端物件儲存並不是 100% 可靠，在實務上，呼叫時間分布的尾端延遲可能比中位數時間高出許多，最後的 5% 到 10% 結果可能需要數十秒才能回傳，或者可能永遠不會完成。「Retriever」的實作使用不耐煩的策略來及時回傳結果，一旦完成 90% 的處理段落請求，剩下的 10% 就會重新請求，而不會取消仍在等待的請求。這些平行的嘗試將互相競爭，哪一個先回傳結果就將用來填充查詢結果。即使重新嘗試最慢的 10% 子查詢會多花費 10% 成本，但另一個對雲端服務供應商後端的讀取嘗試，很可能比卡在 S3 的查詢，或可能在逾時之前永遠無法完成的網路 I/O 更快。

對於「Retriever」來說，已經找出這種方法來緩解阻塞的分散式效能 [19]，以確保總是在幾秒鐘內返回查詢結果。對於你自己的實作，你將需要試驗替代方法，以滿足可觀測性工作負載的需求。

處理高基數問題

如果有人嘗試按照高基數欄位分組結果，該如何處理？如何在不耗盡記憶體的情況下仍然返回準確的值？最簡單的解決方案是透過分配減少工作節點，來處理可能群組的比例子集，從而擴散減少的步驟。例如，可以遵循 Chord 的模式 [20] 創建分組的雜湊，並在覆蓋鍵空間（keyspace）[21] 的環（ring）中查找雜湊對應關係。

19　譯者註：指當分散式系統中的一部分或多部分出現問題或延遲時，可能會影響到整個系統的效能。

20　*https://doi.org/10.1145/964723.383071*

21　譯者註：鍵空間是所有可能的鍵的集合。這些鍵可能是由資料集中的高基數欄位值所衍生出來的哈希值，其空間可以視為一個「環」，通常會使用 Consistent Hashing（*https://en.wikipedia.org/wiki/Consistent_hashing*）演算法來表達。「覆蓋鍵空間的環」是用來分配和管理累計工作，透過雜湊分組，可以確定每個分組在環上的位置，然後找到負責這個位置的累計工作程序。這樣就可以把累計工作分散到不同工作程序，避免耗盡單一工作程序的記憶體。

但在最壞的情況下，即有數十萬個不同的分組，你可能需要依據所有歸納器（reducer）可用的總記憶體數量來限制返回的分組數量，或者評估哪些分組最有可能符合使用者提供的 ORDER BY 或 LIMIT 條件的分組，或者簡單地放棄返回太多分組的查詢。畢竟，一個高達 2,000 像素的圖形，如果被 10 萬條獨特的線條塗成一片模糊，將毫無用處！

可擴展和可持久化的策略

至於小量的資料，查詢一個小吞吐量的資料流在任意長的時間窗口中更容易實現；但是大型資料集需要水平擴展，並且必須對資料損失或臨時節點不可用的情況提供保護。任何一個工作節點無論功能多麼強大，都存在著處理傳入的追蹤跨度和廣泛事件的基本限制，而且，你的系統必須能夠容忍單個工作節點被重啟，例如硬體失效或需要維護等原因。

在 Retriever 實現中，可使用串流資料模式來提升擴展性與持久性，不選擇重新造輪子，而是在有意義的地方利用現有解決方案。Apache Kafka 有一種串流方法，能夠保持有序和持久性的資料緩衝區，該緩衝區能夠抵禦生產者、消費者或中間經紀人重啟。

想要獲取更多關於 Kafka 的資訊，可以參考 Gwen Shapira 等人所寫的《Kafka 技術手冊》（The Definitive Guide，O'Reilly 出版）。

例如，在給定主題（topic）和分區（partition）中，位於索引 1234567 的那行資料，將永遠在位於索引 1234568 的那行資料之前，這意味著必須從索引 1234567 開始讀取資料的兩個消費者，將總是以相同順序接收到相同紀錄。並且，兩個生產者絕不會因相同索引而產生衝突，每個生產者提交的資料行都將按照固定順序寫入。

在接收傳入的監控資料時，應該使用輕量級、無狀態的接收器處理程序來驗證傳入的資料行，並將每一行資料產生至選定的 Kafka 主題和分區，然後，具有狀態的索引工作節點可以按順序，從每個 Kafka 分區消費資料，透過分開接收和序列化的問題，能夠在需要的時候重啟接收器工作節點或儲存工作節點，而不會丟失或損壞資料。Kafka 集群只需要保留資料，以便在災難恢復情況下重播，這個期間可能需要幾小時到幾天，但不用花上數週。

為了確保可擴展性，應該根據寫入工作負載創建夠多的 Kafka 分區，每個分區都會對每組資料產生自己的一組儲存段。在查詢時，不論是哪個分區產生的，都需要基於時間和資料集合，查詢所有匹配的儲存段，因為一個給定的進入的追蹤範疇，可能已經通過了任何合適的分區。維護一個列表，列出哪些分區是每個租戶資料集合的合適目的分區，將讓你只查詢相關的工作者；但是，你需要在不同分區上組合查詢的工作者結果，並在每次查詢的主節點上，合併最終的結果步驟。

為了確保冗餘性，可以讓超過一個的資料擷取工作者從任一給定的 Kafka 分區中消耗資料。由於 Kafka 能夠確保資料的一致性排序，且資料擷取過程是可預測的，所以並行從單一分區擷取資料的工作者必須產生相同的輸出，該輸出的形式是序列化的儲存段檔案和目錄。因此，可以選擇每組消費者中的一個資料攝取工作者，將已完成的儲存段上傳到 S3，並隨機檢查其對等工作者的輸出是否一致。

如果某個特定的資料接收工作器程序需要重啟，它可以標記當前 Kafka 分區索引，並在重新啟動後，從該點開始序列化儲存段檔案。如果需要完全替換一個擷取節點，它可以從較早的健康節點取得資料快照和 Kafka 偏移量，然後從那一點開始前進，重播資料。

Retriever 已經分開考量資料接收和序列化資料，與查詢資料。如果將可觀測性資料工作負載，分成只共享檔案系統的單獨程序，就不再需要在 RAM 中維護共享的資料結構，並可以有更多容錯性。這意味著，每當遇到序列化過程的問題，它只能延遲資料接收，而不會阻止查詢舊資料。這還有一個額外好處，也就是對查詢引擎的查詢量激增，不會阻礙資料的接收和序列化。

以這種方式，可以創建一個可水平擴展的欄位儲存系統，允許在任意基數和維度上進行快速且持久性的查詢。到 2021 年 11 月為止，Retriever 以一個多租戶集群的形式運行，包含約 1000 vCPU 的接收工作節點，100 vCPU 的 Kafka 代理者，以及 1000 vCPU 的 Retriever 資料擷取 + 查詢引擎工作節點，再加上最高達 30,000 個同時進行的 Lambda 執行實例。此集群對約 700TB 的欄位資料進行查詢，這些資料在 500 萬個壓縮的儲存段檔案中跨越兩個月的歷史資料。每秒可擷取超過 150 萬個追蹤範圍，直到他們可查詢的最大延遲只有毫秒級。同時，它每秒能處理數十個讀取查詢，中位數延遲為 50 毫秒，99% 的延遲為 5 秒 [22]。

22　這可能看起來並不令人印象深刻，直到你意識到常規查詢需要掃描數億條紀錄！

建立高效能的資料儲存注意事項

可觀測性工作負載需要一組獨特的效能特性，以便擷取遙測資料，並在調查任何特定問題的過程中，以實用方式讓它可查詢。對於任何試圖建立自己可觀測性解決方案的組織來說，建立一個適當的資料抽象層是個挑戰，該抽象能讓開放式的探索與反覆調查工作成為可能，從而識別出任何可能的問題。你必須滿足可觀測性所需的功能性要求，以使用遙測資料來解決困難的問題。

如果你的問題太難解決，可能是因為選錯了資料抽象層[23]。基於正確的資料抽象層上建立解決方案，可以針對特定的資料領域做出最佳取捨方案。對於可觀測性和追蹤的問題來說，一種以時間分段的分散式混合欄式儲存方法能滿足速度、成本和可靠性的所有關鍵要求。儘管之前的資料儲存方案無法滿足任意基數和維度以及追蹤的需求，但 Honeycomb 的 Retriever 資料儲存卻顯示能解決這個問題的一種方法。

希望我們所學到的經驗，對於你理解現代可觀測性後端架構，或者解決自己的可觀測性問題有所幫助，如果需要內部解決方案的話。此外，也建議你不要為了這個目的而苦於維護 Elasticsearch 或 Cassandra 集群，因為它們不如專用的欄位儲存適合這個目的。

總結

在有效地儲存和高效率地取回可觀測性資料的過程中，存在許多挑戰，這些資料需要支援實時的除錯工作流。可觀測性的功能需求需要盡快回傳查詢結果，當你有數十億行的廣泛範圍事件，每一個都包含數千個維度，這一切都必須能搜尋得到，其中許多可能是高基數資料，而且這些欄位都沒有索引或對其他資料擁有特權，這可不是一個小挑戰。你必須能夠在幾秒鐘內獲得結果，簡單來說，傳統儲存系統就是無法完成這項任務。除了性能優越，你的資料儲存系統也必須具有容錯能力，並且適用於實際營運環境。

23　*https://sandimetz.com/blog/2016/1/20/the-wrong-abstraction*

希望 Honeycomb 的 Retriever 實作案例能讓你更了解在資料層面需要做出的各種取捨，以及管理這些問題的可能解決方案；Retriever 並不是解決這些挑戰的唯一方式，但它確實提供了一個如何解決這些問題的詳細範例。目前所知能夠適當處理可觀測性工作負載的其他公開可用資料儲存系統，包括 Google Cloud BigQuery、ClickHouse 和 Druid，然而，這些資料儲存系統對於可觀測性專用的工作負載測試較少，可能需要客製化工作來支援自動分割。大規模情況下，管理可觀測性的困難將尤其明顯；至於那些小規模、單節點的儲存解決方案，則較不太可能遇到某些取捨的困難。

在探討如何儲存和取回大量遙測資料後，下一章將探討透過遙測流水線，管理大量遙測資料的網路傳輸方式。

第 17 章

節省成本並保持足夠的準確性：取樣

上一章討論了資料儲存系統有效地儲存和檢索大量可觀測性資料的配置方式，這一章，將探討減少可能需要儲存的可觀測資料量的技巧。規模只要夠大，保留和處理每一個事件所需的資源，都可能變得過於昂貴和不實際，取樣（sampling）事件可以緩解資源消耗和資料精度之間的權衡。

本章將探討取樣有用的原因，較小的規模也不例外；及一般用來取樣資料的各種策略，以及這些策略之間的權衡；我們使用基於程式碼的範例，來說明實現這些策略的方式，並逐步引入基於前面例子的概念。章節從應用於單一事件的簡單取樣方案開始，說明如何在取樣過程中使用資料的統計方法，然後進一步探討更複雜的取樣策略，如應用於一系列相關事件、追蹤跨度的方式，以及傳播取樣後，重建資料所需要的資訊。

取樣以精煉資料蒐集

在某個規模之後，蒐集、處理和儲存系統產生的每一個日誌資訊、每一個事件和每一個追蹤的成本，遠超出其所帶來的好處。在大規模狀態下，簡單地運行一個與營運環境基礎設施同樣大小的可觀測性基礎設施不切實際，當可觀測性事件快速地變成一場資料洪水時，減少保存資料量，與可能丟失工程團隊需要、用於排除故障，並理解系統實際營運行為的關鍵資訊，這之間的權衡就成為新的挑戰。

大多數應用程式的現實情況是，許多事件幾乎是相同且成功的。排錯的核心功能是搜索新興模式，或在中斷期間檢查失敗事件，以這個視角來看，將所有事件100% 傳輸到可觀測性資料後端就顯得浪費了，可以選擇某些事件作為發生事情的代表性範例，並將這些取樣事件連同可觀測性後端需要重建，但實際未取樣事件中的元資料一起傳輸。

為了有效除錯，需要具有代表性成功或「良好」事件作為參考，以便與「不良」事件對比。利用這些具代表性的事件重建可觀測性資料，可以減少傳輸每一個獨立事件的開銷，同時也能忠實地恢復資料的原始形狀。取樣事件可以幫助你以較少的資源成本實現可觀測性目標，這是一種在大規模下精鍊可觀測性流程的方式。

在軟體產業的歷史中，當面臨報告高量系統狀態的資源限制時，將訊號從雜訊中分出來的標準方法，是生成包含有限標籤的匯總指標。如第 2 章所述，無法分解的系統狀態匯總視圖，對於疑難排解現代分散式系統的需求過於粗糙。在資料到達除錯工具之前就預先匯總資料，意味著無法深入了解超過聚合值的細節。

有了可觀測性，可以使用本章所述的策略來取樣事件，同時仍然提供對系統狀態的細緻可見性。取樣讓你有能力決定哪些事件值得傳輸的，哪些不值得，與把所有事件都折疊成一個給定時間範圍內的粗略系統狀態的預聚合指標不同，取樣允許你做出有根據的決策，知道哪些事件可以幫助你發現異常行為，同時仍然對資源限制進行優化。取樣事件和聚合指標的差異在於，每個包含在代表性事件中的維度，都保留了完整的基數。

在大規模的狀況下，優化資源成本以精鍊資料集合的需求就顯得十分重要。但在小規模的狀況下，即使削減資源的需求並不那麼迫切，精鍊決定保留的資料仍然可以提供有價值的成本節省。首先就從可以用來決定哪些資料值得取樣的策略開始講起，接著來看看在處理追蹤事件時，如何以及何時可以做出該決定。

使用不同的取樣方法

當面臨資源限制問題時，取樣是一種常用的方法，不幸的是，取樣這個詞已廣泛地應用於所有可能實施的各種方法的萬能標籤，關於取樣的概念和實現方式已有許多，其中一些對於可觀測性來說效果不如其他方法好。我們需要明確詞義，命名適用於可觀測性的每種取樣技術，並區分它們在各種程度上的不同之處，以及彼此之間的相似之處。

固定機率取樣

由於易於理解和實施方式，大多數人在想到取樣時，第一個想到的是固定機率取樣：保留固定百分比的資料而非丟棄，例如，每 10 個請求保留 1 個。

在分析取樣資料時，需要轉換資料以重建請求的原始分布。假設你的服務同時使用事件和指標檢測，並接收到 10 萬個請求。如果每個接收到的事件約代表 1,000 個類似事件，則你的遙測系統報告只接收到 100 個事件就具有誤導性。其他遙測系統如指標，將會為你的服務接收到的這 10 萬個請求的計數器增量。只有一部分的請求會取樣，所以你的系統需要調整事件的聚合，以返回大致正確的資料。對於固定取樣率的系統，可以將每個事件乘以實際取樣率，以獲得總請求數和它們延遲的估計數量。例如 p99 和中位數，不需要為固定機率取樣調整，因為取樣過程不會扭曲它們。

固定機率取樣的基本想法是，如果有足夠的量，任何出現的錯誤都會再次發生；且如果該錯誤發生的次數夠多，你就會看到它。然而，如果你有適量的資料，固定取樣並不能保持你仍然看到需要看到的事物的統計可能性，在以下情況中，固定機取樣是無效的：

- 你非常關心錯誤案例，而不是成功案例。
- 有些客戶傳送的流量比其他客戶多很多，而你希望所有客戶都有良好體驗。
- 你想確保在伺服器上的大量流量增加，不會壓垮你的分析後端系統。

對於一個可觀測性的系統，更精密的方法確保捕獲並保留足夠的遙測資料，以便你可以隨時看到任何服務的真實狀態。

依據近期流量取樣

與其使用固定機率，不如動態調整系統取樣事件的速率。如果最近接收到的總流量較少，可以調高取樣機率；或者，如果流量激增可能會壓垮你的可觀測工具的後端系統，則減少取樣機率。然而，這種方法增加一層新的複雜性：沒有固定的取樣率，就不能在重建資料分布時，將每個事件乘以一個固定因數。

反之，你的遙測系統將需要使用一種加權演算法，該演算法考慮到在蒐集事件時有效的取樣機率。如果一個事件代表 1,000 個類似的事件，就不應該與另一個代表 100 個類似事件的事件直接平均，因此，對於計算計數，你的系統必須將代表事件數量相加，而不僅僅是蒐集到的事件數量。對於聚合分布特性，如中位數或 p99，系統在計算總事件數和百分位數值的位置時，必須將每個事件擴展為多個事件。

例如，假設有一組值和取樣率的對：[{1,5}, {3,2}, {7,9}]，在不考慮取樣率的情況下取這些值的中位數，會很自然地得到 3 的結果，因為它位於 [1,3,7] 的中心。然而，你必須考慮取樣率。利用取樣率重建所有值的集合，可以透過完整列出來的所有數值說明：[1,1,1,1,1,3,3,7,7,7,7,7,7,7,7,7,7]。從這個角度看，很明顯的，考慮取樣後，這些值的中位數顯然是 7。

基於事件內容（欄位）的取樣

這種動態取樣方法涉及根據事件攜帶的資料調整取樣率，從高層次上講，這意味著在一組事件中選擇一個或多個欄位，並在看到特定值組合時指定取樣率。例如，你可以根據 HTTP 響應狀態碼對事件分區，然後為每個響應狀態碼指定取樣率。這樣做可以指定取樣條件，例如：

- 帶有錯誤的事件比成功的事件更重要。

- 新下的訂單事件比查詢訂單狀態的事件更重要。

- 影響付費用戶的事件比免費用戶的事件更重要。

使用這種方法，你可以根據需要使欄位簡單或複雜來選擇樣本，以提供對服務流量最有用的視圖，例如，串連組合 HTTP 方法、請求大小和用戶代理等資訊。

當欄位空間有限且固定時，例如有限數量的 HTTP 方法：GET、POST、HEAD 等；且給定欄位的相對率保持一致時，例如，錯誤頻率低於成功頻率，基於事件內容以固定的百分比取樣就很有效。值得注意的是，有時這種假設可能是錯誤的，或有可能在糟糕情況下被推翻。對於這些情況，你應該驗證假設，並制定應對事件流量飆升的計畫，以防假設條件發生變化。

結合每個欄位和歷史方法

當流量的內容更難以預測時，你可以繼續為每個傳入的事件識別一個欄位或多個欄位的組合，然後根據該欄位近期見到的流量動態調整每個欄位的取樣率。例如，根據在過去 30 秒內見到給定欄位組合的次數來確定取樣率，如客戶 ID，資料集 ID，錯誤碼，如果在該時間內多次看到特定的組合，它比較少見的組合就不那麼有趣。這樣的配置允許比例上較少的事件逐字地傳播，直到該流量的速率變化，並再次調整取樣率。

選擇動態取樣選項

要決定使用哪種取樣策略，觀察一下流經服務的流量，以及擊中該服務的各種查詢多樣性會很有幫助。你是在處理一個首頁應用，並且擊中它的 90% 請求幾乎無法互相區分嗎？這種情況的需求，與處理一個像資料庫前面的代理伺服器情況會有相當大的不同，因為在這種情況下，許多查詢模式會重複使用。

再比如說，如果你的後端處在讀取穿透（read-through）[1] 快取的後方，因為快取已經把所有重複和無關緊要的請求都剔除了，所以每個請求基本上都是獨一無二的，那這種情況下的需求就會與前兩種情況截然不同。這些情況每一種都會從稍微不同的採樣策略中獲益，這樣才能最大化地滿足它們的需求。

何時對追蹤下取樣決定？

到目前為止，前述的每種策略，都考慮了在選擇樣本時應該使用哪些標準，對於涉及個別服務的事件，這個決策僅取決於先前的標準。而對追蹤事件來說，決定何時取樣也很重要。

追蹤跨度會在多個服務中蒐集，因為每個服務可能都有自己獨特的取樣策略和比率。每個服務選擇取樣的事件，將完成追蹤的每個跨度，這樣的可能性相對較低，為了確保捕獲追蹤中的每個跨度，必須根據在何時做出是否取樣的決定，而特別關注。

1　譯者註：一種快取策略，指的是在接收到讀取請求時，先從快取中尋找需要的資料；如果找不到，則直接讀取後端服務，然後將讀取到的資料存儲到快取中，以供後續使用。

如前面所提，一種策略是使用事件本身的一些屬性，如回傳狀態、延遲、端點，或像使用者 ID 這種高基數欄位來決定是否值得取樣。事件內的一些屬性，如端點或客戶 ID 是靜態的，並在事件開始時就已知，在頭部取樣（或事前取樣）中，取樣決策是在事件啟動時進行的，然後將該決策進一步傳播到下游，例如透過插入一個「要求取樣」的標頭位元，以確保取樣所有必需的跨度來完成追蹤。

有些欄位，如回傳狀態或延遲，只有在事件執行完成後才能知道。如果取樣決定依賴於動態欄位，那在確定這些欄位的值時，每個底層服務已經獨立地選擇是否對其他跨度事件取樣。你可能頂多保留視為有趣異常值的下游跨度，但不包括其他上下文資訊，對於要在請求結束時才知道的值所下的正確決策，就需要尾部取樣。

在尾部取樣方法中，要蒐集完整的追蹤，必須先將所有跨度蒐集到緩衝區中，然後才可以回顧性地做出取樣決策，這種緩衝取樣（buffered sampling）技術在計算上是昂貴的，並且實踐中無法完全從檢測功能程式碼中實現，緩衝取樣技術通常需要在蒐集器端進行外部邏輯處理。

關於取樣決策的內容和時間的確定還存在其他細微差別。但在這一點上，最好使用基於程式碼的示例解釋。

將取樣策略轉化為程式碼

到目前為止，我們已經在概念層面上討論了取樣策略，接著就來看看這些策略如何在程式碼中實現。這個教學範例使用 Go 語言來說明實作細節，但是這些範例在任何支援 hashes/dicts/maps、偽隨機數生成和併發或計時器的語言中都很容易轉換。

基礎案例

假設你想要檢測一個高流量的處理器，而該處理器會調用一個下游服務，執行一些內部工作，然後返回結果，並無條件地將事件記錄到你的檢測接收器中：

```go
func handler(resp http.ResponseWriter, req * http.Request) {
    start := time.Now()
    i, err := callAnotherService()
    resp.Write(i)
    RecordEvent(req, start, err)
}
```

在大規模應用中，這種監控方式會產生過多噪音，並導致資源消耗過高。這裡來看看這個事件處理器可以發送事件的其他取樣方式。

固定比率取樣

一種直覺的方式可能是使用固定比率的機率取樣，隨機選擇發送 1000 個事件中的 1 個：

```
var sampleRate = flag.Int("sampleRate", 1000, "Static sample rate")

func handler(resp http.ResponseWriter, req * http.Request) {
    start := time.Now()
    i, err := callAnotherService()
    resp.Write(i)

    r := rand.Float64()
    if r < 1.0 / * sampleRate {
        RecordEvent(req, start, err)
    }
}
```

無論其相關性如何，每 1,000 個事件就會保存 1 個，代表另外 999 個是被丟棄事件。要在後端重建你的資料，需要記得每個事件代表了 sampleRate（取樣率）的事件數量，並在檢測蒐集器的接收端依據取樣率，將所有計數器的值相應地放大。否則，你的工具將會誤報在那段時間內實際遇到的事件總數。

記錄取樣率

在前面那個比較笨拙的例子中，你需要在接收端手動記住並設定取樣率。那如果你在未來某個時間點需要改變取樣率呢？檢測蒐集器無法確定取樣率實際上在何時改變，較好的做法是在傳送抽樣事件時，明確地傳達目前的 sampleRate（參見圖 17-1）， 這表示該事件在統計學上代表著與 sampleRate 相似的事件。注意，取樣率不只可能在不同服務之間有所變化，甚至在同一個服務內部也可能有所不同。

狀態碼	時間	取樣率
ok	1:00	100
ok	1:00	100
err	1:00	1
ok	1:01	80
err	1:01	1
ok	1:01	80
ok	1:01	80

圖 17-1 不同的事件可能會有不同的取樣率

在事件中記錄取樣率可能像這樣：

```
var sampleRate = flag.Int("sampleRate", 1000, "Service's sample rate")

func handler(resp http.ResponseWriter, req * http.Request) {
    start := time.Now()
    i, err := callAnotherService()
    resp.Write(i)

    r := rand.Float64()
    if r < 1.0 / * sampleRate {
        RecordEvent(req, * sampleRate, start, err)
    }
}
```

透過這種方法，你可以追蹤每個抽樣事件記錄時對應的抽樣率。即使抽樣率有可能動態地變化，也能在重建資料時準確地計算相關數值。如果想要計算出符合特定過濾條件，例如「err != nil」的事件總數，就需要將每個「err != nil」事件的數量，乘上各自的 sampleRate（參見圖 17-2）。另外，如果你想要計算 durationMs 的總和，則需要先將每個抽樣事件的 durationMs 乘上 sampleRate 並加權，然後再將所有加權後的數值相加。

狀態碼	發生時間	數量（重新加權）
ok	1:00	200
err	1:00	1
ok	1:01	240
err	1:01	1

圖 17-2　可以使用加權數量來計算總事件數

這個例子很簡單，並且有點人為的設定，你可能已經看出這種方法在處理追蹤事件時可能會有些缺陷。下一節將探討在使動態取樣率和追蹤一起工作時，需要考慮的額外因素。

一致的取樣決策

目前為止的程式碼已經探討做出取樣決策的*方法*，但還沒有考慮到在取樣追蹤事件時，做出取樣決策的*時機*。在考慮取樣如何與追蹤互動時，使用頭部取樣、尾部取樣或緩衝取樣的策略很重要，本章的最後部分會講解如何實施這些決策。現在，先來研究如何將上下文傳遞給下游處理器，以便（稍後）做出決策。

為了適當地管理追蹤事件，你應該使用一個中央生成的*取樣追蹤 ID*，並將其傳播到所有的下游處理器，而不是在每一個處理器內獨立生成取樣決策。這樣做，能讓你對相同使用者請求的不同呈現方式，做出一致的取樣決策（參見圖 17-3）；換句話說，這確保你可以對任何指定的取樣請求進行完整的端到端追蹤，如果你發現你已取樣了一個在遠端發生的錯誤，但卻因為取樣策略的實施方式，而遺漏其上游的情境，那就相當遺憾了。

HASH（追蹤 ID）	是否取樣？
8464143	
9976727	
2046000	YES
8697994	
1983000	YES
3427217	
6152331	
4919000	YES
6122453	

圖 17-3　包含追蹤 ID 的取樣事件

一致的取樣確保，當取樣率固定時，追蹤資料會整體保留或完全取樣。如果子事件的取樣率較高，例如，噪音較多的 Redis 呼叫以 1000 中抽 1 的比率取樣，而其父事件則以 10 中抽 1 的比率保留，則永遠不會出現因為保留 Redis 子事件，拋棄其父事件，而形成斷裂追蹤的情況。

現在修改前面的程式碼示例，從追蹤 *ID* / 取樣 *ID* 讀取取樣機率的值，而不是在每個步驟中生成隨機值：

```
var sampleRate = flag.Int("sampleRate", 1000, "Service's sample rate")

func handler(resp http.ResponseWriter, req * http.Request) {
    // 如果存在上游生成的隨機取樣 ID，則使用該值。
    // 否則，我們是根跨度（root span）。生成一個隨機 ID 並傳遞下去。
    var r float64
    if r, err := floatFromHexBytes(req.Header.Get("Sampling-ID")); err != nil {
        r = rand.Float64()
    }

    start := time.Now()
    // 在創建子跨度時傳播取樣 ID
    i, err := callAnotherService(r)
    resp.Write(i)

    if r < 1.0 / * sampleRate {
        RecordEvent(req, * sampleRate, start, err)
    }
}
```

現在，透過改變 sampleRate 的功能標誌來調整追蹤的取樣率，你可以在不需要重新編譯的情況下調整取樣率，包括在運行時；然而，如果要採用接下來將討論的技術，即目標取樣率，你將不需要手動調整這個比率。

按目標比率調整取樣率

你不需要手動地調整每一項服務的取樣率來應對流量增減；相反的，你可以透過追蹤接收的請求率來自動化這個流程（見圖 17-4）。

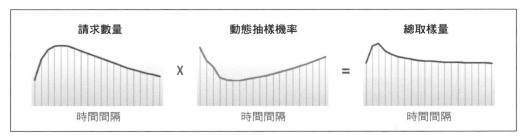

圖 17-4　可以自動計算總取樣量

在程式碼範例中的完成方式為：

```
var targetEventsPerSec = flag.Int("targetEventsPerSec", 5,
    "The target number of requests per second to sample from this service.")

// Note: sampleRate 可以是浮點數！不一定是整數。
var sampleRate float64 = 1.0
// 追蹤過去 1 分鐘的請求數量，以便決定下 1 分鐘的取樣率。
var requestsInPastMinute * int

func main() {
    // 初始化計數器。
    rc := 0
    requestsInPastMinute = &rc

    go func() {
        for {
            time.Sleep(time.Minute)
            newSampleRate = * requestsInPastMinute / (60 * * targetEventsPerSec)
            if newSampleRate < 1 {
                sampleRate = 1.0
            } else {
                sampleRate = newSampleRate
            }
```

```
                newRequestCounter := 0
                // 真實的營運環境程式應該使用較不容易產生競爭條件的方式。
                requestsInPastMinute = &newRequestCounter
            }
        }()
        http.Handle("/", handler)
        [...]
    }

    func handler(resp http.ResponseWriter, req * http.Request) {
        var r float64
        if r, err := floatFromHexBytes(req.Header.Get("Sampling-ID")); err != nil {
            r = rand.Float64()
        }

        start := time.Now()
        * requestsInPastMinute++
        i, err := callAnotherService(r)
        resp.Write(i)

        if r < 1.0 / sampleRate {
            RecordEvent(req, sampleRate, start, err)
        }
    }
```

這個例子在資源成本方面提供了可預測的體驗；然而，這種技術仍然缺乏根據每
個關鍵字的數量變化，而調整取樣率的靈活性。

設定多個靜態取樣率

如果取樣率很高，無論是因為動態設定或靜態設定的取樣率較高，都需要考慮到
可能會遺漏長尾事件（long-tail event），例如錯誤或高延遲事件，因為 99.9 百
分位的異常事件被隨機取樣的機會很小。同樣地，你可能會希望至少有一些來自各
個獨特來源的資料，而不是讓高流量的來源淹沒低流量的來源。

對於這種情況的解決辦法是設定多個取樣率，首先透過關鍵值來改變取樣率。在
這裡，範例代碼將任何基線（非異常）事件的取樣率設定為 1/1000，並選擇以
1/1 和 1/5 的比率，對任何錯誤或慢查詢進行尾部抽樣：

```
    var sampleRate = flag.Int("sampleRate", 1000, "Service's sample rate")
    var outlierSampleRate = flag.Int("outlierSampleRate", 5, "Outlier sample rate")

    func handler(resp http.ResponseWriter, req * http.Request) {
```

```
start := time.Now()
i, err := callAnotherService(r)
resp.Write(i)

r := rand.Float64()
if err != nil || time.Since(start) > 500* time.Millisecond {
    if r < 1.0 / * outlierSampleRate {
        RecordEvent(req, * outlierSampleRate, start, err)
    }
} else {
    if r < 1.0 / * sampleRate {
        RecordEvent(req, * sampleRate, start, err)
    }
}
}
```

儘管這是使用多個靜態取樣率的好例子，但此方法仍然易受監控流量激增的影響；如果應用程式經歷了錯誤率的激增，每一個錯誤都會被取樣。接下來，就用目標率取樣來解決這個缺點。

依據欄位和目標比率取樣

結合前兩種技術，擴展目前已經完成的工作，以針對目標特定的檢測率。如果一個請求是異常的，例如延遲超過 500 毫秒或是一個錯誤，它可以指定為以自己的保證比率進行尾部抽樣，同時將其他請求的比率限制在每秒抽樣請求的預算範圍內：

```
var targetEventsPerSec = flag.Int("targetEventsPerSec", 4,
    "The target number of ordinary requests/sec to sample from this service.")
var outlierEventsPerSec = flag.Int("outlierEventsPerSec", 1,
    "The target number of outlier requests/sec to sample from this service.")

var sampleRate float64 = 1.0
var requestsInPastMinute * int

var outlierSampleRate float64 = 1.0
var outliersInPastMinute * int

func main() {
    // Initialize counters.
    rc := 0
    requestsInPastMinute = &rc
    oc := 0
    outliersInPastMinute = &oc
```

```go
        go func() {
            for {
                time.Sleep(time.Minute)
                newSampleRate = * requestsInPastMinute / (60 * * targetEventsPerSec)
                if newSampleRate < 1 {
                    sampleRate = 1.0
                } else {
                    sampleRate = newSampleRate
                }
                newRequestCounter := 0
                requestsInPastMinute = &newRequestCounter

                newOutlierRate = outliersInPastMinute / (60 * * outlierEventsPerSec)
                if newOutlierRate < 1 {
                    outlierSampleRate = 1.0
                } else {
                    outlierSampleRate = newOutlierRate
                }
                newOutlierCounter := 0
                outliersInPastMinute = &newOutlierCounter
            }
        }()
        http.Handle("/", handler)
        [...]
}

func handler(resp http.ResponseWriter, req * http.Request) {
    var r float64
    if r, err := floatFromHexBytes(req.Header.Get("Sampling-ID")); err != nil {
        r = rand.Float64()
    }
    start := time.Now()
    i, err := callAnotherService(r)
    resp.Write(i)
    if err != nil || time.Since(start) > 500* time.Millisecond {
        * outliersInPastMinute++
        if r < 1.0 / outlierSampleRate {
            RecordEvent(req, outlierSampleRate, start, err)
        }
    } else {
        * requestsInPastMinute++
        if r < 1.0 / sampleRate {
            RecordEvent(req, sampleRate, start, err)
        }
    }
}
```

這個例子非常詳細，並使用許多重複的程式碼，但出於清晰明白的考慮後以這種方式呈現。如果這個例子要支援第三類請求，最好的做法就是重構程式碼，讓它能夠對任意數量的欄位設定取樣率。

使用任意多個欄位的動態取樣率

在實際應用中，你可能無法預測想設定的請求配額有限集合。在前面的例子中，程式碼有很多重複的區塊，而且要為每個情況，諸如錯誤／延遲或正常等手動指定目標取樣率。

更實際的方法是重構程式碼，使用一個 map 來儲存每個欄位的比率，和已觀察到的事件數量，然後程式碼會查找每個欄位來進行取樣決策。修改後的程式碼如下所示：

```
var counts map[SampleKey]int
var sampleRates map[SampleKey]float64
var targetRates map[SampleKey]int

func neverSample(k SampleKey) bool {
    // 留給你的想像空間。可能是一種情況，已知請求是永遠不想記錄的 keepalive 等。
    return false
}

// 這是你要在這裡添加主函數 main，和協程初始化範例程式碼的暗示。
// 這部分的程式碼主要是用來覆蓋和重設 map 中的值，以應對每個間隔時間段的事件。

type SampleKey struct {
    ErrMsg          string
    BackendShard    int
    LatencyBucket   int
}

// 這段程式碼可能計算每個 k 的新比率：
// newRate[k] = counts[k] / (interval * targetRates[k])

// 可以根據事件的數量（counts [k]）和目標抽樣率（targetRates [k]）
// 來計算新的抽樣率（newRate [k]）。根據需求，可以在這裡添加適合的計算邏輯。

func checkSampleRate(resp http.ResponseWriter, start time.Time, err error,
        sampleRates map[any]float64, counts map[any]int) float64 {
    msg := ""
    if err != nil {
        msg = err.Error()
    }
```

```
        roundedLatency := 100 * (time.Since(start) / (100* time.Millisecond))
        k := SampleKey {
            ErrMsg:          msg,
            BackendShard:    resp.Header().Get("Backend-Shard"),
            LatencyBucket: roundedLatency,
        }
        if neverSample(k) {
            return -1.0
        }

        counts[k]++
        if r, ok := sampleRates[k]; ok {
            return r
        } else {
            return 1.0
        }
    }

    func handler(resp http.ResponseWriter, req * http.Request) {
        var r float64
        if r, err := floatFromHexBytes(req.Header.Get("Sampling-ID")); err != nil {
            r = rand.Float64()
        }

        start := time.Now()
        i, err := callAnotherService(r)
        resp.Write(i)

        sampleRate := checkSampleRate(resp, start, err, sampleRates, counts)
        if sampleRate > 0 && r < 1.0 / sampleRate {
            RecordEvent(req, sampleRate, start, err)
        }
    }
```

到目前為止，程式碼範例已經相當龐大，但仍缺乏更複雜的技術。以下範例用於
演示如何實作取樣概念。

幸運的是，現有的程式碼套件可以處理這種複雜的取樣邏輯。對於 Go 語言，
dynsampler-go 套件 [2] 維護了一個 map，可以處理任意數量的取樣欄位，並為每個
欄位分配公平的取樣分額，只要欄位是新的。該程式庫還包含了更高級的取樣率
計算技術，可以基於目標比率計算，甚至完全不需要明確的目標比率也可以。

---

2   *https://github.com/honeycombio/dynsampler-go*

本章已經完成對取樣概念的完整介紹。在結束之前，先將迄今為止進行的尾部取樣，與可以要求所有下游服務進行追蹤取樣的頭部採樣結合，做出最後一個改進。

組合起來：針對每個欄位的頭部和尾部進行目標率取樣

本章節前面部分提過頭部取樣需要設定標頭，以將取樣決策傳遞到下游。對於一直在調整的這個程式碼範例來說，這意味著父節點必須將頭部取樣決策，及其對應的取樣比率傳遞給所有的子節點。這樣做就強制對所有的子節點取樣，即使在該層級的動態取樣率下，不會選擇對該請求取樣：

```go
var headCounts, tailCounts map[interface{}]int
var headSampleRates, tailSampleRates map[interface{}]float64

// 這是一個提示，你應該在這裡添加一個主函數（main）和協程初始化的程式碼。
// 這部分的程式碼主要負責定期覆蓋並重設上面定義的 map。
// 這裡也需要添加前面提到的 checkSampleRate 等函數。

func handler(resp http.ResponseWriter, req * http.Request) {
    var r, upstreamSampleRate, headSampleRate float64
    if r, err := floatFromHexBytes(req.Header.Get("Sampling-ID")); err != nil {
        r = rand.Float64()
    }

    // 檢查是否存在非負的上游取樣率，如果有，則使用該值。
    if upstreamSampleRate, err := floatFromHexBytes(
        req.Header.Get("Upstream-Sample-Rate")
    ); err == nil && upstreamSampleRate > 1.0 {
        headSampleRate = upstreamSampleRate
    } else {
        headSampleRate := checkHeadSampleRate(req, headSampleRates, headCounts)
        if headSampleRate > 0 && r < 1.0 / headSampleRate {
            // 在下面記錄事件時對其取樣，但也要向下游傳播決策。
        } else {
            // 清除 headSampleRate，因為該事件不符合取樣條件。這是一個特殊的值。
            headSampleRate = -1.0
        }
    }

    start := time.Now()
    i, err := callAnotherService(r, headSampleRate)
    resp.Write(i)

    if headSampleRate > 0 {
```

```
        RecordEvent(req, headSampleRate, start, err)
    } else {
        // 與頭部取樣相同，只是在這裡進行無法向下游傳播的尾部採樣決策。
        tailSampleRate := checkTailSampleRate(
            resp, start, err, tailSampleRates, tailCounts,
        )
        if tailSampleRate > 0 && r < 1.0 / tailSampleRate {
            RecordEvent(req, tailSampleRate, start, err)
        }
    }
}
```

截至目前為止，程式碼範例已經相當複雜。然而，即使在這個程度，它仍然顯示出取樣可以提供的彈性，以捕獲調試你的程式碼所需的所有必要上下文。在高吞吐量的現代分散式系統中，可能需要更細緻的分析，並使用更精巧的取樣技術。

例如，你可能希望在下游基於尾部的啟發式在回應中捕捉到錯誤時，增加頭部取樣的 sampleRate，以提高其被抽樣的機率。在這個例子中，可以使用蒐集器端緩衝抽樣（collector-side buffered sampling）這種機制，在整個追蹤資訊寫入緩衝區之後再決定抽樣，這樣就能結合頭部抽樣的優點，和只有在尾部才能得知的資訊。

總結

取樣是一種用於精煉可觀測性資料的有用技術。對大規模運行來說，取樣極為必要；而在較小規模的情況下，取樣也在各種情況下都可能有用。這些基於程式碼的範例，說明如何實現各種取樣策略，像 OTel 這種開源檢測功能套件對這種取樣邏輯的實施越來越常見。隨著這些套件成為產生應用程式遙測資料的標準，你需要在自己的程式碼中重新實作這些取樣策略的可能性應該也會越來越小。

然而，即使你依賴第三方套件來管理這種策略，理解取樣如何實現的機制仍然至關重要，這樣才能理解哪種方法適合你的特定情況。理解這些策略，諸如靜態對動態，頭部對尾部，或者它們的組合在實踐中的運作方式，可以讓你明智地運用它們，以在達到資料完整性的同時，還能因應資源限制做出優化。

就如同決定對你的程式碼檢測的方式，決定何時、何種情況、如何取樣，最好是根據組織的獨特需求來確定。在你的事件中，影響取樣有趣程度的欄位，很大程度上取決於它們對於理解你的環境狀態，以及對實現你的商業目標影響有多大的幫助。

下一章將探討一種處理大量遙測資料的方法：用流水線進行遙測資料管理。

第 18 章

使用流水線進行遙測管理

這章節特別邀請 *Slack* 資深軟體工程師 *Suman Karumuri*，
以及 *Slack* 工程部門主管 *Ryan Katkov* 撰寫

本書作者 Charity、Liz、George 想說的話

在本書的這部分中，我們已經解釋了在大規模環境中最能切身感受的可觀測性概念，這些概念出於各種原因對任何規模都有所幫助。上一章觀察了當典型的可觀測性資料變成洪流時會發生的事，以及透過取樣來減少資料量的方式；這一章將以不同的方式來管理大量遙測資料：使用流水線。

除了資料量之外，遙測流水線還可以幫助管理應用程式的複雜性。在較簡單的系統中，應用程式的遙測資料可以直接發送到適當的資料後端；而在較複雜的系統中，可能需要將遙測資料路由到許多後端系統，以分離工作負載、滿足安全和合規需求、滿足不同的保存需求，或出於各種其他原因。當你在這基礎上再增加資料量時，管理遙測資料的產生者與資料消費者之間的多對多關係可能會非常複雜，遙測流水線可以幫助你抽象化這種複雜性。

這一章由 Suman Karumuri 和 Ryan Katkov 撰寫，詳細說明 Slack 如何使用遙測流水線來管理其可觀測性資料。與本書中的其他客戶貢獻章節如第 14 章類似，Slack 的應用程式基礎設施是一個極好的例子，它以優雅的方式解決複雜性和規模問題，以便在任何規模上使用可觀測性的工程師可以獲得有用的概念，很高興能夠在本書的範疇內與你分享這些經驗。

本章的其餘部分將從 Suman 和 Ryan 的角度來講述。

這一章將探討遙測流水線提升組織可觀測性能力的方式，說明遙測流水線的基本結構和組件，並以具體例子說明 Slack 主要使用開源軟體組件遙測流水線的方式。過去三年來，Slack 一直在生產環境中使用這種模式，規模已擴大至每秒數百萬次的事件。

對於想要聚焦在可觀測性採用，和為減少開發人員工作量，好讓服務達到足夠可觀測性的組織來說，建立遙測管理的做法是關鍵。強大的遙測管理實踐為建立整合型檢測框架打下基礎，並創造一致的開發者體驗，降低複雜性和變化，尤其在引入新軟體的新遙測資料時。

Slack 在設想理想的遙測系統時，通常會尋找以下特性：希望流水線能夠蒐集、路由和豐富來自應用程式和服務的資料流。同時，我們對作為流程一部分的組件也有自己的意見，並提供一組一致的端點或程式套件供使用。最後，使用預定義的共同事件格式，應用程式可以快速利用它來實現價值。

隨著組織的成長，可觀測性系統往往從一個簡單的系統演變為更複雜的用例。最初，應用程式和服務直接產生事件並將其傳送到適當的後端，但隨著需求的增加，可能需要更高的安全性、工作負載隔離、保留期限需求，或者進一步控制資料質量，例如資料清洗、過濾和轉換；透過流水線的遙測管理，就可以幫忙解決這些需求。從高層次上看，流水線由應用程式和後端之間的組件組成，以處理和路由可觀測性資料。

本章結束時，你將理解設計遙測流水線的時機和方法，以及管理不斷增長的可觀測性資料需求所必需的基本元素。

遙測流水線的特性

建立遙測流水線可以在許多方面替你帶來幫助。在這一節中，你將學習到常見於遙測流水線的屬性，以及它們對你的協助。

路由

從最簡單的角度看，遙測流水線的主要目的，是將資料從生成源頭路由到不同的後端系統，同時藉由集中控制配置，來控制哪些遙測資料發送到哪裡。在源頭靜態配置這些路由，直接將資料發送到資料儲存系統通常不是一個理想的作法，因為你會希望將資料路由到不同的後端，而不需要更改應用程式，畢竟這對大規模系統來說是很繁重的工作。

例如，在遙測流水線中，你可能希望將追蹤資料流路由到一個追蹤後端系統，並將日誌資料流路由到一個日誌後端系統；此外，你可能還希望將部分相同的追蹤資料流轉發到 Elasticsearch 叢集中，以便進行分析。藉由路由和轉換的靈活性，可以提高資料流的價值，因為不同工具可能會對同一組資料提供不同的分析洞察能力。

安全性與合規性

出於安全的考量，你可能也會希望將遙測資料路由到不同的後端系統，可能只希望某些團隊能夠存取遙測資料。因為有些應用程式可能會記錄下包含敏感個人身分識別資訊（PII）的資料，如果能夠廣泛訪問這些資料，可能會導致違反合規性（compliance）。

你的遙測流水線可能需要一些功能，以幫助執行像是歐盟的一般資料保護法規（GDPR），與聯邦風險和授權管理計畫（FedRAMP）等規定的法律合規性。這些功能可能限制遙測資料儲存的地點，以及能訪問遙測資料的人員，同時也能強制執行資料的保留或刪除週期。

Slack 對於合規性的要求並不陌生，藉由模式匹配（pattern matching）和資訊遮蔽（redaction）的組合方式來強制執行這些要求；也會藉由檢測服務來識別並對敏感資訊或個人身分資訊 PII 示警。除了這些組件，Slack 還提供工具，以允許自助服務刪除不符合合規性要求的資料。

工作負載隔離

工作負載隔離允許保護在關鍵場景下資料集合的可靠性和可用性,將遙測資料分區到多個叢集中,可以促使工作負載互相隔離。例如,你可能希望分開產生大量日誌與產生極少量日誌資料的應用程式,如果將這些應用程式的日誌放在同一個叢集中,對於大量日誌的昂貴查詢可能會頻繁地降低叢集的性能,而對同一叢集上的其他使用者體驗產生負面影響;但對於較低量的日誌,如主機日誌,可能希望對這些資料有更長的保留期,因為它可能提供歷史上下文。藉由隔離工作負載,就可以獲得更多靈活性和可靠性。

資料緩衝

可觀測性的後端系統不會完全可靠,可能會出現中斷服務的情況,這種中斷通常不會計入依賴該可觀測性後端服務的 SLO。有可能服務本身是可用的,但可觀測性後端系統由於其他無關的原因而無法使用,因而降低對服務本身的可見性。在這種情況下,為了防止遙測資料出現間斷,可能會希望將資料暫時緩衝到節點的本機硬碟上,或利用像是 Kafka 或 RabbitMQ 這種可以讓訊息緩存並重播的訊息佇列系統。

遙測資料的量可能會有大幅度的波動。像是用戶對服務的使用量增加,或者關鍵資料庫組件故障等自然模式,通常就會導致所有基礎設施組件的錯誤,進而導致事件數量的增加和連鎖式系統失敗。加入緩衝區可以平滑資料進入後端系統的過程,由於後端系統不會因這些資料量的巨大波動而飽和,這也提高了資料進入到後端系統的可靠性。

緩衝區還可以扮演中間步驟的角色,在將資料傳送到後端系統之前進一步處理;可以使用多個緩衝區,例如在應用程式中結合本地硬碟緩衝區和死信隊列,以保護在資料量劇增時資料的及時性。

Slack 廣泛使用 Kafka 來實現資料緩衝,並且叢集保留多達 3 天的事件,以確保後端系統從故障中恢復後資料的一致性。除了 Kafka,生產者組件中還使用有限的硬碟緩衝區,使擷取資料代理能夠在 Kafka 集群不可用或過載時緩衝事件。整個流程都設計成在服務中斷期間具有彈性,以最大程度地減少資料損失。

容量管理

出於容量規劃或成本控制的原因，你可能希望為不同類型的可觀測性資料分配配額，並透過速率限制、取樣或排隊來強制執行。

限流

由於遙測資料通常與使用者請求有關，應用程式的遙測資料往往呈現出不可預測的模式。遙測流水線可以透過固定速率將遙測資料發送到後端系統，可以平滑處理資料的峰值，如果有超過這個速率的資料，流水線通常會將資料保留在記憶體中，直到後端系統有辦法消化它。

如果系統持續以後端無法消化的速率產生資料，遙測流水線也可以使用速率限制以減輕影響。例如，可以採用嚴格的速率限制，並丟棄超過速率限制的資料；或在達到嚴格速率限制之前，以較低的速率擷取資料但以積極方式對資料抽樣，以保護系統的可用性。在事件資料有冗餘性的情況下，這種權衡是可以接受的，所以儘管丟棄事件，也不會損失重要資訊。

取樣

正如第 17 章中所討論的，資料擷取組件可以利用動態調整取樣率，當資料量增加時逐漸提高取樣率，以保留訊號清晰度，避免資料過多導致後續處理環節，即流水線下游出現過載，或無法正常運作的情況。

佇列

可以優先擷取最近而非較舊的資料，以最大化對開發者的幫助。這種功能在面對日誌系統中的日誌風暴時特別有用，這是指系統接收到的日誌量超過其設計容量的情況。

例如，像關鍵服務停機這樣的大規模事故，可能會導致客戶端報告大量的錯誤，從而壓垮後端系統。在這種情況下，優先處理新的日誌比追趕舊的日誌更為重要，因為新的日誌能反映系統當前狀態，而舊的日誌只會告訴你系統在過去時間的狀態；離事故發生的時間越久，這些資訊就越不相關。當系統有額外容量時，可以進行回填操作，將歷史資料整理一遍。

資料篩選和擴充

在指標例如 Prometheus 的情況下，工程師可能無意中添加了像使用者 ID 或 IP 地址這樣的高基數欄位，導致基數爆炸。一般來說，指標系統並未設計來處理高基數欄位，而流水線可以提供處理這些欄位的機制，這可能簡單到丟棄包含高基數欄位的時間序列。為減輕基數爆炸的影響，進階的方法包括在高基數欄位的資料中預先聚合，或丟棄包含無效資料，如錯誤或格式有誤的時間戳記資料。

對於日誌，你可能希望過濾掉包含個人身分識別資料（PII）、安全資料（如安全權杖）或對 URL 進行資料清理，因為日誌系統通常不應該儲存敏感資料。對於追蹤資料，你可能想對高價值的追蹤資料額外取樣，或過濾低價值的跨度，以避免進入後端系統。

除了過濾資料外，遙測流水線也可用於豐富遙測資料，以提高可用性。這通常包括添加在進程之外可用的額外元資料，如區域資訊或 Kubernetes 容器資訊；將 IP 解析為它們的主機名以提高可用性；或日誌和追蹤資料與 GeoIP 資訊相結合。

資料轉換

一個完善的遙測流水線可能需要擷取各種資料類型，如非結構化日誌、各種格式的結構化日誌、指標時間序列點，或者是追蹤跨度形式的事件。除了具有資料類型感知能力外，流水線可能會提供 API，內外部 API 都能夠處理各種序列化與傳輸格式。因此，轉換這些資料類型的功能，也是流水線的一個關鍵組成部分。

雖然這樣的操作計算起來可能成本高昂，但將每個資料點轉換成共通的事件格式的好處，能夠超越處理這些資料所需的計算成本。這些好處包括在技術選擇方面的最大靈活性、減少相同事件在不同格式之間的重複，以及進一步豐富資料的能力。

遙測後端通常都有各自獨特且不同的 API，而這些 API 之間並沒有標準化的模式。如果能支持外部團隊對某個後端的需求，這將會帶來巨大的價值，而且做法可能簡單到只需要在流水線的預處理組件中添加一個插件，將一種常見格式轉換為後端可以處理的格式，就能讓流水線支持更多種類的後端。

Slack 有幾個這種轉換的實際例子，將各種追蹤格式，例如 Zipkin 和 Jaeger 轉換為共通格式 SpanEvent，這種共通的格式不僅可以直接寫入資料倉儲，一些大數據工具如 Presto 也都能查詢，且可以支持聯集（join）或聚合運算等操作。這意味著資料倉儲中可以儲存大量的追蹤資料，並透過長尾分析來產生強大的系統洞察力。

確保資料品質與一致性

在蒐集來自各種應用程式的遙測資料時，有可能會遇到資料品質問題，例如時間戳記欄位的資料可能太古老或過於遙遠，這將影響到整體的資料品質和一致性。為了確保資料品質，常見的解決方法是直接捨棄這些異常的資料。

舉例來說，如果有一個裝置配置錯誤，報告資料的時間戳記欄位不正確，這將會影響到系統中的整體資料品質。對於這種情況，可以在資料輸入時，使用當時的時間戳記來替換掉這些不正確的時間戳記；或者可以直接選擇捨棄這些資料。例如這個實際案例，用戶為了在 Candy Crush 遊戲中獲得獎勵，手動更改了手機上的系統時間，導致報告的時間戳記遠在未來。對於這種情況，如果無法捨棄這些資料，遙測流水線也應該提供另一個儲存位置，以便稍後可以處理這些它們。

以日誌為例，可以在遙測資料的流水線中進行各種有益的操作：

- 透過提取特定欄位，將非結構化日誌轉換為結構化資料
- 檢測並過濾或塗改日誌資料中的任何個人識別資訊（PII）或敏感資料
- 透過使用地理位置資料庫例如 MaxMind，將 IP 地址轉換為地理緯度和經度欄位
- 確保日誌資料的結構，需要確保所需資料存在，並且特定欄位必須是特定類型。
- 過濾掉那些低價值的日誌，防止它們送到後端系統儲存

特別是對於 Slack 的追蹤資料，確保資料一致性的一種方式是使用簡單的資料過濾操作，例如過濾低價值的跨度，避免送到後端儲存，以提高整體資料集合的價值。另外，也會採用尾部取樣這樣的技術來確保資料品質，在此技術中，只有根據一些期望的特性，例如觀察到的延遲較高而選出的一小部分追蹤資料會儲存到後端系統中。

管理遙測流水線：概觀

這部分將介紹功能遙測流水線的基本組件和架構。簡單來說，遙測流水線就是一系列的接收器（receiver）、緩衝區（buffer）、處理器（processor）和匯出器（exporter）等組件按順序組成的一個鏈條。

以下是遙測流水線關鍵組件的詳細資訊：

- 接收器是從資料源蒐集資料的組件。

  接收器可以直接從應用程式，如 Prometheus 採集器蒐集資料；也可以從緩衝區中取得資料。

  接收器可以提供一個 HTTP API，讓應用程式將其資料推送過來。

  系統出現異常時，接收器也能將資料寫入緩衝區，以確保資料完整性。

- 緩衝區是暫存資料的地方，通常只會存放短時間的資料。

  緩衝區會暫時保留資料，直到後端系統或下游應用程式消耗掉。

  緩衝區通常是一種發布 - 訂閱系統，如 Kafka 或 Amazon Kinesis。

  應用程式也可以直接將資料推送到緩衝區。在這種情況下，緩衝區也可作為接收器的資料來源。

- 處理器通常從緩衝區取得資料，對其轉換，然後再將資料寫回緩衝區。

- 匯出器是負責接收遙測資的組件。通常會從緩衝區取得資料，並將這些資料寫入遙測後端系統。

在簡單的設定中，一個遙測資料流水線通常由接收器→緩衝區→匯出器這種模式組成，常見於每一種類型的遙測後端系統，如圖 18-1 所示。

圖 18-1　在簡單的遙測流水線中常用的接收器、緩衝區、和匯出器

然而，一個複雜的配置可能有一個接收器→緩衝區→接收器→緩衝區→匯出器的鏈結，如圖 18-2 所示。

圖 18-2　具有處理器的進階遙測流水線示例

流水線中的接收器或匯出器通常只負責一種可能的操作，像是對資料進行容量規劃、路由或資料轉換等。表 18-1 說明可以在各種類型的遙測資料上執行的操作範例。

表格 18-1　在流水線中接收器、處理器和匯出器的角色

遙測資料類型	接收器	處理器或匯出器
追蹤資料	• 蒐集不同格式的追蹤資料（例如：Zipkin / Jaeger /AWS X-Ray, OTel） • 從不同服務蒐集資料（例如所有 Slack 手機客戶端）	• 將資料輸入到各種追蹤後端 • 對資料進行尾部取樣 • 丟棄低價值的追蹤 • 從追蹤中提取日誌 • 將追蹤資料路由到各種後端系統，以滿足合規需要 • 篩選資料
指標資料	• 識別並採集目標	• 重新標記指標 • 降低指標的取樣率 • 聚合指標 • 將資料推送到多個後端系統 • 檢測高基數標籤或時間序列 • 過濾高基數標籤或指標
日誌資料	• 從不同服務中蒐集資料 • 蒐集來自不同服務的日誌端點	• 將日誌資料解析成半結構或結構化日誌 • 從日誌中過濾個人識別資訊（PII）和敏感資料 • 出於 GDPR 的原因，將資料推送到多個後端系統 • 將較少查詢或審計日誌路由到平面文件，將高價值日誌或頻繁查詢的日誌路由到索引系統中

在開源系統中，接收器也可能稱為來源（source），而匯出器通常會稱為匯出點（sink）[1]。然而，這種命名規則無法突顯這些組件可以串聯的事實。

1　譯者註：通常用來指資料流程中的最終接收點或是儲存點。比如在一個資料流水線中，資料從「source」開始流動，經過一系列處理最後「sink」，就是指資料到達最終目的地，例如資料庫或者文件系統等。

資料轉換和過濾規則通常會根據遙測資料的類型而有所不同，因此需要隔離的流水線。

管理遙測流水線時的挑戰

在大規模下運行遙測資料處理流水線時會遇到許多的挑戰，這在 Slack 內部已有深刻體會，並在這一節中說明。在小規模的情況下，建立和運行這樣的流水線其實相對較為簡單，通常只需要配置一個像是 OpenTelemetry Collector 的過程，讓它可以作為資料的接收器和匯出器。

然而在大規模的情況下，這樣的流水線可能需要處理數百個的資料流，保持流水線的運作就成為一個運營上的挑戰，需要確保包括流水線效能、資料正確性、整個過程的可靠性以及系統可用性等。雖然這其中包含一部分的軟體工程工作，但要可靠地運行這樣的流水線，大部分工作還是涉及控制理論的應用。

高效性

由於應用程式可以以任何格式產生資料，而且這些資料性質可能會改變，因此保持流水線的效能可能是一項挑戰。例如，如果一個應用程式產生大量日誌，但在日誌流水線中處理這些的成本很高，那日誌流水線就會變得較慢，並需要擴展。通常情況下，流水線某個部分慢速運行，可能會導致流程其他部分出現問題，比如突然的負載增加，進而使整個流程不穩定。

正確性

由於流水線由多個組件組成，因此確定流水線的端對端操作是否正確可能有些困難，例如，在一個複雜的流水線中，可能很難知道寫入的資料是否有正確轉換，或確保丟棄的資料是唯一丟棄的資料類型；此外，由於傳入資料的資料格式未知，所以除錯問題可能會複雜，因此，必須監控流水線中的錯誤和資料質量問題。

可用性

流水線的後端系統或各種組件中往往存在不可靠的情況，只要軟體組件和接收器設計成能具有彈性和可用性，就能應對流水線中的中斷。

可靠性

作為可靠變更管理實踐的一部分，軟體或配置更改時要確保流水線的可用性。在部署組件的新版本，並保持流水線端對端延遲和飽和度在可接受的水平上，可能具有一些挑戰性。

可靠地管理流程需要深入理解處理流水線中的瓶頸，或者需要容量規劃，因為一個飽和的組件可能成為拖慢整個流水線的瓶頸。一旦識別出瓶頸，應確保向瓶頸分配足夠的資源，或者該組件的性能好到能跟上資料量。除了容量規劃外，流水線應該有良好的監控，以識別流水線組件間的流量變化率。

重新處理資料和回填資料通常是管理資料流水線最複雜和最耗時的部分之一，例如，如果在流水線中未能過濾掉日誌中的部分個人識別資訊（PII）資料，就需要從日誌搜尋系統中刪除這些資料並回填。雖然大多數解決方案在正常情況下都能運作得很好，但它們在回填大量歷史資料方面能力有限；在這種情況下，需要確保緩衝區中有足夠歷史資料來重新處理。

隔離

如果將高流量系統的客戶和低流量客戶的日誌或指標放在同一叢集中，可能會出現可用性問題，因為高流量的日誌可能導致集群飽和。因此，應該設置遙測流水線，使這些資料流能夠相互隔離，可能需要寫入不同的後端系統。

資料新鮮度

除了高效、正確和可靠的特性外，遙測資料流水線還應該要在接近實時的情況下運作。通常，資料生成到消費者可使用的端到端延遲在幾秒鐘內，最差情況下可能達到數十秒。然而，監控流水線的資料新鮮度可能極具挑戰，因此你需要擁有一個已知的資料來源，以穩定的速度生成資料。

像 Prometheus 這樣的主機指標可以用於這個目的，因為它們通常以一致的間隔採集，你可以用這些間隔來測量日誌資料新鮮度；日誌或追蹤往往沒有良好且一致的資料來源，在這種情況下，增加一個合成資料來源可能會有價值。

Slack 每分鐘以固定 N 條訊息的速率，將合成日誌添加到日誌流中。這些資料擷取到接收端，供人定期查詢這些已知日誌，來了解流水線的狀態和資料新鮮度。例如，每分鐘從一個資料來源產生 100 個合成的日誌訊息，並將其擷取到最大的日誌叢集中，即每小時 100 GB 的日誌資料。一旦擷取這些資料後，每 10 秒監控和查詢這些日誌，確認流水線是否實時擷取資料；根據過去 5 分鐘內在給定的 1 分鐘內接收到所有訊息的次數，來設定資料新鮮度 SLO。

在產生合成資料時，需要注意確保合成資料具有唯一值或已過濾，以免干擾使用者查詢正常的日誌；還要確保合成日誌從基礎設施的多個區域發出，以保障在整個遙測流水線中具有監控覆蓋率。

使用案例：Slack 的遙測管理

Slack 的遙測管理程式經過數次演變，以適應 Slack 各種可觀測性的使用情境，為了應對這些使用情境，系統由開源組件和用 Go 編寫的內部軟體 Murron 組成，這一節將描述流水線的各個組件，以及它們在 Slack 內不同部門中的作用。

指標聚合

Slack 主要使用 Prometheus 來蒐集指標，後端最初用 PHP 編寫，之後則是用 Hack。由於 PHP 或 Hack 使用的是每個請求一個進程的模型，因此 Prometheus 的拉取模型無法適用，因為它沒有進程上下文資訊，只有主機上下文資訊。因此，Slack 使用自訂的 Prometheus 套件，來針對每個請求發送指標到一個本機上用 Go 開發的本機系統服務。

這些每個請求的指標由該本機系統服務蒐集，並在時間窗口內聚合。本機系統服務也提供一個指標端點[2]，Prometheus 伺服器透過這個端點採集，如圖 18-3 所示。這讓 Slack 可以從自己的 PHP / Hack 應用伺服器蒐集指標。

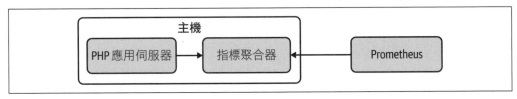

圖 18-3　從每個請求進程的應用程式中蒐集並聚合指標的過程

2　譯者註：Prometheus 也有提供 Pushgateway（*https://prometheus.io/docs/practices/pushing/*）的組件，與上述 Slack 自行開發的本機系統服務作用一樣。

除了 PHP／Hack 之外，Slack 也運行使用 Go 或 Java 開發的應用程式，這些應用程式會暴露指標端點，而且 Prometheus 可以直接採集。

日誌和追蹤事件

Murron 是 Slack 內部開發的一個 Go 應用程式，構成 Slack 日誌和追蹤事件流水線的核心。Murron 由三種組件組成：接收器（receiver）、處理器（processor）和匯出器（exporter），接收器透過 HTTP、gRPC API，以及多種格式如 JSON、Protobuf 或自定義的二進制格式，從資料來源接收資料，並將其發送到緩衝區，如 Kafka 或其他擷取器；處理器將包含日誌或追蹤資料的訊息從一種格式轉換為另一種格式。消費者從 Kafka 中消費這些訊息，並將它們發送到不同的目的地，如 Prometheus、Elasticsearch 或外部供應商。

Murron 的基礎元素是流（stream），用於定義遙測資料流水線。一個流由一個接收器、一個處理器和一個緩衝區，如 Kafka 的 topic 組成，接收器接收來自應用程式包含日誌或追蹤資料的訊息，處理器處理這些訊息。此外，每個流還可以定義匯出器，它從緩衝區中消費訊息，在處理後，視需求將其路由到適當的後端系統。

為了方便路由和自定義處理，Murron 將所有接收到的訊息包裝在一個自定義的信封訊息中，這個信封訊息包含訊息所屬的流名稱，用於在 Murron 的多個組件之間路由訊息。此外，信封訊息還包含關於訊息的其他元資料，如主機名、Kubernetes 容器資訊和進程名稱。這些元資料稍後將在流水線中用於擴充訊息資料。

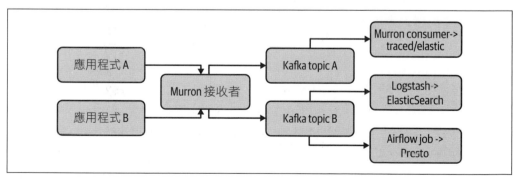

圖 18-4　顯示 Slack 的遙測流水線架構，包括用於追蹤資料的接收器、緩衝區和匯出器

在 OpenTelemetry 規範中，追蹤的資料結構是由稱為跨度（span）相互關連事件的有向無環圖（DAG）組成。這些資料結構通常會包裹在更高層的追蹤 API 中，來產生追蹤資訊，並且在使用端透過追蹤使用者介面來訪問這些資料。然而，這種隱藏的結構會讓人無法查詢或取樣這些原始追蹤資料，以滿足各種不同使用需求。

為了能自然採用以增加易用性，我們實作一種稱為 *SpanEvent* 的新簡化跨度格式，更容易生成和消費。一個典型的 SpanEvent 包含以下欄位：ID、時間戳記、持續時間、父跨度 ID、追蹤 ID、名稱、類型、標籤和特殊的跨度類型欄位。就像追蹤一樣，因果圖是 SpanEvents 的有向無環圖，讓工程師能夠輕鬆產生並分析追蹤資訊，開啟許多新的可能性，例如在第 11 章中所描述，對 CI / CD 系統中設置檢測探針等。

為了支持因果圖模型，我們為 PHP / Hack、JavaScript、Swift 和 Kotlin 等語言建立自定義的追蹤套件。除了這些套件之外，也利用了 Java 和 Go 的開源追蹤套件。

Hack 應用程式使用一個與 OpenTracing 兼容的追蹤器[3]檢測；第 74 頁「開放式檢測標準」中討論過 OpenTracing。手機和桌面應用程式客戶端使用高級追蹤器或低級跨度創建 API，來追蹤他們的程式碼，並產生 SpanEvents。這些生成的 SpanEvents 以 JSON 或 Protobuf 編碼事件形式，透過 HTTP 發送到 Wallace。

Wallace 是基於 Murron 的接收器和處理器，與核心雲基礎架構獨立運作，因此即使 Slack 的核心基礎架構出現全站當機，也可以捕獲客戶端和服務的錯誤。Wallace 驗證接收到跨度資料，並將這些事件轉發到另一個 Murron 接收器，該接收器將資料寫入緩衝區，即 Kafka（參見圖 18-5）。

3　*https://opentracing.io*

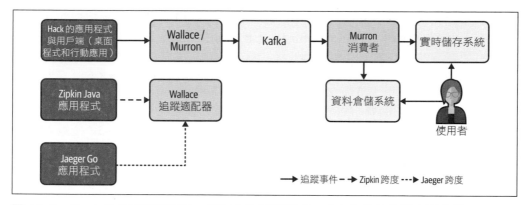

圖 18-5　Slack 的追蹤基礎架構，淺灰色為應用程式，中灰色為接收器和匯出器。

Slack 內部 Java 和 Go 應用程式分別使用 Zipkin 和 Jaeger 的開源檢測探針套件進行自動化檢測。為了捕獲這些應用程式的跨度，Wallace 為兩種類型的跨度資料提供接收器，稱為追蹤適配器（trace adapter），將報告的跨度轉換成 Slack 的 SpanEvent 格式，並將其寫入 Wallace，然後再轉發給一個 Murron 接收器，該接收器將資料寫入 Kafka。

寫入 Kafka 的取樣資料主要由以下 3 個基於 Murron 和 Secor 的匯出器所消費，Secor 是 Pinterest 維護的一個開源項目：

Elasticsearch 匯出器

> Murron 匯出器從 Kafka 讀取 Slack 的 SpanEvents，並將它們轉發到 Elasticsearch 這個事件存儲器，允許在儀表板上顯示事件（我們主要使用 Grafana），並對這些事件設置自定義警報。

資料倉庫匯出器

> Slack 使用 Pinterest 的一個開源專案 Secor，轉換來自 Kafka 的資料，並上傳到 Amazon S3 中，以便擷取到 Presto 資料倉庫中。

Honeycomb 匯出器

> 最後，一個 Murron 匯出器從 Kafka 消費事件，過濾掉低價值的跨度取樣，將資料轉換為 Honeycomb 特定的自定義事件格式，並將它路由到不同的資料集合，以便在 Honeycomb 中查詢。

通過使用這些匯出器，Slack 幾乎可以立即訪問追蹤取樣資料，端到端的延遲時間僅在幾秒鐘內。使用 Honeycomb 和透過 Elasticsearch 的 Grafana 來視覺化這些資料並運行簡單分析，這在追蹤取樣資料以排解疑難中扮演了重要的角色。

相比之下，資料倉庫通常需要兩小時的時間才能落地。Slack 使用 Presto，它能透過 SQL 對長時間範圍內進行複雜的分析查詢。通常，Elasticsearch 會存儲 7 天的事件資料，Honeycomb 則支持存儲 60 天事件，但透過 Presto 後端系統，Hive 可以將資料儲存長達兩年，這能讓工程師超越 Honeycomb 和 Elasticsearch 的限制，分析長期趨勢。

Murron 管理超過 120 個資料流，每秒數百萬條消息的資料量，這些資料都透過 20 個叢集中的 200 多個 Kafka topic 緩衝。

開源替代方案

經過數年的自然演變，Slack 的遙測流水線由一些開源組件和內部開發的軟體混合而成，從前文可以看出，這些軟體具有重疊的功能，整合這些系統將帶來好處。可觀測性遙測流水線領域已經相當成熟，與三年前相比，現在存在幾個新的、可行的選擇，本節將探討其他的開源替代方案。

在可觀測性的早期階段，沒有特定的工具可用於建立遙測流水線。大多數工程師使用像 rsyslog 這樣的工具開發自定義工具，或使用第三方供應商工具將資料發送到後端系統。隨著時間推移，團隊認識到這個缺口，開發了像 Facebook 的 Scribe[4] 這樣的工具，它引入了將日誌路由到各種後端系統的基本思想。為了在下游系統出現問題時可靠地傳送日誌，Scribe 提出諸如本地硬碟持久化的概念，也就是當下游系統應對大量日誌或無響應時，日誌將持久化到本地硬碟中。Facebook 的 Scribe 也建立鏈接多個實例，並在大規模下建立遙測管理流水線的概念。

後來，遙測流水線演變為更完整的系統，支持進階的日誌解析和欄位操作，以及進階的流量限制或動態取樣功能。隨著像 Kinesis / Kafka 這樣的現代發布 / 訂閱系統的崛起，大多數遙測資料流水線都包含支援從這些系統獲取資料，並在流

4　*https://github.com/facebookarchive/scribe*

水線中作為緩衝的功能。在日誌方面，像 timber、Logstash[5] / Filebeat、Fluentd 和 rsyslog 等流行服務可用於將日誌傳輸到接收器。而指標使用情境方面，像 Prometheus Pushgateway[6] 和 M3 Aggregator[7] 這樣的項目可建立用於聚合指標。至於追蹤資料，Refinery[8] 這樣的工具可建立用於進一步過濾、取樣和處理追蹤資料。這些工具皆設計為模組化，允許開發插件以增加支援接收和發送資料的接收器和匯出器。

隨著越來越多的資料透過這些遙測流水線傳輸，它們的效率和可靠性也變得越來越重要。因此，現代系統開始使用更高效的語言，如 C（Fluent Bit）、Go（Cribl）和 Rust[9]（Vector）。如果要處理每秒的 TB 級資料，遙測流水線的基礎設施效率就變得非常重要。

管理遙測流水線：自行構建或買入

在遙測流水線管理方面，Slack 出於歷史原因，在其遙測流水線管理中使用了一些開源和自家的軟體。然而，現在的情況已經不同了，因為存在著眾多的開源替代方案，可以輕鬆地構建遙測流水線的基礎。這些開源工具通常具有模組化的特性，可以輕鬆擴展以增加額外功能，來滿足自定義使用情境。考慮到這些工具的廣泛可用性，花費工程資源開發內部軟體以建立遙測管理流水線基礎，在經濟上並不合理。

開源軟體本身是免費的，但是需要考慮維護和運營遙測流水線的成本，另一方面，供應商可以簡化操作負擔並提供良好的用戶體驗。依照組織的成熟度，簡化和易用性這個吸引人的提議在經濟上可能是合理的選擇，隨著組織成長，這種平衡將會發生變化，因此在選擇方法時要牢記這一點。關於決定自行建立或採購解決方案時的更多考慮事項，請參閱第 15 章。

---

5   *https://www.elastic.co/logstash*

6   *https://github.com/prometheus/pushgateway*

7   *https://m3db.io/docs/how_to/m3aggregator*

8   *https://docs.honeycomb.io/manage-data-volume/refinery*

9   *https://vector.dev*

總結

你可以立即開始使用多個現成的服務，並相互配合。你可能會有想建立全新系統的衝動，但我們建議適應一個開源服務，小型流水線可以自動運行，但隨著組織增長，管理遙測流水線將變得複雜且面臨多個挑戰。

在構建遙測管理系統時，請根據業務當前需求構建，並預見未來可能出現的需求，但不需要立即實現。例如，你可能希望在未來添加符合法規的功能，或引入豐富化的增強能力或過濾功能。保持流水線的模組化並遵循生產者、緩衝區、處理器和匯出器的模型，可以確保你的可觀測性功能運行順利，同時為業務提供價值。

第五部分

推廣可觀測性文化

第四部分專注於解決在大規模實踐可觀測性時遇到的挑戰。而在這最後的章節中，將探討你可以用來推動組織內部可觀測性採用工作的文化機制。

可觀測性通常從組織中的某個特定團隊或業務單位開始。要擴散可觀測性的文化，團隊需要來自業務各方面利益相關者的支援，本節將解析這種支援如何集結，以幫助擴大可觀測性實踐。

第 19 章會介紹一些實質成果、組織挑戰，以及如何透過看待採用可觀測性實踐背後的商業利益來提出業務案例。

第 20 章會探討工程團隊以外的團隊，使用可觀測性工具來進一步達到自身目標的方法，幫助相鄰團隊學習理解和使用可觀測性資料以實現目標，將有助於增加能推進可觀測性採用計畫的盟友。

第 21 章將探討一些業界領先的資料，以幫助你了解並衡量你在實現前幾章所提及的可觀測性好處進展。這種模型可以說是一項概述指南，而不是嚴格規定。

最後，第 22 章將展示一些希望你一起加入建設的未來進程。

可觀測性的業務案例

可觀測性經常從組織中的某個特定團隊或業務單位開始。為了推廣可觀測性的文化，團隊需要獲得業務各方利害關係人的支持。

這一章會開始分析集結這種支持力量的方法，以說明可觀測性的業務案例。有些組織採用可觀測性實踐，是為了克服傳統方法無法解決的嚴重挑戰；其他可能需要更主動的方法來改變傳統的做法。無論你在可觀測性之旅中可能處於何處，這一章都將向你說明，如何在自己的公司內為可觀測性制定業務案例。

首先來看如何從反應性和主動性的角度變革。檢查非緊急情況，找出一組環境，這些環境會顯示在非災難性服務中斷的情況下，採用可觀測性的迫切需要。然後，涵蓋創建可觀測性實踐所需的步驟，評估各種工具，以及知道你的組織已經達到「夠好」的可觀測性狀態，可以將你的焦點轉移到其他倡議上。

引入改變的反應式方法

改變很困難，許多組織傾向於走最少阻力的路徑。為什麼要修復那些明明沒壞，或只是有人認為它壞掉的東西呢？歷史上，實際營運系統在沒有可觀測性的情況下已經正常運作了數十年，為什麼現在要冒著打破原有穩定的風險呢？

較簡單的系統可以由對其架構細節有深入了解的工程師推敲。如第 3 章所見，只有在傳統的方法可能會突然無法處理新出現的問題或需求，一些組織才意識到現在對可觀測性的迫切需求。但是以反應性的方式將根本性的改變引入一個組織，可能會造成意想不到的後果，急於解決對業務至關重要的問題，通常會導致過於簡單化的方法，而這些方法很少能帶來有用的結果。

試想一個因關鍵服務中斷而引入反應性改變的情況。例如，一個組織可能會從根本原因分析，以確定中斷發生之因，而該分析可能指向單一原因。在關鍵的情況下，高層經理人經常會想要使用該原因找出簡化的補救措施，以證明問題已經迅速處理。例如，當中斷的罪魁禍首可以指向根本原因分析中的一行，說：「因為沒有備份」時，就能讓刪除重要文件的員工降職，然後聘請顧問和他的全新備分策略，好讓高層經理人相信這個問題已經解決了，而鬆了一口氣。

雖然這種方法似乎能提供安全感，但最終都是虛假的。為什麼一個文件就能造成連鎖式系統失敗？為什麼這麼重要的文件這麼容易就可以刪除？如果有更多的不變的基礎設施，情況是否不會如此惡化？在這個假設的情況下，不一定是最明顯的原因，而是各種方法都有可能解決根本原因；只是在急於快速修復問題的前提下，經常是過度簡化的方法最吸引人。

組織中另一種反應性的做法，源於無法辨識不再需要容忍的功能失調。傳統工具最常見的過時功能失調，就是對軟體工程和運營團隊造成的不必要負擔，使他們無法專注於交付創新的工作，而是被困於瑣碎的任務和繁重的操作中。

正如第 3 章所言，沒有可觀測性的團隊經常浪費時間去追蹤具有相同症狀和潛在原因的事件，這些問題往往反復引發警報和演習，帶給工程團隊和業務莫大壓力。工程團隊會因為警報疲勞而精疲力竭，最終人員流失，這對企業來說，等於失去員工的專業知識和重建這些專業知識所需的時間；遇到問題的客戶會放棄他們的交易，對企業來說，就是損失收入和客戶忠誠度。困在這種不斷的警報和高壓力模式下，會創造出一種下降的螺旋，會破壞工程團隊對生產變更的信心，反過來又會創造出更脆弱的系統，然後需要更多時間維護，進而降低提供業務價值的新功能交付速度。

不幸的是，許多商業領導者經常視這些障礙為正常的運營狀態。他們引入自認為有助於緩解這些問題的流程，如變更諮詢委員會，或禁止團隊在星期五部署程式碼變更的規定；他們預期在值班輪換中有些工程師會感到疲憊，所以允許較優秀的工程師免於值班輪換。許多工程團隊中的有害文化實踐，都可以追溯至根本上對營運系統的不了解。

如果你的業務至少出現了以下這些症狀，就有可能說明你的系統達到缺乏可觀測性的臨界點：

- 客戶在內部檢測和解決之前，就發現並報告實際營運服務中的關鍵錯誤。
- 發生的事件不嚴重，但檢測和恢復所需的時間通常太長，導致事件升級為長時間的服務中斷。
- 需要調查以排查事件和錯誤的工作積壓持續增長，因為新問題堆積的速度，比它們能夠回顧或分類的速度更快。
- 團隊花在故障修復的工作時間，超過投入到交付新功能的時間。
- 由於你的支持團隊無法驗證、複製或解決重複出現的性能問題，客戶對你的服務的滿意度低落。
- 由於工程團隊需要處理大量意外工作，以弄清楚各種服務之間的相互作用方式，導致新功能的交付延遲數週甚至數月。

導致這些情況的其他因素可能需要額外緩解方法來解決，然而，經歷這些症狀的團隊，很可能需要解決系統中的可觀測性系統性缺失。以這種方式運作的團隊，顯示出對營運系統行為的根本理解不足，以至於對實現業務目標的能力產生負面影響。

可觀測性的投資報酬率

從本質上講，可觀測性可以讓團隊有辦法解答以前答不出來，或者一般常所說的渾然未知問題。透過資料驅動並以重複方式，使用核心分析循環（參見第 8 章）來調試應用程式問題，團隊可以有效地管理那些常常以無法預料的方式失敗的系統。鑑於複雜分散式系統今日已成為實務上的應用程式架構，也就是由任何混合的雲端基礎設施、地端系統、容器和編排平台、無服務器功能、各種 SaaS 組件等任何混合環境組成；有效地調試渾然未知問題，可能會成就或摧毀敝公司的關鍵數位服務。

作為可觀測性工具供應商，在實際反饋和行業研究後我們了解，採用可觀測性實踐的公司能獲得極具實際效益的商業利益。我們與 Forrester Research 合作，對基本客群進行這些收益的量化研究[1]，雖然該研究中的指標僅限定於我們的解決方案，但相信無論工具為何，只要它具有本書與描述的相同可觀測性能力，大都可以普遍期望一些特性。

我們相信，可觀測性整體而言在以下 4 個重要方面影響企業盈餘：

更高的增量收入

可觀測性工具幫助團隊提高運行時間和性能，直接由於改進程式碼品質而帶來增加的邊際收入。

因更快的事故回應而節省成本

可觀測性通過更快的平均檢測時間（MTTD, mean time to detect）和平均故障修復時間（MTTR, mean time to recovery）[2]，改善查詢回應時間，更快地找到瓶頸，減少值班上花費的時間，並因為避免回滾節省時間，而明顯降低勞動成本。

因避免事故而節省成本

可觀測性工具使開發者能在問題變得嚴重且長期存在之前找出原因，這有助於防止事件發生。

由於員工流失減少而節省成本

實施可觀測性會提高工作滿意度，降低開發人員的疲勞度、警報和值班疲勞以及員工離職率。

1　你可以參考 Evelyn Chea 的部落格文章〈Honeycomb 的投資報酬率是多少？ Forrester 針對可觀測性的好處進行的研究〉（What Is Honeycomb's ROI? Forrester's Study on the Benefits of Observability，*https://hny.co/blog/forrester-tei-benefits-observability-roi-2021*），裡面回顧了 Forrester Consulting 對 Honeycomb 進行的總體經濟影響（TEI）框架的研究結果。

2　譯者註：「平均故障檢測時間」（MTTD）衡量系統從出現問題，到問題檢測出來所需的平均時間的指標，是用來評估系統監控或異常檢測能力的常見指標。平均故障修復時間（MTTR）衡量系統出現問題，到問題解決所需的平均時間指標，是衡量系統可靠性和效能的一種常見方法。

根據工具的實施方式，可能存在其他可量化的好處。但是，對於使用符合可觀測性功能要求的工具（參見第 1 章和第 8 章），並且採用本書描述做法的企業來說，上述好處應該是最具普遍性的。

以主動性方法引入變革

主動性引入改變的方法，是將前述反應性情況中的症狀視為異常並可預防。早期支持並為可觀測性供應商業理由的一種方法，是強調它可以降低常見指標，如檢測時間（TTD）和故障修復時間（TTR）對服務的影響。雖然這些衡量指標遠非完美，但許多組織常常使用，而且高層利益相關者一般對此皆有所理解。

 Adaptive Capacity Labs 在 John Allspaw 的部落格文章[3]中對淺層事故資料的看法十分獨到，可觀測性也可以在更細微的方式中展示優勢。但這一章只專注於有瑕疵但更能廣泛理解的 TTD 和 TTR 指標。

將可觀測性引入系統的初步業務案例可以分為兩部分。首先，它能為團隊提供一種方法，來找出通常在使用傳統監控工具時會隱藏的個別用戶問題，從而降低 TTD（見第 5 章）。其次，自動化核心分析循環可以大幅減少隔離問題正確來源所需的時間，從而降低 TTR（見第 8 章）。

一旦在這些領域的早期成果得到證實，就更容易獲得支持，以在你的應用程式堆棧和組織中引入更多的可觀測性。通常，團隊一開始都是以被動狀態接觸可觀測性的世界，只想找出更好的方式以檢測和解決問題；在這樣的情況下，可觀測性可以立即提供幫助。但在提出業務案例時，也應該衡量和提出間接影響。

更快地檢測和解決問題的上游影響是，它減少團隊需要進行的突發性修復／維護工作；這裡通常會感受到質的改進，因為它減輕分類問題的負擔，從而降低值班壓力。同樣的，能夠檢測和解決問題，也會減少應用問題的積壓，減少解決錯誤的時間，並花更多時間創建和交付新功能。光是經驗上衡量這種質的改進，就可以幫助建立一種業務案例，即可觀測性能營造更快樂、更健康的工程團隊，進而提高員工的高留任率和滿意度。

3　*https://oreil.ly/pZd4m*

第三階段的好處來自於理解個別用戶請求的性能以及瓶頸的原因：團隊可以迅速理解如何用最好的方式優化他們的服務。超過一半的手機用戶在載入時間超過 3 秒就會放棄交易 [4]。可觀測的應用既可以衡量成功用戶交易的比率，也將其與服務性能的提升相關連；另一個明顯的業務案例，則是更高的客戶滿意度和留存率。

如果前面的結果會影響到你的業務，你就有了在組織中引入可觀測性的業務案例。與其等待一系列災難性的失敗，來促使業務解決不可觀測系統的症狀；不如採取主動的方法，用小而可達成的步驟將可觀測性引入到你的技術和人文系統中，這些步驟將產生遠大影響，以下就是採取這些步驟的方法。

將可觀測性作為實踐引入

就像在應用程式中引入安全性或可測試性一樣，可觀測性是一種持續的實踐，是由任何負責開發和運行營運服務的人共享的責任。建立有效的可觀測系統不是一次性的努力，沒辦法簡單地打個勾就引入技術能力，然後宣稱你的組織已經「具備」可觀測性，就像你不能這樣操作安全性或可測試性一樣。可觀測性必須以實踐方式來引入。

首先，可觀測性是一種可量化系統的技術屬性：你的系統能不能觀察？（參見第 1 章），正如本書多次強調的，營運系統是融合技術和人文的系統模型，一旦系統以可觀測性為一種技術屬性，下一步就是衡量團隊和系統一起運作的效果（參見第三部分）。僅僅因為一個系統可以觀察，並不意味著對它的觀察是有效地。

可觀測性的目標是提供工程團隊開發、運營、徹底調試和報告系統的能力。必須賦予團隊這樣探索系統的能力，提出各種任意問題以完整了解系統行為；他們必須受到激勵，主動地詢問系統，這既需要工具的支持，也需要管理層的支持。即使擁有一個複雜的分析平台，如果使用團隊感到介面過於複雜，或因為擔心產生高額費用而不敢查詢，這個平台也將變得無用。

一個運作良好的可觀測性實踐，不僅能讓工程師提出有助於在營運環境中檢測和解決的問題，還應該鼓勵他們開始即時回答商業智能問題（見第 20 章）。如果

---

4 Tammy Everts, "Mobile Load Time and User Abandonment"（*https://oreil.ly/FOkr4*）, Akamai Developer Blog, September 9, 2016.

沒有人使用工程團隊建立的新功能，或者如果一個客戶因為持續經歷問題而有流失的風險，那對你的業務健康就也是一種風險。實踐可觀測性應該鼓勵工程師採取跨職能的方法來衡量服務健康，而不僅僅是其性能和可用性。

隨著 DevOps 實踐越來越普遍，具有前瞻性的工程領導團隊消除了工程和運營團隊之間的障礙。消除這些人為障礙，使團隊對軟體開發和運營能夠擁有更多主導權，可觀測性幫助缺乏值班經驗的工程師更能理解故障發生之處，以及如何減輕故障的影響，消除軟體開發和運營之間的人為壁壘。同樣，可觀測性也消除了軟體開發、運營和業務結果之間的人為壁壘，可觀測性給予軟體工程團隊適當的工具，來調試和理解系統使用情況。它幫助他們擺脫對功能交接、過多的手動工作、運營操作手冊、猜測和外部對系統健康狀態衡量的依賴，這些都會影響業務目標。

本章節的範圍無法詳述一般高效工程團隊共有的所有實踐和特質。2019 年的 DORA 加速 DevOps 報告[5]，描述許多卓越團隊與低效對應團隊之間的重要特點；同樣地，引入可觀測性的團隊也可以從該報告中描述的許多實踐中受益。

當引入可觀測性實踐時，工程領導者首先應確保他們正在創造一種心理安全的文化。無指責的文化能促進心理安全環境，支持實驗和獎勵好奇心的合作，鼓勵實驗是讓傳統實踐演變的必要條件。DORA 的年度報告既說明不事後究責文化的好處，也顯示它與高效能團隊不可分割的聯繫。

關於實踐不事後究責文化的更詳細指南，可見 PagerDuty 的不事後究責檢討文件[6]。

實踐不事後究責文化的同時，業務領導者還應確保在引入可觀測性時存在清晰的工作範圍，例如，完全發生在一個引入可觀測性實踐的起始團隊或業務線內，可以使用 TTD 和 TTR 的基準性性能指標，來衡量該範圍內的改進程度；同時，需要確定並分配相應的基礎設施和平台工作的資源和預算，以支持這一努力。在這些準備工作完成後，才能開始進行相關技術工作，如軟體的檢測功能和分析。

5　*https://oreil.ly/2Gqjz*

6　*https://postmortems.pagerduty.com*

使用合適的工具

雖然可觀測性主要是一種文化實踐，但它需要工程團隊具備技術能力，能夠對其程式碼進行檢測、儲存所產生的遙測資料，並根據問題進行資料分析。引入可觀測性的初始技術工作，很大一部分會涉及建立工具和將檢測標準化。

在這個階段，一些團隊會嘗試自行開發可觀測性解決方案。正如第 15 章所言，構建一個與公司核心競爭力不符的定制化可觀測性平台，不太可能有回報率。構建定制解決方案往往困難、耗時且昂貴；相反的，市面上有各種各樣的解決方案可供選擇，需要考慮各種權衡，比如商業版或開源版、地端部署或全托管式解決方案，或者結合購買和自建方案來滿足你的需求。

檢測功能

首先要考慮的步驟是應用程式發送遙測資料的方式。傳統上，只能選擇特定供應商的代理程式和檢測功能套件，而這些選擇都有固定的供應商合作。目前，對於框架和應用程式碼的檢測功能，OpenTelemetry[7] 採新興標準（請參見第 7 章），它支援所有開源指標和追蹤分析平台，並且幾乎所有商業供應商也都支援它；所以現在已經沒有理由要鎖定在一個特定供應商的檢測探針框架上，也不需要自己開發代理程式和檢測功能套件。

OTel 讓你能夠配置你的檢測功能，來將遙測資料發送到你選擇的分析工具。藉由使用共同標準，只需將你的遙測資料同時發送到多個後端系統，就能夠輕鬆地展示任何分析工具的功能。

在考慮團隊必須分析的資料時，簡單地將可觀測性分為指標、日誌和追蹤等類別等類別，是一種過度簡化的理解。雖然這些可以是可觀測性資料的有效類別，但要實現可觀測性，需要這些資料類型以一種讓你的團隊能夠適當且互相地看到系統的方式，以獲得最全面的系統視圖，而不僅僅是分類成單一的支柱；雖然將可觀測性描述為三大支柱的訊息在市場行銷上很有用，但它忽略整體大局。現在，更有用的方式是考慮最適合你使用情境的資料類型[8]，以及哪些資料類型可以根據其他類型的資料按需求生成。

7　*http://opentelemetry.io*

8　*https://thenewstack.io/how-the-3-pillars-of-observability-miss-the-big-picture*

資料儲存和分析

一旦有了遙測資料,就需要考慮其儲存和分析方式。資料儲存與分析通常綁定在同一解決方案中,但這取決於你決定使用開源還是專有的解決方案。

商業供應商通常將儲存和分析打包在一起。每個供應商都具有不同的儲存和分析特性,你應該考慮最能幫助團隊達到可觀測性目標的方案。目前,一些提供專有一體化(all-in-one)解決方案的供應商包括 Honeycomb、Lightstep、New Relic、Splunk 及 Datadog 等。

開源解決方案通常需要分別處理資料儲存和分析,這些開源前端包括像是 Grafana、Prometheus 或 Jaeger 這類的解決方案,雖然這些工具可以處理分析,但都需要一個單獨的資料存儲來擴展。流行的開源資料存儲層包括 Cassandra、Elasticsearch、M3 和 InfluxDB。

在選擇開源軟體時,請考慮其授權條款,以及會對你的使用方式帶來的影響。例如,Elasticsearch 和 Grafana 最近都做出了授權變更,在使用這些工具之前應該考慮這些變更。

擁有這麼多選擇當然很棒,但也必須小心考慮並警惕運行自己的資料存儲集群所產生的操作負擔。例如,ELK stack(Elasticsearch、Logstash 和 Kibana)在日誌管理和分析領域中很受歡迎,但用戶經常反應,他們維護和管理自己的 ELK 集群花費了系統工程師的大量時間,相關的管理和基礎設施成本也快速增長。因此,你會發現對於托管的開源遙測資料儲存的市場競爭激烈,例如 ELK as a service。

在考慮資料儲存時,建議不要為所需的每個可觀測性資料類別(或支柱)尋找獨立解決方案;同樣地,試圖將現代可觀測性功能添加到傳統監控系統上可能會充滿風險。由於可觀測性是從工程師與資料的交互方式以回答問題,擁有一個無縫運作的統一解決方案,會比維護三個或四個獨立系統來得好。使用不連貫的分析系統,會帶給工程師上下文和操作轉換的負擔,並導致使用不良的可用性和疑難排解體驗。關於不同方法如何共存的詳細資訊,請參考第 9 章。

向團隊推廣工具

在考慮工具選項時,重點是確保你正在投入寶貴的工程師時間,在對你的商業需求有核心影響的方面上,如思考你選擇的工具是否提供更多的創新交付與運營能力,或者是消耗這種能力在管理定制的解決方案上。你選擇的工具需要創建一個更大且獨立的團隊來管理嗎?可觀測性的目標並不是在工程組織中創建定制工作,而是要為你的業務節省時間和金錢,同時提高質量。

這並不意味著某些組織不應該建立可觀測性團隊。然而,特別是在較大的組織中,一個好的可觀測性團隊將專注於幫助每個產品團隊實現其平台的可觀測性,或者是在初始整合過程中與這些團隊合作。在評估哪個平台最適合你的試點團隊需求後,可觀測性團隊可以幫助整個工程團隊更容易接受與使用相同的解決方案。關於組織可觀測性團隊的更多細節方法,請參考第 15 章。

了解何時擁有足夠的可觀測性

就像安全性和可測試性一樣,可觀測性也總是需要進一步努力。讓業務領導者感到困惑的可能是,何時要將投資可觀測性視為優先事項,以及可觀測性何時會「夠好」到可以優先考慮其他問題。雖然我們鼓勵在應用程式中實現完整的檢測功能來覆蓋,但也承認可觀測性存在於一個有競爭需求的景觀中。從實用角度來看,了解識別擁有足夠可觀測性時機的方法,可以作為確定試點項目成功的有效檢查點。

如果團隊在沒有可觀測性時,一再出現重複工作,則具有足夠可觀測性的團隊應該能夠按時交付,並具有足夠的可靠性。以下就從文化實踐和關鍵結果的角度,來檢視識別這個里程碑的方法。

一旦可觀測性實踐成為團隊的基本實踐,為了保持具有優秀可觀測性的系統,所需的外部介入應該變得最小化,且成為持續工作中例行的一部分。就像團隊在提交新的程式碼之前會進行相關測試一樣,實踐可觀測性的團隊應該在任何程式碼審查過程中,考慮相關檢測功能。團隊實踐可觀測性應該是一種自然而然的行為,應該本能地觀察他們的程式碼在部署的每個階段的行為與狀態如何。

實踐可觀測性的團隊，不會將程式在營運環境中的行為視為「別人的問題」，他們會很樂意看到真實用戶如何受益於他們提供的功能。每次程式碼審查，都應該考慮與變更相關的檢測功能是否能夠理解此變更對營運環境的影響。可觀測性不應僅限於工程師，附帶的遙測資料應該賦予產品經理和客戶，成功代表自我回答關於營運環境與業務指標問題的能力（請參見第 20 章）。有兩個有用的指標可以顯示出已經達成足夠可觀測性，分別是對於「特定營運行為的一次性資料請求自我服務履行」[9] 有顯著改善，以及「產品管理猜測」[10] 的減少。

當團隊享受到可觀測性的好處時，應該會提高他們對於了解和在營運環境中操作的信心，未解決的「神祕」事件比例也應該會降低，整個組織中的事件檢測和解決時間也會減少。然而，衡量成功的常見錯誤是過於依賴表面指標，例如檢測到的事件總數。發現更多事件並悠哉地探索可能出錯的情況，是一種主動的表現，因為這說明團隊更深入了解營運環境的行為。這通常意味著以前未檢測到的問題，現在可以全面理解了。當工程團隊在現代的可觀測性工具中解決問題，並且不再使用零散的遺留工具作為主要的故障排除方法時，你知道你已經達到平衡點了。

每當團隊遇到新問題，而手邊資料無法回答時，他們會發現填補檢測功能的空缺相對較容易，而不是試圖猜測可能出錯的原因。例如，一個神祕的追蹤跨度因為無法解釋延遲時間為什麼過長，所以他們添加子跨度來捕獲其中的較小工作單位，或者添加屬性以了解造成緩慢行為的原因。因為集成添加或者程式碼表面積發生變化，可觀測性會一直需要關注和維護；但即便如此，正確選擇的可觀測性平台仍然會大幅減輕整體運營負擔和總體成本（TCO）。

9　譯者註：指對特定線上營運行為的特定資訊需求，這種需求可能只出現一次或偶爾出現。例如，產品經理可能想要了解在過去的一個月中，使用新功能的用戶比例。如果有足夠的可觀測性，他們可以自行獲取這些資訊，而不需要向工程團隊或資料團隊發送請求並等待回覆。這種自我服務的能力可以大大提高效率並節省時間。

10　譯者註：指在沒有足夠資訊的情況下，對線上營運狀態和用戶行為的假設。例如，如果一個新功能的使用率低於預期，產品經理可能會猜測是因為用戶找不到這個功能，或是該功能並不符合用戶需求。如果有足夠的可觀測性，就可以透過分析用戶行為和系統日誌來確定真正原因，基於資料做出決策而不只是猜測。

總結

對於團隊來說，需要可觀測性的原因有很多，無論是因為對關鍵故障的反應性需求，還是因為意識到缺乏可觀測性會阻礙團隊創新，都是為可觀測性計畫建立業務案例的重要因素。

與安全性和可測試性相似，必須將可觀測性視為一種持續的實踐。實踐可觀測性的團隊必須習慣確保任何程式碼更改，都會與適當檢測功能一起進行，就像測試一樣；程式碼審查應該確保新程式碼的檢測功能符合適當的可觀測性標準，就像確保其符合安全性標準一樣。可觀測性需要持續關注和維護，但藉由觀察本章所描述的文化行為和關鍵結果，你將能夠判斷可觀測性是否已經達到足夠水準。

下一章將探討工程團隊與內部其他團隊結盟，以加速可觀測性文化應用的方式。

第 20 章

可觀測性的利益相關者
和盟友

本書的大部分內容都著重於向軟體工程團隊介紹可觀測性的實踐，但是，在談到整個組織的廣泛應用時，工程團隊不能也不該獨自前行，一旦你廣泛檢測事件時，你的遙測資料集就包含有關你的服務在市場中行為的寶貴資訊。

可觀測性對於提供快速回答任意問題的能力，意味著它也可以填補你組織中各種非工程利害關係者的知識缺口，想推廣可觀測性文化的一種成功策略，就是幫助與工程相關的團隊解決這些缺口，以建立盟友關係。你將了解到可觀測性在工程相關使用案例中的應用，哪些團隊可能成為你的盟友，以及如何藉由幫助它們，來推動可觀測性成為組織實踐的核心部分。

認識非工程的可觀測需求

工程團隊擁有一系列的工具、實踐方法、習慣、目標、願景、責任和需求，這些元素以不同的方式結合，為客戶提供價值。有些工程團隊可能更注重軟體開發，而其他團隊可能更注重運營，雖然不同工程團隊專長不同，但為公司的軟體使用者創造出優秀的客戶體驗絕不是「別人的工作」，而是共同責任，每個人都有責任參與其中。

可觀測性的思考模式也類似。正如本書所言，可觀測性是一個快速顯示軟體行為差異的透鏡，它顯示你認為軟體應該運作的方式，包括程式碼、文件、知識庫或部落格文章等，與使用者實際使用軟體時，這兩者之間的差異。通過可觀測性，你可以在任何給定的時間點理解使用者在現實世界中軟體體驗，了解和改善這種體驗是每個人的職責。

工程團隊明白自己需要可觀測性的原因有很多種。功能上的缺口可能要很長一段時間才能意識到，而催化事件可能會促使改變需求出現，通常是一次重大的故障停機；也有可能是主動性地理解到需求，例如意識到追逐難以捉摸的錯誤所帶來的不斷應對問題，會阻礙開發團隊創新能力。無論是哪種情況，都存在支持可觀測性採用計畫的業務案例。

同樣地，當涉及到非工程團隊採納可觀測性時，你必須問自己，它可以支持哪些業務案例。在任何給定的時間點，有哪些業務案例需要了解客戶在真實世界中的使用軟體體驗？組織中的哪些人需要了解和改善客戶體驗？

話再說清楚一點：並不是每個團隊都會專門從事可觀測性工作。即使在專門從事可觀測性的工程團隊中，有些團隊可能會比其他團隊更常操作程式開發和設定檢測功能的工作。但是，公司裡幾乎每個人都能夠查詢可觀測性資料，以分析產品當前狀態能力。

因為可觀測性允許你在各種維度上任意切割和分析資料，你可以使用它來理解個別用戶、用戶群體或整個系統的行為，這些視圖可以比較、對照或進一步挖掘，以回答組織非工程業務單位中各種相關的任何組合問題。

一些可觀測性支持的業務案例可能包括：

- 了解新功能的採用情況。哪些客戶正在使用你新推出的功能？這與表示對此感興趣的客戶名單是否相符？積極使用新功能的用戶，與嘗試過後但放棄使用的用戶在使用模式上有何不同？

- 尋找新客戶的成功產品使用趨勢。銷售團隊是否理解哪種功能的組合似乎能夠吸引潛在客戶，使其成為真正客戶？你是否了解那些未能成功啟動產品的用戶使用上的共同點？這些共同點是否暗示需要以某種方式消除的障礙？

- 透過最新的服務狀態頁面，準確地將服務可用性資訊傳達給客戶和內部支援團隊。當用戶報告中斷服務時，能否提供範本化查詢，以便支援團隊自行服務？

- 了解短期和長期的可靠性趨勢。軟體用戶的可靠性是否正在改善？可靠性圖表的形狀與客戶抱怨等其他資料來源匹配嗎？你現在經歷的停機中斷比較少還是比較多？那些停機恢復又更慢了嗎？

- 主動解決問題。你能在大量客戶透過支援單據報告問題之前，找到並解決影響客戶的問題嗎？你是在主動解決問題，還是在依賴客戶幫你找出它們？

- 更快、更可靠地向客戶推出功能。你是否在密切觀察營運環境的部署，以便發現性能異常並修復？你能否將部署與發布解耦，以便推出新功能時，不太可能造成大範圍的停機[1]？

在你的公司裡，理解並改進客戶體驗應該是每個人的工作。你可以藉由自問誰在乎你的應用程式可用性，正在向客戶推出的新功能，產品中的使用趨勢，以及你提供的數位服務客戶體驗，來認識非工程團隊對於可觀測性的需求。

要進一步推動組織全面採用可觀測性的最佳方法，就是要接觸那些可以從這些知識中受益的相鄰團隊。透過可觀測性，你就能讓組織中的每個人都能夠自在地使用資料，並且作出有根據的決策以改進客戶體驗，無論他們的技術能力如何。

換句話說，讓你的可觀測性資料民主化，每個人都能看到發生什麼事，以及軟體在真實使用者手中的行為如何。就像對任何其他剛接觸的團隊一樣，你可能需要提供初步的指導和教學，以向他們展示如何解決他們的問題。但很快你就會發現，每個相鄰的團隊都會帶來自己獨特的觀點和問題。

與相鄰團隊的利益相關者合作，確保能回答他們的問題。如果他們的問題今天無法解答，是否可以透過添加新的自定義檢測探針，在明天回答？與相鄰利益相關者一起進行檢測功能的迭代，也將幫助工程團隊更理解與業務其他部分相關的問題。這種合作模式提供了學習的機會，有助於消除溝通隔閡。

---

1 譯者註：在許多現代化軟體開發實踐中，部署（deployment）和發布（releases）可以視為兩個分開的步驟。部署是將新功能或更改推送到營運環境，而發布則是將這些新功能開放給用戶使用，可參考 Feature Toggle（*https://en.wikipedia.org/wiki/Feature_toggle*）。分開部署和發布，可以在新功能開放給所有用戶之前，先在營運環境中測試和驗證，以減少新功能推出後導致大範圍中斷的風險。

就像安全性和可測試性一樣，必須以持續的實踐方式來對待可觀測性。實踐可觀測性的團隊必須養成一種習慣，確保任何對程式碼的更改，都會與適當檢測功能共同進行，就像與測試一起進行一樣；代碼審查應確保新程式碼的檢測功能達到適當的可觀測性標準，就像確保符合安全標準一樣。這些審查應該確保當添加支持業務功能的檢測功能到基準程式碼時，也滿足非工程業務單位的需求。

可觀測性需要持續的關注和維護，但藉由觀察本章所概述的文化行為和關鍵結果，你將知道你已經達到了足夠的可觀測性水平。

在實踐中建立可觀測性盟友

現在你已經了解可觀測性協助解決業務問題知識缺口的方法，下一步是與各種利害關係人合作，向他們展示這其中的做法。由於共同責任和工作流程的特性，你的可觀測性採用工作很可能先從工程團隊開始，然後擴展到相鄰的團隊，例如支援團隊等。一旦推廣工作順利進行，就可以進一步接觸其他利益相關者，無論是財務、銷售、市場營銷、產品開發、客戶成功、執行團隊或其他部門，向他們展示現實世界中讓客戶了解你的應用程式使用情況之可能性。

藉由向他們展示如何使用可觀測性資料，以進一步實現業務目標，你可以將被動的利害關係人，轉化成對你的採用項目有主動興趣的盟友。盟友將積極地支持你的項目，並優先考慮項目需求，而不是被動地觀察，或只是了解最新發展。

如何做到這一點並沒有通用的方法，還是要取決於業務面臨的獨特挑戰。但這一節將說明一些創建組織盟友的範例，他們將可觀測性原則應用於日常工作以支持你的採用工作。

客戶支援團隊

這本書大部分內容都是關於工程實踐，用於調試產品應用程式。即使在遵循 DevOps/SRE 模型的情況下，許多大型組織仍然會有至少一個獨立團隊負責前線客戶支援問題，包括一般故障排除、維護和提供技術問題的協助。

客戶支持團隊通常需要在工程／運營團隊準備分享資訊之前就了解系統問題。當問題首次發生時，你的客戶會注意到，然後，他們會在打電話給客戶支援之前刷新瀏覽器或重試交易，在這個緩衝期間，自動修復非常有用。理想情況下，對客戶體驗而言，這只是個小小的問題，但是，當問題持續出現時，值班工程師必須接到警報並立即行動以應對。與此同時，也有可能有些客戶注意到的不僅僅是一個小問題。

在傳統監控下，可能需要幾分鐘的時間才能檢測到問題，值班工程師回應並對問題初步評估分類，然後宣告一個事故發生，並更新支援團隊所看到的儀表板，以反映應用程式中正在發生的已知問題。在此期間，支援團隊可能會接到關於客戶問題的不同報告，這些問題可能以不同方式顯現，並且可能積壓大量故障工單，需要後續手動篩選和解決。

相反的，有了可觀測性，支援團隊將有更多選項。最容易且最簡單的方法是查看SLO 儀表板，以查看是否檢測到任何影響客戶的問題（參見第 12 章）。儘管這比傳統監控更具細節，並且可以提供更快反饋，但它仍然不完美。現代系統是模組化的、具有彈性的，並具有自我修復的能力，這意味著停機很少是二元的：網站不會正常運行或整個停止運行，而是像以下這樣：歐洲 Android 用戶的購物車結帳功能，有 50％的時間失效；或者，只有啟用新的訪問控制列表（ACL）功能的客戶，才會遭遇部分故障。

支援團隊要是能夠利用可觀測性來排解客戶報告的問題，將有助於他們採取更積極的方法。現在查看 ID 5678901 的這個特定客戶的交易狀況如何？他們有在歐洲 Android 設備上使用購物車功能嗎？他們有啟用 ACL 嗎？支援團隊可以快速確認或否認進來的支援請求是否與已知問題相關，並適當分類。或者，只要他們對可觀測性工具有足夠熟練程度和培訓的情況下，團隊可以幫助識別可能無法自動檢測到的新問題，例如使用不完整參數的服務水準指標（SLI）。

客戶成功及產品團隊

在以產品為導向的組織中，越來越常見到客戶成功團隊。客戶支援團隊是幫助客戶解決問題的反應性處理，而*客戶成功團隊*則更加積極地幫助客戶有效地使用你的產品，以避免問題；該團隊通常提供入門指導、規劃、培訓或協助升級等方面的支援。

客戶支援團隊和客戶成功團隊在日常工作中聽到最直接的客戶反饋。他們知道哪些部分的應用程式最讓客戶抱怨不已，但這些引起爭議的問題，是否真的是客戶旅程中對整體成功至關重要的部分呢？

例如，客戶可能沒有廣泛使用你最近推出的新功能，為什麼呢？使用者是將此功能當作實時示範，並只是試用一下？還是將其視為產品工作流程的一部分使用？該功能是在什麼時間和方式下調用的？使用了哪些參數？又在哪些事件序列中使用？

透過可觀測性解決方案捕捉到的事件資料，對於理解產品使用情況非常有用，而且對於產品團隊來說，這也無疑是極其有用的資訊。產品團隊和客戶成功團隊都有強烈的興趣，希望了解真實客戶操作軟體時會發生什麼事。能夠在任何相關的維度上任意切割和分析你的可觀測性資料，並找出有趣的模式，意味著它的用途遠不僅僅是支持營運環境中的可用性和可靠性問題。

此外，當某些產品功能遭到棄用並設定結束日期時，具有可觀測性的成功團隊可以看到哪些用戶仍在積極使用這即將被淘汰的功能。他們也可以評估客戶是否能接納新功能，並能積極幫助可能會受到產品淘汰時間表影響的客戶，但在每月同步期間優先處理有其他問題的客戶。

成功團隊也可以透過分析當前的使用模式，了解哪些特徵可能預示著新產品特性的啟用。就像你可以在資料中找到性能的異常點一樣，也可以使用可觀測性來找到性能資料中的採用異常值。可以任何面向切割和分析你的資料，意味著可以做出比較，比如那些發出超過特定次數請求的用戶，和沒有發出特定請求的用戶，為什麼會有這不同之處？

例如，你可能會發現，採用新分析功能用戶的一個主要區別是，他們創建自定義報表的可能性高出 10 倍。如果你的目標是提高分析功能的採用率，成功團隊可以藉由創建培訓教材來回應，該教材向客戶展示他們使用包含創建自定義報表分析功能的原因和方法，並深入介紹使用方式；還可以在工作坊前後測量培訓的有效性，以判斷它是否產生預期效果。

銷售及執行團隊

在推動可觀測性的採用過程中，銷售團隊也是有用的盟友。根據公司結構，工程團隊和銷售團隊在日常工作中可能不常互動，但銷售團隊是推動可觀測性採用的最強大盟友之一，對於了解和支持能促成銷售的產品功能有著切身利益。

按照經驗，銷售團隊會在銷售講解或產品演示過程中蒐集反饋，再將這些反饋傳達給其他團隊，以找出眾人皆公認的這項產品吸引人之處，這種質性的理解有助於發現趨勢，並有助於進一步實現銷售目標。但是，這個團隊可以從你的可觀測性資料中提取的量化分析類型，對於指導和驗證銷售執行策略都非常有用。

例如，哪些客戶在使用哪些功能？使用頻率又如何？哪些功能因使用頻繁，而需要設定最高的可用性目標？哪些功能是你的戰略客戶在工作流程的哪個部分最依賴的？哪些功能在銷售演示中最常使用，因此應始終可用？哪些功能是潛在客戶最感興趣的，具有驚豔效果，並應始終具有最快的性能？

你的可觀測性資料，都可以回答這些問題及其衍生問題。這些答案除了對銷售來說非常有用以外，也能關乎公司要在哪些方面戰略投資的核心問題與決策。

高階的利益關係人希望明確了解如何產生最大的業務影響力，而可觀測性的資料可以提供幫助。你的數位業務今年最需要做什麼事？例如，哪些工程投資將會帶來與銷售有關的影響？

以傳統由上而下的控制和指揮方式來表達工程策略性商業目標，可能很模糊，例如，要儘可能接近 100% 的可用性，但往往沒有清楚地連結達成辦法或原因。相反地，透過使用可觀測性的資料來連接這些點，目標可以用技術語言來表達，並能細分至用戶體驗，架構，產品功能以及使用這些功能的團隊；明確地以一種共通且橫跨不同領域的語言來定義目標，才能真正地在團隊之間創建組織一致性。確切來說，你要在哪裡投資？會影響到誰？是否已經進行適當程度的工程投資，來達到你的可用性和可靠性目標？

使用可觀測性工具與 BI 工具

有些人可能在讀過前面的部分後會自問，商業智能（BI）工具是否也能完成同樣工作？的確，以上對公司各種運作部分的理解描述，類似於使用 BI 用途的案例；所以，為什麼不直接使用 BI 工具呢？

要對 BI 工具做出一般性描述其實很難，因為它包含許多種類，如在線分析處理（OLAP）、移動 BI、實時 BI、運營 BI、地理位置 BI、資料視覺化和圖表繪製、建立儀表板的工具、帳單系統、臨時分析和查詢、企業報告等等；可以想到的資料，總有一個工具專為分析它而優化。這些工具背後的資料倉庫特徵也很難一般化，但至少可以說這些資料倉庫是非易變性、時間變化性，並包含原始資料、元資料和匯總資料。

然而，儘管 BI 工具都非常普遍，但可觀測性工具可以針對特定用途，如理解程式碼、基礎設施、使用者以及時間的交互關係等。以下是可觀測性工具的一些取捨。

查詢執行時間

可觀測性工具的執行速度需要快，查詢時間範圍從不到一秒到幾秒。可觀測性的一個重要原則是可探索性，因為你並不總是知道自己在尋找什麼，希望能盡量減少一遍又一遍的執行相同查詢，好把時間花在按照一串脈絡的探索上。在調查過程中，如果需要坐下來等待 1 分鐘或更長時間才能看到結果，這種中斷可能會讓你完全失去思路。

相較之下，BI 工具通常是優化來運行報告，或者製作將反覆使用的複雜查詢。如果這些查詢要花費更長時間也不是問題，因為這些資料並不用於實時反應，而是用於提供給其他工具或系統使用。你通常是根據以週、月或年為單位的時間，而不是以分鐘或秒來做出引導業務的決策；如果你每幾秒鐘就做出戰略性業務決策，表示一定有嚴重問題。

準確度

如果非選不可的話，對於可觀測性工作負載來說，快速返回結果比完美結果更好，只要這個結果非常接近正確即可。以反覆調查來說，你幾乎總是希望在 1 秒內掃描 99.5% 事件，而不是在 1 分鐘內掃描 100% 事件。這是一個在大規模並行分散式系統中必須做出的真實且常見的取捨，因為這些系統運行在不完美且不穩定的網絡環境中（參見第 16 章）。

此外，如第 17 章所述，通常會使用某種形式的動態取樣來實現大規模的可觀測性，這兩種方法都犧牲了一點點的準確性，以換取大幅度的性能提升。而在 BI 工具和商業資料倉庫方面，通常都禁止取樣和「接近正確」的方法，例如在計費方面，無論花多長時間，你始終希望得到準確的結果。

新鮮度

可觀測性工具所回答的問題具有強烈的時效偏差，最重要的資料通常是最新的。在處理事故時，發生在營運環境中的事件與查詢相差超過幾秒的延遲均不可接受。

隨著資料逐漸過時，更引人注意的是歷史事件的統計和趨勢，而不是細緻的個別請求。當你確實關心特定請求時，稍微花點時間找到它們也可以接受；但是當資料是新鮮的時候，你會想要找到原始、豐富，並且與當下同步的查詢結果。

而 BI 工具通常存在於這道光譜的另一端。在 BI 工具中，一般來說都可以接受要花費長時間處理資料，儘管可以透過快取最新結果、預先處理、加上索引或聚合舊資料來提高性能，但通常情況下，使用 BI 工具就是希望保留實質上永久資料的完整性；而使用可觀測性工具，卻幾乎不會搜索 5 年前，甚至 2 年前發生的事情。現代的 BI 資料倉庫設計為可以永久儲存資料，並無限擴展。

結構

可觀測性資料是由任意欄位和結構的資料塊所構建的：每個請求每個服務（或長時間運行的批次處理過程的每個輪詢間隔）。為了滿足可觀測性的需求，即回答關於任何時刻發生情況的任何問題，需要盡可能附加事件資訊，提供所需上下文，以便調查者能在未來發現可能的相關資訊。通常，這些細節會隨著團隊學習可能有用的資料而迅速變化和演進，事先定義資料模式無法達到這個目的。

因此，對於可觀測性的工作負載，資料架構（schema）必須在事後推斷，或在運行過程中更改，以根據需要隨時新增或停止發送特定的資料維度；索引同樣無助於此（見第 16 章）。

相比之下，BI 工具經常蒐集和處理大量的非結構化資料，並將其轉換成結構化、可查詢的形式處理。如果沒有結構和預先定義的資料架構，BI 資料倉庫將難以管理。為了能夠長期有效分析，你需要一致的資料架構，而且，BI 工作負載傾向於以重複方式提出相似問題，以供應像儀表板這樣的東西，BI 資料可以透過索引、複合索引、聚合舊資料等來優化。

因為 BI 資料倉庫設計為無限擴展，所以必須有預先定義的資料架構，並以可預見的速率增長。可觀測性資料則是為了快速反饋和靈活性而設計的，這點在有壓力時特別重要，此時它的即時性重要性將超越可預測性。

時間窗口

可觀測性和 BI 工具都有會話（session）或追蹤的概念。但是，可觀測性通常限於以秒或最多幾分鐘為計量的時間範圍，BI 工具則可以處理長期流程，或者需要數天、數週才能完成的追蹤，這種長期追蹤並不符合可觀測性工具一般支持的使用情境。在使用可觀測性工具時，而要較長時間運行的過程，如資料匯入 / 匯出任務作業或佇列，通常會透過定期檢查（polling）的方式來監控和管理，而不是一次性完成所有追蹤。

短暫性

總結以上觀點，可以說，除錯資料本質上比業務資料更短暫。例如，你可能需要精確地找回兩年前的特定交易紀錄或帳單紀錄；但相比之下，你不太可能需要知道兩年前某個特定用戶請求時，服務 A 和服務 B 之間的延遲時間是否過高。

然而，你可能會想要知道過去一、兩年中，服務 A 和服務 B 之間的延遲時間是否有所增加，或者 95% 的百分位數延遲時間是否上升。這類問題很常見，事實上，最適合回答這種問題的並非是 BI 工具 / 資料倉庫或是可觀測性工具，而是我們的老朋友，監控系統（參見第 9 章）。

在實際操作中結合使用觀測性和 BI 工具

BI 工具有許多形式，通常會設計來分析財務、客戶關係管理（CRM）、企業資源規劃（ERP）、行銷漏斗或供應鏈系統等各種業務指標，讓許多工程師能將這些指標製作成儀表板和報告。但是，特別是對那些應用服務體驗至關重要的技術驅動公司來說，他們通常需要進一步探索 BI 系統所能提供的詳細資訊。

BI 工具的資料粒度可以非常大，通常以每月或每週來報告指標，BI 工具可以幫你了解哪個功能在二月分最常使用；而可觀測性工具可以提供更細緻的粒度，直至個別請求的層級。就像結合可觀測性和監控一樣，BI 和可觀測性也能夠結合，確保你可以一直使用微觀資料，來建構對全局的宏觀視角。

BI 工具通常只會讓你看到依賴於匯總指標的業務全局超大圖像。這些視圖在視覺化整體業務趨勢時很有幫助，但在嘗試回答有關產品使用或用戶行為的問題，也就是本章前面詳細介紹過的內容時，它們並不那麼好用。

在各部門間共享可觀測性工具是促進單一領域語言的好方法。可觀測性在一個從運營工程師到高級主管，所有人都能理解的抽象級別（服務和 API）上捕獲資料，共享之下，鼓勵工程師使用業務語言，來描述他們的領域模型；業務人員則能了解用戶基礎中存在的廣泛且真實使用案例多樣性，超出他們一般所見的幾個抽象的綜合用戶角色。

總結

透過可觀測性，可以了解客戶在真實世界中使用軟體的體驗。因為你的業務多個團隊都有興趣理解客戶經驗，並改善或利用它，所以可以使用可觀測性來幫助組織內的各種團隊更能達成目標。

除了工程團隊之外，產品、客戶支援和客戶成功等相鄰技術團隊也可以成為強大盟友，來提升組織全面採用可觀測性計畫，如銷售和高階主管，都可以在你的額外支持下成為盟友，絕對不只有這一章節中列出的團隊例子。希望你可以用這一章作為入門，思考一下哪些業務團隊可以透過使用你正在捕捉的可觀測性資料，來獲得更好的資訊，並更能達成期望結果。幫助更多業務團隊實現他們的目標，將創造出願意反過來優先考慮在工作上採用可觀測性的利益相關者和盟友。

下一章，將評估組織在可觀測性採用成熟度曲線上整體進展的方法。

第 21 章

關於可觀測性的
成熟度模型

推廣可觀測性文化的最佳方式,是擁有一個衡量進步和確定投資目標區域的計畫。這一章將介紹以可觀測性成熟度模型作為基準和衡量進展的方式,超越可觀測性的好處及其具體技術步驟。你將學習到組織可以衡量和優先考慮的關鍵能力,作為推動可觀測性採用的方式。

關於成熟度模型

1990 年代初,卡內基梅隆(Carnegie Mellon)大學軟體工程研究所開始推廣能力成熟度模型[1],作為評估各種供應商在軟體開發項目中有效交付能力的一種方法。該模型定義了成熟度的逐步階段和分類系統,用來根據特定供應商的流程與每個階段匹配程度以評分。這些評分隨後用於影響採購決策、合作模式和其他活動。

從此之後,成熟度模型已成為軟體行銷業界的寵兒,不僅購買決策會使用,它也是一種建模組織實踐的通用方式。值得一提的是,成熟度模型可以幫助組織概述其能力,與同行比較,或者針對一組期望實踐進行目標設定。然而,成熟度模型並非沒有局限性。

---

1   *https://oreil.ly/zc9DP*

當涉及評估組織實踐時，軟體工程團隊的效能水準並沒有上限。與流程不同，實踐是一個不斷演進和持續改進的狀態，就像成熟度模型最高水準所暗示的，實踐永遠不會完全完成和臻於完美。進一步來說，該終態是一個靜態的理想未來的快照，只反映創建模型時所知道的內容，通常包含作者的偏見和許多假設。目標會改變，優先順序會改變，也總會發現更好的方法；但更重要的是，每個方法都是獨特的，適用於個別組織，無法一概而論。

在觀察成熟度模型時，最重要的是要謹記在心，沒有一個適用於所有組織的通用模型。然而，成熟度模型可以作為一個起點，讓你能批判性且有方法地衡量自身的需求和期望結果，從而創建適合你的方法，它可以幫助你確定和量化在推動長期計畫方面有用且具體可衡量的目標。關鍵是在你自己的組織中建立能測試任何成熟度模型的假設，並評估在特定限制下的路徑可行性，這些假設和成熟度模型本身應該隨著更多資料的提供而持續改進。

為什麼可觀測性需要成熟度模型？

在開發和運營軟體時，推動工程團隊走向高效生產狀態的實踐很少會正式化和記錄下來；且相反地，通常會以非正式的方式從資深工程師傳到初級工程師手上，這是基於個別公司文化的特殊歷史。這種機構知識分享模式，產生了一些可以識別的工程哲學或習慣集合，並且有其特殊起源名稱，例如「Etsy 方式」、「Google 方式」等。這樣的哲學對於具有相同背景的人來說再熟悉不過；但對沒有相同背景的人來說，則無異於異端。

本書作者群共擁有超過 60 年的觀察工程團隊失敗、成功和再次失敗的經驗，見證過各種形式、大小和位置的組織成功組建高效團隊，只要他們採用的是正確的文化並專注於關鍵技術。軟體工程的成功並不僅限於那些有幸生活在矽谷，或者在 FAANG（Facebook、Amazon、Apple、Netflix 和 Google）工作的人，團隊所在的地點，以及員工之前在哪家公司工作過，都不應該是個問題。

正如本書所言，營運軟體系統面臨著技術與人文的挑戰。雖然可觀測性的工具可以應對軟體系統的技術挑戰，但還是需要考慮技術以外的其他因素，可觀測性成熟度模型考量工程組織的背景、限制和目標，它的技術和人文特徵有助於模型中識別的每個團隊特性和能力。

要讓成熟度模型具有廣泛的適用性，必須對組織的背景或使用工具保持中立。與其提及任何具體的軟體解決方案或技術實施細節，不如更專注於以人的角度，來看待這個實施過程的成本和效益:「你如何知道你在這個領域的弱點為何?」、「你如何知道你在這個領域表現很好,並應該優先在其他地方改進?」

根據本觀察團隊採用可觀測性的經驗,可看出一些共同的質性趨勢,比如他們與營運環境互動的信心增加,以及有更多時間去開發新的產品功能。為了量化這些感知,我們調查處於不同階段的可觀測性採用團隊,以及那些還未開始或不打算採用可觀測性的團隊,結果發現,採用可觀測性的團隊在確保營運環境中品質方面的自信心,比那些未採用可觀測性的團隊高出 3 倍[2];此外,那些未採用可觀測性的團隊,會花費超過一半的時間,在處理與新產品功能發布無關的工作上。

這些模式是當今複雜且現代化的社會技術系統產物,像是確保生產環境下的軟體品質和投資在創新功能上的時間等能力分析,揭露出組織或團隊中的不健康或不產生效益的行為模式以及其解決方案,那些無法藉由「寫出更好的程式碼」,或者「做得更好」而解決的問題,可觀測性的實踐都可以幫助團隊找出來。為可觀測性創建一個成熟度模型,可以整合本書中概述的各種能力,並且作為團隊建立以結果為導向目標的起點,而這些目標將引導他們採用可觀測性。

關於可觀測性成熟度模型(OMM)

我們最初開發可觀測性成熟度模型(OMM)時,希望能針對工程團隊達到以下目標[3]:

為工程師提供可持續的系統和優質生活

這個目標對一些人來說可能過於理想化,但事實就是如此,工程師的生活品質和系統的可持續性息息相關。可觀測的系統更易於擁有和維護,進一步提高擁有這些系統的工程師生活品質,當工程師花費超過一半時間,在那些無法提供客戶任何價值的(繁瑣)工作上時,會導致倦怠感、冷漠和低落的團隊士氣。可觀測系統能減少這樣的繁瑣工作,反過來提升員工留任率,降低團隊在尋找和培訓新工程師方面所需的時間和成本。

---

2   Honeycomb, "Observability Maturity Report," 2020 edition(*https://hny.co/wp content/uploads/2020/04/observability-maturity-report-4-2-2020-1-1-1.pdf*)and 2021 edition(*https://hny.co/wp-content/uploads/2021/06/Observability_Maturity_Report.pdf*)

3   Charity Majors and Liz Fong-Jones, "Framework for an Observability Maturity Model"(*https://hny.co/wpcontent/uploads/2019/06/Framework-for-an-Observability-Maturity-Model.pdf*), Honeycomb, June 2019.

透過提升客戶滿意度來滿足業務需求

可觀測性使工程團隊能更佳理解客戶與他們開發服務的互動,這種理解有助於工程師更精確抓住客戶需求,並提供令客戶滿意的性能、穩定性和功能。最終,可觀測性能成功運營你的業務。

這裡描述的框架是一個起點。透過這個框架,組織可以開始問自己問題,並具備解釋和描述自身情況的背景,無論是他們現在的狀態還是應該追求的目標。

你的可觀測性實踐品質取決於技術和人文因素。可觀測性不僅僅是電腦系統或人的屬性,往往在討論可觀測性時,人們只關注檢測功能、儲存和查詢等技術細節,而忽視了這些技術能夠使團隊實現的目標,OMM 將軟體交付和運營的改進視為技術與人文的系統問題。

如果團隊成員在使用工具來解決問題時沒有安全感,他們就無法取得成果。工具的品質取決於許多因素,例如添加檢測功能的容易度、所接收資料的細緻程度,以及它是否能回答人們提出的任何隨意問題。同一套工具不需要用來解決每一種能力,而且工具在解決某一項能力上的強大性,也不一定能轉化至解決所有其他建議能力上的適應性。

OMM 中提到的能力

本節詳述的能力,直接受到你的可觀測性實踐品質影響。OMM 的列表並不是詳盡無遺的,但是旨在展示潛在業務需求的廣度,列出的能力及其相關業務結果,與創建生產卓越所需的許多原則重疊。

 如果想了解更多關於生產卓越性,可閱讀 Liz Fong-Jones 於 2019 年在 InfoQ 發表的部落格文章:〈Sustainable Operations in Complex Systems with Production Excellence〉[4]。

沒有一個唯一正確的順序或規定的做事方式。相反的,每個組織都面臨著一系列可能的發展路徑,在每一步中專注於希望達成的目標。確保你在這一領域現在取得的進展會獲得適當的業務影響,而不是等到之後再做。

---

4 *https://oreil.ly/fWiPD*

還有一點也很重要，建立這些能力是永無止境的追求，總是有持續改進的空間。然而，實際說來，一旦組織的肌肉記憶存在，就能讓這些能力變得自然，而且它們可視為文化的一部分，得到系統性支持，這是一個好的象徵，代表已經達到高度成熟的層次。例如，在有 CI 系統之前，程式碼經常在不考慮包含測試的情況下提交出去；而現在，任何組織中的工程師在實踐 CI／CD 時，都不會考慮在不附帶測試的情況下提交程式碼。同樣的，對於開發團隊來說，可觀測性的實踐也必須讓它自然而然。

以韌性應對系統故障

韌性是指一個團隊與其支持系統的適應能力，使其能夠恢復服務，在最大程度上減少對使用者的影響。韌性不僅指獨立運營團隊的能力，或者其軟體的穩健性和容錯能力；韌性還必須衡量緊急應變作業程序的技術、人際、團隊或組織層面的結果，以便衡量其成熟度。

若想深入了解韌性工程，可觀看 John Allspaw 在 2019 年於 QCon London 發表的演講：Amplifying Sources of Resilience[5]。

首先，衡量技術結果初步來看，在形式上可視為檢視恢復服務所需的時間，以及當系統出現故障時，參與解決問題的人數。例如，DORA 2018 *Accelerate State DevOps* 報告[6]，將 MTTR 少於 一小時的團隊定義為優秀的表現者，而將 MTTR 在一週到一個月之間的團隊定義為低效能者。

緊急應變是運行一個可擴展，可靠服務的必要部分。但對於不同的團隊來說，緊急應對可能具有不同含義。一個團隊可能認為令人滿意的緊急應對，就是「重新啟動系統」；而另一個團隊則可能認為這意味著，「完全理解如何自動修復故障，恢復在多個硬碟間分布資料的冗餘性，並減輕未來的風險」。有 3 個明確的領域需要量測：檢測問題所需的時間，初步緩解這些問題所需的時間，以及完全理解發生了什麼事，並解決這些風險所需的時間。

5　*https://oreil.ly/gDN3S*

6　*https://oreil.ly/H0Pn5*

但團隊經理更需要關注的是操作該服務的人員。你的團隊值班輪調是否具可持續性，以便讓員工保持專注、參與並留任？是否存在系統性計畫，以有秩序且安全的方式教育，且讓所有負責生產的人參與，或者每次回應都是全員緊急召集，不論經驗水平如何？如果你的服務需要很多人待命或情境切換來處理故障／修復場景，就表示他們所花的時間和精力，不會用在提供新功能而創造的業務價值上。隨著時間推移，如果大部分的工程時間都被耗在繁重工作，包括故障／修復等，團隊的士氣將不可避免地受到影響。

如果團隊表現良好

- 系統的正常運行時間達到業務目標，並持續改善。

- 對警報的值班回應效率高，並且不會忽視警報。

- 值班不會過度壓力重重，工程師在需要接手額外的輪班時不會猶豫。

- 工程師可以處理事故工作量，而不需要加班或有過度壓力。

如果團隊表現不佳

- 組織花費大量額外時間和金錢來安排值班輪替。

- 事故頻繁且持續時間很長。

- 值班的人員可能遭受警報疲勞，或者反而收不到真正故障的警報。

- 事故應對者無法輕易地診斷問題。

- 一些團隊成員一直被拉入緊急狀況中。

與可觀測性的關連性

警報是相關、有針對性並且可行的，這樣才能降低警報疲勞。錯誤預算與客戶需求之間存在明確的關連，當事件調查人員回應時，富含上下文的事件，才能夠在事件發生時有效地排除故障。能夠深入挖掘高基數資料並即時聚合結果，有助於準確找出錯誤來源並馬上解決事件。為事件應對者準備必要的工具，以有效地除錯複雜的系統，減少值班的壓力和苦差事，輕鬆分享過去的調查路徑，能使故障排除技巧普及化，有助於在團隊中傳布事件解決技巧，讓任何人都可以有效地回應發生的事件。

交付高品質程式碼

高品質程式碼的衡量標準不僅僅是理解和維護之道，或者在乾淨的實驗室環境中，例如 CI 測試套件發現漏洞的頻率。儘管程式碼的可讀性和傳統驗證技術是有用的，但它們無法驗證程式碼在混亂狀況下的營運系統運行時毫無助益。程式碼必須能夠適應不斷變化的業務需求，而不是脆弱且僵化地處於固定功能中，因此，程式碼的品質必須透過驗證其運行和擴展性來衡量，以符合你的客戶和業務的需求。

如果團隊表現良好

- 程式碼穩定，營運環境中發現的漏洞較少，也比較不會中斷。

- 在程式碼部署到營運環境後，團隊專注於解決客戶問題，而不是支援。

- 無論是在開發階段開發程式碼，還是在營運環境中排除故障，工程師都能直覺地解決問題。

- 個別發生的問題通常可以修復，而不會觸發連鎖故障。

如果團隊表現不佳

- 客戶支援成本高。

- 工程時間會花很高比例在修復錯誤上，而非開發新功能。

- 團隊成員常常因為已認定有風險存在，而不願部署新功能。

- 需要長時間才能識別問題、建立重現故障案例的方法並修復。

- 開發人員對於已部署程式碼的可靠性沒有信心。

與可觀測性的關連性

良好監控和具有追蹤能力的程式碼，可以輕易看出一個過程何時以及如何失敗，並且容易識別並修復脆弱的地方；高品質的可觀測性允許使用相同工具，在一台機器上或者 10000 台機器上除錯程式碼。具有相關且豐富上下文的監控資料，意味著工程師可以在部署期間實時觀察程式碼的運行情況，迅速得到警報，並在使用者看見問題之前修復；出現錯誤時，也能夠輕易驗證是否已經修復。

管理複雜性和技術債務

技術債務不一定是件壞事。工程組織經常需要在短期利益和長期結果之間做出選擇，有時候，如果有特定計畫來處理債務，或者以其他方式減輕選擇的負面影響，短期勝利就是正確的決定。考慮到這一點，擁有高技術債務的程式碼會優先考慮快速解決方案，而不是更穩健的架構選項；在不接受管理的情況下，這些選擇會導致長期的成本，因為昂貴的維護費用，且未來修訂都會依賴這些成本。

如果團隊表現良好

- 工程師大部分時間都在推進核心業務目標。

- 解決錯誤和其他反應性工作只占團隊時間的一小部分。

- 讓工程師感到困惑的機會不多，他們也不用花時間試圖找出程式碼庫需要修改之處。

如果團隊表現不佳

- 當系統達到擴展極限或遇到邊緣情況時，工程時間會浪費在重建事物上。

- 修復錯誤的事情或選擇錯誤的修復方式一再讓團隊分心。

- 工程師經常遭受來自局部變化且無法控制的連鎖反應。

- 害怕變更程式碼，也就是所謂的「鬼屋墓地」效應[7]。

與可觀測性的關連性

可觀測性使團隊能夠理解系統的端到端效能，且在不浪費時間的情況下，找出故障並解決性能緩慢的問題。當探索系統的未知部分時，疑難解答者可以找到正確的線索，追蹤行為容易進行，工程師可以確定系統的正確部分以優化，而不是隨機猜測要查找的位置；而且，他們可以在嘗試尋找性能瓶頸時更改程式碼。

按可預測的節奏發布

軟體開發只有在發布新功能和優化後，才能將價值傳達給使用者。這個過程始於開發人員一系列的提交變更至版本儲存庫，包括測試、驗證和交付，並在發布認

---

7   Betsy B. Beyer et al., "Invent More, Toil Less"（*https://oreil.ly/4bfLc*），;login: 41, no. 3 (Fall 2016).

為足夠穩定和成熟時結束。很多人將持續整合和部署視為發布的最終階段，但是，CI / CD 的工具和流程只是開發穩健發布週期所需的基本組件，每個企業都需要一個可預測、穩定和頻繁的**發布節奏**，以滿足客戶需求，並在市場上保持競爭力[8]。

如果團隊表現良好

- 發布節奏符合業務需求和客戶期望。

- 程式碼在編寫完成後很快進入營運環境。工程師在經過同儕審查、滿足控制要求並完成提交後，可以自行觸發程式碼的部署。

- 可以即時啟用或禁用程式碼路徑，不需要重新部署。

- 部署和回滾的速度很快。

如果團隊表現不佳

- 發布頻率低且需要大量人工介入。

- 一次發布大量變更。

- 發布必須按特定順序進行。

- 銷售團隊必須以特定發布計畫為前提來承諾客戶。

- 團隊避免在某些日子或一年中的某些時間部署。因為管理不善的發布周期經常在非工作時間干擾生活品質，而讓他們感到猶豫。

與可觀測性的關連性

可觀測性是了解建構流水線和實際營運環境的方式，它能顯示在測試中的任何效能降低，或在建構和發布過程中的錯誤。檢測是你知道建構是否成功、新增功能是否如所期待的執行，以及是否有其他看起來不尋常之處的方式；檢測讓你蒐集需要重現任何錯誤的上下文。

---

8 Darragh Curran, "Shipping Is Your Company's Heartbeat"（*https://oreil.ly/3PFX8*）, Intercom, last modified August 18, 2021.

可觀測性和檢測也是對你的發布建立信心的方式。如果它能正確地檢測，你應該能夠分解舊的和新的建構 ID，並且並排檢視它們，你可以在部署之間驗證系統性能是否仍然如預期般穩定和高效，或者可以看到新程式碼是否有其預期的影響，以及是否有其他看起來可疑的事情；你還可以深入研究特定事件，例如查看哪些維度或值是錯誤峰值所共有的。

了解使用者行為

產品經理、產品工程師和系統工程師都需要了解他們的軟體對使用者的影響。這是達到產品市場適配性，以及作為一個工程師，能感受到使命感和影響力的方式。當使用者對產品有不好體驗時，了解他們想做的事以及想要的結果非常重要。

如果團隊表現良好

- 易增加和擴充檢測功能。

- 開發人員可以輕鬆獲得與客戶結果和系統利用率／成本相關的關鍵績效指標（KPI），並且可以並排視覺化它們。

- 功能標誌或類似機制使得在完全推出之前，可以快速地對少數使用者進行持續迭代。

- 產品經理可以獲得有用的客戶反饋和有用的視圖。

- 更容易實現產品市場適配性。

如果團隊表現不佳

- 產品經理沒有足夠的資料，可以做出關於下一步該開發內容的好決策。

- 開發人員覺得他們的工作沒有影響力。

- 產品功能範圍過於龐大，由委員會設計，或者直到開發週期的末期才獲得客戶反饋。

- 沒有實現產品市場適配性。

與可觀測性的關連性

有效的產品管理需要能取得相關資料，可觀測性是關於生成必要的資料，鼓勵團隊提出開放性問題，並使它們能夠進行迭代。藉由可觀測性提供的事件驅動資料分析的可見性，以及可觀測性實現的可預測性發布節奏，產品經理可以研究並對功能發展方向進行迭代，且真正理解這樣的變更得以滿足業務目標的方式。

如何在組織中使用 OMM ？

OMM 是一個實用工具，用來檢視你的組織在有效利用可觀測性方面的能力。該模型提供一個量測的起點，找出團隊能力不足和優秀之處，為組織創建一個計畫以採納並推廣可觀測性文化時，優先考慮最能夠直接影響業務底線和改善表現的能力，會很有用。

請記住，創建一個成熟的可觀測性實踐並不是一種線性進展，這些能力不是憑空存在的。可觀測性在每個能力中都有其角色，並且在一個能力中的改進有時可以對其他能力產生影響。這個過程的展開方式因每個組織的需求而不同，從哪裡開始則取決於你目前的專業領域。

沃德利地圖（Wardley map）是一種業務戰略規劃工具，可以幫助你理解這些能力的優先順序，與你當前組織能力有關的相互依賴面。了解哪些能力對你的業務來說最為關鍵，可以幫助你優先考慮和解決推動可觀測性採用的必要步驟。

在審查和優先考慮每一種能力時，你應該明確找出負責人，由他負責在團隊內推動改變。與這些負責人一起審查計畫，確保制定出與組織特定需求相關，且明確以結果為導向的衡量標準。如果在財務和時間方面沒有明確的擁有權、責任和支援，就很難取得進展，沒有高層贊助，一個團隊儘管有可能在自己的範疇內實現一些小規模改進；然而，如果整個組織無法展示這些能力，而只依賴少數關鍵人員，無論這些人多進步或有才華，都無法達到成熟且高效的狀態。

總結

可觀測性成熟度模型能為組織提供一個起點,衡量所期望的結果,並創建自己定制的採用路徑。驅動高效團隊的關鍵能力可以沿著以下軸線量測:

- 如何以韌性應對系統故障?

- 如何輕鬆地交付高品質的程式碼?

- 如何有效地管理複雜性和技術債務?

- 軟體發布節奏的可預測程度為何?

- 如何深入理解使用者行為?

OMM 是基於我們觀察到採用可觀測性組織中的質性趨勢,與對軟體工程專業人員進行的量化分析綜合而成的結果,本章所呈現的結論反映了 2020 年和 2021 年的研究調查。需要記住的是,成熟度模型是對理想未來的靜態快照,足夠廣泛地適用於整個行業,隨著可觀測性的普及,成熟度模型本身也將不斷演進。

同樣,可觀測性實踐也會不斷演進,通往成熟度的道路將因組織的特定情況而不同。然而,本章為你的組織提供創建自己實用方法的基礎;下一章會再給出一些建議,指引你在接下來的路上繼續前進。

第 22 章

接下來該何去何從？

這本書裡已經從多個角度來看待軟體系統的可觀測性，解釋了何謂可觀測性，以及當這概念應用到軟體系統時的運作方式，包含它的功能需求，功能結果，到支援它採用所需改變，涉及人、工作方式和技術交互的實踐。

回顧一下本書一開始定義的可觀測性：

> 軟體系統的可觀測性是一個評估你是否能理解和解釋系統可能出現的千奇百怪狀態標準。在一個臨時的反覆調查中，你必須能夠在系統狀態資料的所有維度以及維度組合中，相對地去調試那些千奇百怪狀態，而不需要事先定義或預測這些調試需求。如果你在不需要發布新程式碼的情況下，就能理解任何千奇百怪狀態，就表示你具有可觀測性。

本書已經探討與可觀測性緊密相關的許多概念和實踐，現在可以進一步精確定義：

> 如果你能夠透過任意切割和分析高基數和高維度的遙測資料，以任何所需的視圖來理解軟體系統的任何狀態，無論這些狀態多麼新穎或奇特，並使用核心分析循環來比較性調試和快速定位問題的源頭，而無需事先定義或預測這些調試需求，你就具有可觀測性。

過去與現在的可觀測性

寫這本書到現在已經超過三年了。你可能會想問,為何花了這麼長的時間才完成?

首先,可觀測性的狀態一直在不斷變化。開始寫這本書的時候,和任何人討論這個主題,都需要我們先停下來定義一下「可觀測性」,而當我們談到資料的基數或其維度時,真的沒有人能理解那是什麼。我們經常需要大聲疾呼,指出所謂的可觀測性「三大支柱」觀點其實只是與資料類型相關,而完全忽視獲取新洞察能力所需要的分析和實踐。

如同 Cindy Sridharan 在前言中所說的,「可觀測性」這個詞的重要性提升,不可避免且不幸地導致它與相鄰的概念「監控」交替使用,我們常常需要解釋「可觀測性」並不等同於「監控」或「遙測」或甚至是「可視性」。

那時,OpenTelemetry 還在起步階段,這又是另一個需要解釋的事情:它和 OpenTracing 以及 OpenCensus 有何不同?或是從它們那繼承了什麼?為什麼要使用這個需要一些設置工作的新開放標準,而不是使用供應商提供更成熟且可以立即運作的代理程式?這一切真的很重要嗎?

現在,我們與許多人交流時不再需要一一解釋,大家對於可觀測性與監控的區別有更多共識,越來越多的人理解基本概念,並明白如果沒有分析,資料就失去了意義,他們也了解到可觀測性的好處,以及所謂的可觀測性承諾之地,因為他們聽到許多同行的成果。今天我們與許多人交談時,他們會尋求更精細的分析和具體指導,以了解如何從現在的狀態成功地實踐可觀測性。

其次,這本書最初的章節列表比較簡短,內容較為基礎,範圍也較小,但隨著我們越來越理解常見問題和成功模式,也就增加更多深度和細節;隨著我們遇到越來越多大規模使用可觀測性的組織,我們能夠比較學習,並邀請他們直接參與,以豐富這本書的內容,也就是 Slack。

第三,這本書是多方合作的成果,包括那些為我們的競爭對手工作的人。在撰寫過程中,我們一再修訂自我觀點,融入更廣泛視角,並在整個過程中重新審視概念,以確保包含可觀測性領域的最新狀態。雖然本書作者群都在 Honeycomb 工作,但我們的目標一直是撰寫一本客觀且具包容力的書,詳細介紹可觀測性在實踐中的運作方式,不論具體選擇工具如為何;感謝評論者的誠實意見和幫助,使本書內容更為充實。

根據眾人反饋，我們增加更多採用可觀測性時所面臨的人文與技術挑戰相關內容。就像任何需要改變相關實踐的技術轉變一樣，只靠購買工具無法實現可觀測性，採用可觀測性實踐意味著改變你了解軟體行為的思考方式，並因此改變你與客戶的關係。可觀測性讓你能夠透過了解自己所做的變化，而影響客戶體驗，日復一日地與客戶產生共鳴，漸趨一致。實際應用中，這種方式在組織內多個團隊之間得以體現，並且隨著可重複模式的出現以及它們持續的演變，對初學者有用的建議也逐漸浮出水面。

所以，接下來你該何去何從？首先，我們將推薦其他資源，以填補本書範圍之外的重要主題；然後，再來對可觀測性領域的發展做一些預測。

附加資源

以下是一些推薦資源：

《網站可靠性工程：*Google 的系統管理之道*》（*Site Reliability Engineering*），
Betsy Beyer 等人所著（*O'Reilly*）

> 本書多次提到這本書，又稱「Google SRE 書籍」。這本書詳細介紹 Google 在其 SRE 團隊中實施 DevOps 實踐的方式，涵蓋一些與使用可觀測性實踐相關的概念和實踐，用於管理生產系統，聚焦於使生產軟體系統更具可擴展性、可靠性和效率的實踐。該書介紹 SRE 實踐，並詳細解釋它們與傳統行業方法的不同之處，探討建立和運營大型分散式系統的理論和實踐；該書還介紹了能夠協助且指導你的 SRE 採用計畫管理實踐。在管理分散式系統時，書中描述的許多技術極具價值，如果你尚未在組織中開始使用 SRE 原則，這本書將幫助你建立實踐，並與本書資訊互相補充。

《*Implementing Service Level Objectives*》，*Alex Hidalgo* 著（*O'Reilly*）

> 本書只在第 12 章和第 13 章中簡要提及的 SLO，在這本書中深入探討。Hidalgo 是一位網站可靠性工程師，對於與 SLO 相關的所有事物都非常熟悉，並且是 Honeycomb 的朋友。他的書詳細介紹 SLO 世界中的眾多概念、哲學和定義，也介紹進一步採取行動之前所需要知道的基本原理。他以數學和統計模型詳細介紹 SLO 實施，這有助於進一步了解可觀測性資料非常適合 SLO 的原因，也就是本書第 13 章的基礎。他的書還涵蓋採用 SLO 過程中必須改變的文化實踐，也能進一步說明本書所介紹的一些概念。

《*Cloud Native Observability with OpenTelemetry*》，*Alex Boten* 著（*Packt Publishing*）

這本書比我們的書更深入詳細地探討了 OTel。Boten 詳細介紹 OTel 的核心組件，如 API、套件和工具，以及其基本概念和訊號類型，如果你有興趣使用流水線來管理遙測資料，這本書將告訴你如何使用 OpenTelemetry Collector 以實現。雖然我們在書中簡要提到了 OpenTelemetry Collector，但這本書有更詳細的介紹，所以，如果你想深入研究 OTel 的核心概念，探索更多可能性，建議你一定要入手。

《*Distributed Tracing in Practice*》，*Austin Parker* 等人所著（*O'Reilly*）

這本書提供一個深入的指南，教導如何進行應用程式檢測功能，包括追蹤、蒐集檢測探針產生的資料，以及利用它進行運營洞察，雖然它主要關注追蹤，但該書也涵蓋自動化檢測的最佳實踐，和選擇有價值追蹤的標記特徵。這本書是我們在 Lightstep 的一些朋友寫的，提出有關分散式追蹤發展方向的額外觀點，既具有資訊性又實用。

Honeycomb 的部落格 [1]

在這裡，你可以找到我們提供的更多有關新興可觀測性實踐的資訊。這個部落格有時會專注於 Honeycomb 自家的可觀測性工具，但它更多的內容是探討一般可觀測性概念，提供建議，如可觀測性建議專欄〈Ask Miss o11y〉，以及 Honeycomb 工程團隊的文章，多用來說明可觀測性如何塑造我們自身不斷演進的實踐。

此外，本書中的註腳和附註也有更多有趣的資訊來源，皆來自於我們尊重並參考的來源和作者，幫助於塑造我們自己的觀點和意見。

對可觀測性的發展趨勢預測

在出版物中提出預測並回顧其準確性是個大膽的舉動，而回頭檢視這些預測的成熟度相對之下又更為大膽。然而，鑑於在可觀測性生態系統的核心位置，我們相對具備一些關於這個行業未來幾年走向的知識，和一些有所根據的預測；預測時間為 2022 年 3 月。

1　*https://hny.co/blog*

接下來的 3 年，我們認為 OTel 和可觀測性會成功地交織在一起，可能看起來密不可分，開發和採用 OTel 的客群，和對進一步開發符合本書概述的可觀測性定義工具類別發展感興趣的人，已經可以看出來它們之間有許多重複。作為應用程式檢測需求的事實解決方案，OTel 的推動力和崛起得到了很大的幫助，因為它最成熟的格式是對追蹤資料的支持。指標、日誌資料和性能分析處於較早的開發階段，但我們期待看到它們迅速達到同樣的成熟度，好在各種場合為更廣泛的採用開啟大門。我們也相信，僅透過幾個配置更改，就能輕易地在不同後端系統解決方案之間切換的能力，將會比今天更為容易，即使現在已經相當簡單[2]。我們預測，如何切換供應商的相關操作文章會越來越多，成為熱門商品。

這本書的大部分內容都是關於調試後端應用程式和基礎架構的範例，然而，我們預測可觀測性也將滲透到更多的前端應用程式中。目前理解和測試瀏覽器應用程式的最先進技術，涉及真實用戶監控（Real User Monitoring, RUM）或合成監控。

正如其名所示，RUM 是一種方法，可以衡量並記錄真實用戶在瀏覽器上使用應用程式時的體驗。RUM 主要的目標是決定我們給予用戶的服務品質，例如是否有應用程式的錯誤或遲緩表現；以及我們對程式碼做出的改變，是否能對用戶體驗產生預期效果。RUM 要如何達成呢？主要是透過蒐集和記錄網路流量，而不影響程式碼效能。一般方式是將 JavaScript 的程式碼片段注入到網頁或應用程式中，好從瀏覽器或客戶端得到回饋。但是這會產生大量的資料，要如何管理呢？RUM 工具常常使用取樣或聚合來整合資料，這樣的整合通常意味著我們可以理解整體的效能，但是可能無法深入了解每一個用戶的詳細表現。

儘管 RUM 存在一些限制，但它的優勢在於能量測真實的用戶體驗，這表示RUM 工具能捕捉應用程式行為中出現的各種意想不到真實問題，它能幫你看到你的開發團隊從未聽說過的小眾手機瀏覽器新版本出現的效能下降，或地球另一端某個特定國家與地區的一些 IP 地址網路延遲等問題。RUM 對於識別和排解「最後一哩」問題[3]也很有幫助，它與合成監控（synthetic monitoring）[4]的不同之處在於，它依賴人們實際點擊頁面以量測。

---

2 Vera Reynolds, for example, provides the tutorial "OpenTelemetry (OTel) Is Key to Avoiding Vendor Lock-in"（*https://oreil.ly/416OA*）on sending trace data to Honeycomb and New Relic by using OTel.

3 譯者註：指從網路服務供應商到用戶端的最後一段網路連接，這段通常是影響服務品質的關鍵部分。

4 譯者註：透過自動化模擬用戶進行的一系列行為，以模擬真實用戶體驗的一種技術。

合成監控是另一種方法，它依賴自動化的測試，去完成一組給定的測試步驟以量測。這些工具在一個受控的環境中進行詳細的應用程式效能和體驗的量測。開發者會創建行為腳本或導航路徑，來模擬客戶對你的應用程式的可能動作，然後在指定的間隔裡連續監控這些路徑的效能，這些路徑有點像你程式碼中的單元測試，通常是開發者自己擁有並運行的，它們或是模擬典型用戶使用你的前端應用程式時的行為，都需要開發和維護，也都需要投入時間和精力。通常，只有使用頻繁的路徑或是對業務關鍵的流程才會效能監控。因為合成測試必須事先編寫，因此，量測用戶可能採取的每一種導航路徑的效能，在實際上並不可行。

然而，雖然合成監控工具無法顯示真實用戶體驗的效能，但它們確實有一些優勢。它們允許對你可能關心的各種已知條件，例如特定裝置類型或瀏覽器版本主動測試。因為它們通常能產出在某種程度上可以重複的結果，所以可以包含在自動化回歸測試組中。這允許在程式碼部署到真實用戶之前運行它們，讓你有機會在真實用戶可能受到影響之前，先發現效能問題。

RUM 和合成監控服務於特定且不同的使用情境。可觀測性的使用情境是在營運環境中量測真實的用戶體驗，這與 RUM 相似，但有更高的精確度，允許你調試個別的客戶體驗。如第 14 章所見，許多團隊在他們的 CI 構建流水線或測試組中使用可觀測性資料，這意味著你可以運行端到端的測試腳本來運行系統中的用戶路徑，並透過在你的遙測中標記起源的測試請求，來監測他們的效能。我們預測，在幾年內，你不必再為前端應用程式選擇 RUM 或合成監控；相反的，只要簡單地使用可觀測性，就可以滿足這兩種使用情境。

我們預測，未來 3 年內，OTel 的自動化檢測功能將趕上，並與各種特定供應商的程式套件和代理商提供的非 OTel 自動化檢測功能相媲美。現在，使用 OTel 對大多數團隊來說仍是一種選擇，因為，OTel 內含的自動化檢測功能，可能與特定供應商專有產品提供的檢測功能不兼容，取決於你選擇的語言。但 OTel 的開源性質，以及其令人驚豔的開發者生態系統，意味著這種情況最終將不復存在，OTel 的自動化檢測功能，將至少與帶有供應商鎖定陷阱的替代檢測功能一樣豐富。隨著時間推移，使用 OTel 遲早會是件理所當然的事，並成為任何應用程式可觀測性計畫實質上的起點，而這種情況已經開始出現了。

你不應該將這解讀為，自動化檢測功能將成為生成可觀測性工具所需有用遙測資料的唯一手段；如第 7 章所述，自定義的檢測功能還是解決與您業務邏輯相關問題的必要手段。正如沒有註釋的程式碼令人難以想像，我們預測，沒有定制製檢測功能的程式碼也將如此，只要是工程師，都將習慣在編寫新程式碼時考慮所需的檢測功能。

在 3 年內，構建流水線將變得極為快速，反饋迴路將縮短，而且會有更多團隊，將在他們的 CI / CD 流水線最終階段，自動將變更部署到營運環境中；他們真的會開始實踐 *CI / CD* 首字母縮寫中的 *D* 部分。持續部署可能是一件棘手的事情，但是將功能發布與功能部署解耦的實踐，將使大多數組織能夠實現，功能標誌將繼續得到更多採用，像是漸進式交付這樣的部署模式會更為常見。

我們將密切關注的領域是開發人員的工作流程。這一行需要更多方法，連接可觀測性與撰寫和發布程式碼的行為，並且越早做到這一點越好（見第 11 章）。這一行也需要繼續縮小輸入（撰寫程式碼）和輸出（運行程式碼）之間的距離。很少有開發人員在今日有工具，可以迅速獲得他們的程式碼行為在每次部署後的變化反饋，開發人員需要密切了解他們對程式碼的變更，在每次新的迭代會如何影響營運環境中的用戶，極少數的開發人員有實際上的能力做到這一點。但是，對於那些能做到的開發者來說，體驗的差異是變革性的。

許多故事告訴我們，這些開發人員如何感受到這種經驗如此基本且必需，他們無法想像再也無法具備這種能力。從量化角度來看，我們開始看到具體的好處：能夠更快地行動，減少時間浪費，犯更少的錯誤，並在錯誤發生時更迅速地捕捉到這些錯誤（參見第 19 章）。簡而言之，學習如何使用可觀測性，正在幫助他們成為更好的軟體工程師。我們相信，這個行業需要在開發過程中有更好的開發人員工作流程，可預測的是，可觀測性就是許多人實現這一目標的途徑。

可觀測性能否降低門檻，讓更多開發者體驗到這種變革性的經驗？每次在生產中解決以前無法解決的問題時，那種像魔法師一樣的快感是否足夠保持可觀測性的快速採用？作為這一行的領頭羊，能否讓每一個工程團隊都更容易接觸到可觀測性？

時間會告訴我們答案，請繼續關注這個領域，也請讓我們知道你們的進展，你可以隨時在 Twitter 上留言給我們，帳號分別是 @mipsytipsy、@lizthegrey 和 @gmiranda23。

Charity、*Liz* 與 *George*

索引

※ 提醒您：由於翻譯書排版的關係，部分索引名詞的對應頁碼會和實際頁碼有一頁之差。

關於作者

Charity Majors 是 Honeycomb 的共同創始人和首席技術官,也是 *Database Reliability Engineering* 的共同作者。在此之前,她曾在 Parse、Facebook 和 Linden Lab 等公司擔任系統工程師和工程經理。

Liz Fong-Jones 是一名擁有超過 17 年經驗的開發者倡導者和網站可靠性工程師(SRE)。她在 Honeycomb 是 SRE 和可觀測性社群的倡導者。

George Miranda 是 Honeycomb 的前系統工程師,轉而成為產品營銷和 GTM 領導者。在此之前,他花了超過 15 年的時間,在金融和影音遊戲行業建立大規模分散式系統。

出版記事

《可觀測性工程｜達成卓越營運》封面上的動物是鬃狼（*Chrysocyon brachyurus*）。鬃狼是南美最大的犬科動物，分布於阿根廷、巴西、巴拉圭、玻利維亞和秘魯部分地區。牠們的棲息地包括塞拉多（Cerrado）生態區，這個區域包含濕潤和乾燥的森林、草原、疏林草原、沼澤和濕地。儘管名稱中有「狼」一字，鬃狼其實不是真正的狼，而是一個完全獨立的物種。

鬃狼有狹長的身體、大耳朵和長黑色的腿，使牠們能在奔跑時越過高大的草叢。牠們的肩高近 1 公尺，重約 20 ～ 25 公斤。牠們的身體大部分覆蓋著黑色和長的金紅色毛髮，這些毛髮在遇到危險時會豎立起來。與灰狼和大多數其他犬科動物的群居性不同，鬃狼是獨居性的，經常單獨狩獵。牠們是雜食性和曙暮性動物，在黃昏和黎明時出來捕食小型哺乳動物、兔子、鳥類和昆蟲，並覓食果實和蔬菜，如一種小型漿果「lobeira」，意思即為「狼之果」。

鬃狼的野外繁殖季節為 4 月至 6 月，在此期間，牠們以一對一的形式共享約 16 公里的領土。在人工飼養下，鬃狼可生下 1 到 5 隻幼獸，和父母一起接受人工飼養的照顧、餵食和保護；但在野外，不太容易看到鬃狼和幼獸同時出現。幼獸發育迅速，通常 1 歲後即可視為完全成熟，並準備離開父母的領土。面對棲息地的喪失，IUCN 已將鬃狼列為「瀕危」動物。O'Reilly 封面上的許多動物都瀕臨絕種，牠們對世界都很重要。

封面插畫由 Karen Montgomery 設計，基於 Braukhaus Lexicon 的黑白版畫。

可觀測性工程｜達成卓越營運

作　　者：Charity Majors, Liz Fong-Jones, George Miranda

譯　　者：呂健誠(Nathan)

企劃編輯：蔡彤孟

文字編輯：詹祐甯

特約編輯：袁若喬

設計裝幀：陶相騰

發 行 人：廖文良

發 行 所：碁峰資訊股份有限公司

地　　址：台北市南港區三重路 66 號 7 樓之 6

電　　話：(02)2788-2408

傳　　真：(02)8192-4433

網　　站：www.gotop.com.tw

書　　號：A737

版　　次：2023 年 11 月初版

建議售價：NT$680

國家圖書館出版品預行編目資料

可觀測性工程：達成卓越營運 / Charity Majors, Liz Fong-Jones,
George Miranda 原著；呂健誠(Nathan)譯. -- 初版. -- 臺北市：
碁峰資訊, 2023.11
　　面；　公分
　譯自：Observability engineering: achieving production
excellence.
　　ISBN 978-626-324-685-0(平裝)
　　1.CST：電腦工程　2.CST：系統管理　3.CST：資訊管理
312　　　　　　　　　　　　　　　　　　　　112019105